"十四五"国家重点出版物出版规划项目

航海导航技术系列丛书

船舶操纵控制技术

The Technologies of Ship Maneuvering Control

潘国良 王益民 朱志军 刘红光 等编著

丛书主编 赵小明

国防工业出版社

·北京·

内 容 简 介

本书主要针对航海领域船舶操纵控制技术需求特点,在总结多年科研工作经验与成果的基础上,梳理出研究和设计现代船舶操纵控制系统的主要技术和一般方法,重点介绍舰船操纵控制系统的基本原理和工程应用。全书共6章:第1章概述舰船操纵控制技术和设备的发展历程;第2章简要介绍船舶操纵控制基础理论;第3、第4章分别介绍操纵控制系统传感器组件和操纵执行装置;第5章介绍用于水面舰船和潜艇的几类典型操纵控制设备的需求分析、工作原理和技术方案;第6章介绍船舶智能航行控制技术。

本书的特点是注重理论分析与工程实践相结合,并给出实际案例,可供船舶操纵控制技术领域的科研和管理人员、从事船舶操纵控制技术应用研究的工程技术人员,以及高校相关专业的研究生、大学生学习参考。

图书在版编目(CIP)数据

船舶操纵控制技术 / 潘国良等编著. -- 北京:国防工业出版社,2024.11. -- (航海导航技术系列丛书 / 赵小明主编). -- ISBN 978-7-118-13500-8

Ⅰ. U675.9

中国国家版本馆 CIP 数据核字第 2024TA5835 号

※

国防工业出版社出版发行
(北京市海淀区紫竹院南路23号 邮政编码100048)
雅迪云印(天津)科技有限公司印刷
新华书店经售

*

开本 710×1000 1/16 印张 24½ 字数 438 千字
2024年11月第1版第1次印刷 印数 1—1500 册 定价 258.00 元

(本书如有印装错误,我社负责调换)

国防书店:(010)88540777　书店传真:(010)88540776
发行业务:(010)88540717　发行传真:(010)88540762

"航海导航技术系列丛书"编委会

主 任 委 员	赵小明
副主任委员	罗 巍　于 浩　王凤歆　张崇猛 侯 巍　赵子阳(执行)
委　　　员	赵丙权　王兴岭　陈 刚　颜 苗 孙伟强　刘红光　谢华伟　潘国良 王 岭　聂鲁燕　梁 瑾　杨 晔 陈 伟　刘 伟　尹 滦　高焕明 蔡 玲　张子剑
秘　　　书	庄新伟　张 群

《船舶操纵控制技术》编写组

主　　编　潘国良
副 主 编　王益民　朱志军　刘红光
参编人员　王　岭　郭亦平　徐雪峰　徐　凯
　　　　　杜亚震　赵勇刚　李雪璞　张金喜
　　　　　潘　攀　李　杨

丛书序

地球表面71%是蓝色的海洋,海洋为人类的生存和发展提供了丰富的资源,而航海是人类认识、利用、开发海洋的基础和前提。从古至今,人类在海洋中的一切活动皆离不开位置和方向的确定——航海导航。

21世纪是海洋的世纪,国家明确提出了建设海洋强国的重大发展战略,提高海洋资源开发能力,发展海洋经济,保护海洋生态环境,坚决维护国家海洋权益,建设海洋强国。随着海洋资源探查、工程开发利用、环境保护、远洋运输等海洋经济活动不断走向深海和远洋,海洋权益的保护也需要强大的海上力量。因此,海工装备、民用船舶及军用舰艇都需要具备走向深远海的能力,也就对作为基础保障能力的航海导航提出了更高的要求。航海导航技术的发展与应用将成为支撑国家海洋战略的关键一环。

近年来,基于新材料、新机理、新技术的惯性敏感器件不断涌现,惯性导航、卫星导航、重力测量、舰艇操控、综合导航等技术均取得了突飞猛进的发展。"航海导航技术系列丛书"紧跟领域新兴和前沿技术及装备的发展,立足长期工程实践及国家海洋发展战略对深远海导航保障能力建设需求,凝聚了天津航海仪器研究所编写人员多年航海导航相关技术研究成果与经验,覆盖了海洋运载体航海导航保障所涉及的运动感知、信息测量与获取、信息综合、运动控制等全部流程;从理论和工程实现的角度系统阐述了光学、谐振、静电等新技术体制惯性敏感器及其航海惯性导航系统的原理技术及加工制造技术,基于惯性、水声、无线电、卫星、天文、地磁、重力等多种技术体制的导航技术以及综合导航系统技术、航海操纵控制理论和技术等;以基础性、前瞻性和创新性研究成果为主,突出工程应用中的关键技术。

丛书的出版对导航、操纵控制等相关领域的人才培养很有意义,对从事舰船航海导航装备设计研制的工业部门、舰船的操纵使用人员以及相关领域的科技人员具有重要参考价值。

2024 年 1 月

前　言

本书主要供船舶操纵控制有关专业工程技术人员参考，其编撰目的是使从事船舶操纵控制系统研究和设计的工程技术人员较系统地理解船舶操纵控制系统的基本结构和工作原理，在工程实践中，掌握船舶操纵控制系统分析和设计的基本方法。

全书围绕典型的船舶操纵控制系统的构成原理和工程实现这一中心，以船舶为控制对象，在理论计算与数学仿真分析的基础上，建立船舶操纵控制系统基本结构，结合工程实践与科研成果，对船舶操纵控制技术的基础理论和工程经验进行总结，并使其具有一定的系统性。对于专业理论和一般教科书中讲述较多的理论推导问题，本书不作详述，以引用为主，编著的重点是理论应用和工程实践。

全书共6章：第1章简述船舶操纵控制技术与设备的发展历程；第2章概要介绍船舶操纵控制基础理论；第3~5章分别介绍传感器组件、操纵执行装置和典型操纵控制系统；第6章介绍船舶智能航行控制技术及展望。各章之间在系统上相互联系，又具有相对的独立性，读者可根据需要选读其中的部分内容，供工程实践时参考。

本书由潘国良任主编，王益民、朱志军、刘红光任副主编。其中：第1章由潘国良、王益民编写；第2章由郭亦平、徐雪峰、徐凯编写；第3章由赵勇刚、潘攀、王岭编写；第4章由张金喜、郭亦平、王岭编写；第5章由朱志军、刘红光、潘国良编写；第6章由杜亚震、李雪璞、潘国良编写。在编写过程中，得到了天津航海仪器研究所九江分部操控研发部广大工程技术人员的支持与协助，李军、孟凡彬、赵光等提供了部分材料，海军研究院李杨提出了许多宝贵意见，朱波儿绘制了部分插图，宋向国对全书编写内容组织了审查。对书中引用参考文献的作者,在此一并致谢!

由于编写时间和编者的水平所限,书中难免存在疏漏和不妥之处,敬请读者批评指正!

编著者
2024 年 1 月

目 录

第1章 绪论 1

1.1 船舶操纵控制技术的发展历程 2
    1.1.1 水面舰船操纵控制技术 2
    1.1.2 潜艇操纵控制技术 6
1.2 船舶操纵控制系统的基本任务 11
1.3 船舶操纵控制系统的基本组成与功能 13
    1.3.1 操纵控制方式 13
    1.3.2 自动操舵仪的基本组成与功能 15
    1.3.3 综合船桥系统的基本组成与功能 16
    1.3.4 船舶定位系统的基本组成与功能 18
    1.3.5 潜艇操纵控制系统的基本组成与功能 18
1.4 本书的编写特点与内容安排 20
参考文献 21

第2章 船舶操纵控制基础理论 23

2.1 船舶运动建模 23
    2.1.1 坐标系、主要符号与术语 24
    2.1.2 船舶运动数学模型 34
    2.1.3 风浪干扰数学建模 41
2.2 水面舰船操纵控制理论与方法 47
    2.2.1 船舶操纵性基本原理 47
    2.2.2 船舶航向控制方法 49

2.2.3　船舶航迹控制方法　65
　　　2.2.4　船舶动力定位控制理论　76
　2.3　潜艇操纵控制理论和方法　91
　　　2.3.1　潜艇操纵性基本原理　91
　　　2.3.2　潜艇操舵控制方法　99
　　　2.3.3　潜艇均衡控制方法　113
　　　2.3.4　潜艇悬停控制方法　117
　　　2.3.5　潜艇潜浮控制方法　122
参考文献　124

第3章　传感器组件　129

3.1　操舵控制参数测量　129
　　　3.1.1　舵角反馈机构　130
　　　3.1.2　深度传感器　132
　　　3.1.3　倾角传感器　135
3.2　潜艇均衡控制参数测量　137
　　　3.2.1　水舱液位测量　137
　　　3.2.2　流量测量　139
3.3　船舶动力定位控制相关参数测量　141
　　　3.3.1　位置测量　141
　　　3.3.2　艏向测量　143
　　　3.3.3　环境测量　143

参考文献　144

第4章　操纵执行装置　145

4.1　操舵装置　145
　　　4.1.1　舵机类型　146
　　　4.1.2　液压舵机　149

    4.1.3 液压舵机控制系统　155
  4.2 舵机液压系统建模及系统选型分析　166
    4.2.1 泵控舵机液压系统的建模　166
    4.2.2 船舶航向控制系统对舵机性能指标要求分析　173
  4.3 动力定位推进装置　176
    4.3.1 主推进器　177
    4.3.2 舵装置　177
    4.3.3 涵道式推进器　178
    4.3.4 全回转推进器　179
    4.3.5 喷水推进器　179
    4.3.6 直翼桨推进器　180
  4.4 执行器　181
    4.4.1 电磁球阀　181
    4.4.2 比例方向控制阀　182
    4.4.3 伺服阀　188
    4.4.4 集成液压阀组　192
    4.4.5 阀门遥控装置　197
    4.4.6 海水流量调节阀　203

参考文献　206

第5章　船舶操纵控制系统　207

  5.1 船舶操纵控制系统的专业领域和科研流程　207
    5.1.1 舰船操纵控制系统的专业领域　208
    5.1.2 船舶操纵控制系统的科研流程　211
  5.2 水面舰船操纵控制系统　212
    5.2.1 舰船操舵控制系统　213
    5.2.2 舰船航向控制系统　219
    5.2.3 舰船航迹控制系统　233
    5.2.4 自动操舵仪设计实例　235
  5.3 船舶动力定位系统　240
    5.3.1 动力定位系统简介　240

5.3.2　动力定位控制系统工作原理　246
　　　5.3.3　动力定位系统的应用与展望　256
5.4　潜艇操纵控制系统　265
　　　5.4.1　概述　265
　　　5.4.2　潜艇操舵控制系统　269
　　　5.4.3　潜艇均衡控制系统　276
　　　5.4.4　潜艇悬停控制系统　280
　　　5.4.5　潜艇潜浮控制系统　283
　　　5.4.6　潜艇联合操舵仪设计实例　286
　　　5.4.7　潜艇航行控制系统　306
　　　5.4.8　潜艇操纵控制系统测试与综合试验　316
参考文献　327

第6章　船舶智能航行控制技术　329

6.1　智能航行　329
　　　6.1.1　概述　329
　　　6.1.2　智能航行的内涵与等级划分　330
　　　6.1.3　智能航行主要功能　332
6.2　智能航行控制技术研究内容　334
　　　6.2.1　概述　334
　　　6.2.2　智能航行控制技术架构　334
　　　6.2.3　智能航行控制技术研究的主要内容　337
6.3　智能航行船舶感知技术　339
　　　6.3.1　概述　339
　　　6.3.2　感知技术方案　340
　　　6.3.3　感知信息处理方法　341
6.4　智能航行船舶决策技术　346
　　　6.4.1　概述　346
　　　6.4.2　路径规划　347
　　　6.4.3　航速规划　349
　　　6.4.4　航行决策　350

6.5 智能航行船舶控制技术 351
    6.5.1 概述 351
    6.5.2 动态定位导航法 352
    6.5.3 控制器设计 353

6.6 船舶智能航行控制技术应用实例 357
    6.6.1 试验平台 357
    6.6.2 硬件系统 358
    6.6.3 软件系统 359
    6.6.4 试验测试 361

6.7 智能航行控制技术展望 369
    6.7.1 智能航行系统架构 369
    6.7.2 智能航行感知技术 370
    6.7.3 智能航行决策与避碰技术 371
    6.7.4 智能航行控制与评估技术 372
    6.7.5 智能航行系统综合性能测试与验证技术 373

参考文献 374

第 1 章　绪论

众所周知,在人类生存的地球表面,70%以上为海洋所覆盖。海洋为人类的生存和发展提供了重要的物质基础,在人类与海洋长期共存的过程中,人类发明、创造了利用海洋的重要工具——船舶。

船舶是一种能够航行或停泊于水域的结构物,是人类从事水上运输、捕捞、作战以及其他水上活动的重要工具。船舶按用途可分为民用船舶和军用船舶两大类。民用船舶是指用于交通运输、海洋开发、工程作业、渔业生产及港口作业等领域各类非军事用途的船舶;军用船舶是指执行战斗任务和军事辅助任务的各类舰船,按用途又可分为水面战斗舰艇、潜艇、军事辅助舰艇等。

无论是对于民船远洋运输还是军船巡航训练,在船舶航行过程中,操船者总是力求使船舶在预定的水域,以确定的航线、一定的航速,安全而准确地到达目标并执行相关任务;当航行过程中发现障碍物、遇到险情或作业需求,操船者又要使船舶迅速地改变航速、航向、姿态,以确保航行安全或作业要求。通常把操船者采取的操作,称为对船舶的操纵与控制;对航速、航向、姿态等运动参数进行调节或控制的技术称为船舶操纵控制技术。在工程实践中,一般是通过各类船舶操纵控制设备及其舵、桨等执行装置,按照选择的操纵方式实现对船舶的运动控制。然而,船舶在海洋环境中运动,表现出强耦合性、高非线性、强干扰性、大惯性等特征,给船舶操纵控制带来许多难题;在面向非结构、非预知的复杂海洋环境,船舶本身动力学模型的非线性与耦合性,以及弱观测手段等因素制约下,开发船舶操纵控制技术又极具挑战性。

船舶的操纵控制是航海技术的重要组成部分。就航海本身而言,主要有两项基本任务。一是导航定位。航海者要完成航海任务,必须掌握船舶的航线和位置等信息,明了船在哪儿、要到哪里去(关于这部分内容的介绍,读者可参考本丛书系列有关导航分册)。二是操纵控制。航海者利用自身技能操纵控制各类设备,将船舶安全而准确地驾驶到目的地,即船如何去(这是本书编著的主要内容)。由此可见,船舶按计划航线与指令航向航行是船舶操纵控制技术研究的基础内容,安全和高效是航海作业追求的目标。为便于读者对船舶操纵控制技术与设备有初步了解,本章将依次介绍船舶操纵控制技术的发展历程、船舶操纵控制系统的基本任务及其组成与功能,并对全书各章节的编写内容做出安排。

1.1 船舶操纵控制技术的发展历程

本节主要介绍水面舰船和潜艇两类船舶操纵控制技术的发展历程,并对操纵控制技术在设备中的应用情况进行简要说明。

1.1.1 水面舰船操纵控制技术

纵观相关资料,科技工作者对舰船操纵控制技术的表述各有侧重,从工程设计上讲主要针对当时现有标准和规范下的舰船开展赋能,形成某方面功能的能力,并采用先进成熟技术实现舰船在靠离泊、进出港、海上航行以及巡航训练等作业场景中的操纵控制。在长期的科研实践中,构建的舰船航行操纵控制设备主要经历了航向控制、航迹控制和综合航行控制等发展阶段,设置的操纵方式一般有简易、随动和自动等,与设备对应的舰船操纵控制技术通常称为航向控制技术、航迹控制技术和综合航行控制技术等。在工程上,对于一般舰船依据其航行任务需求,操纵控制技术通常采用设备功能与控制算法相结合的形式进行表述,如自适应航向控制技术、综合航行控制技术等。

1. 航向控制技术

航向控制技术是指控制舵机、推进器等执行机构动作,使舰船保持预定航向或按要求机动到新指令航向的技术。从国内外公开发表的船舶控制技术研究学术论文来看,舰船航向控制技术的发展主要经历了比例 – 积分 – 微分(Proportional Integral Derivative,PID)控制、自适应控制、智能控制等几个阶段,涉及的舰船航向控制设备主要是操舵控制装置。

20世纪20年代,德国的Anschutz公司和美国的Sperry公司在陀螺罗经研制工作取得实质性进展后,各自研制出机械式航向操舵控制装置(又称机械式自动操舵仪),采用经典控制理论中"比例控制"方法,将指令航向和陀螺罗经的实际航向相比较,当船舶偏离航向时,该装置自动控制舵机,使船舶保持在指令航向上。通过自动操舵可替代舵手人工操舵,在一定程度上减轻操舵人员的劳动强度。但这种机械式的自动操舵仪只能进行简单的比例控制,用于较低精度的航向保持控制。

20世纪50年代,随着电子学和伺服机构理论的发展与应用,采用基于PID控制理论和半导体模拟电路的模拟PID控制技术开始应用于船舶航向控制。由于PID调节器不需要详细的有关受控过程的先验知识,且具有结构简单、参数可调整和固有的鲁棒性等特点,采用PID技术的机电式自动操舵仪得到了广泛的认可:减轻了操舵人员的劳动强度、提高了航向保持的精度,从而缩短航行时间和节省能源。采用PID控制算法设计的船舶航向控制技术在航海史上具有重要的现实意义:不仅可提高船舶航行的经济性,而且可减轻船员劳动,体现了以人为本的设计理念。当然,传统的PID自动操舵仪在高海况环境下也存在一些不足,主要表现在:一是需要手动调节PID(K_p、K_i、K_d)控制参数,补偿船舶状态的改变和风浪环境的影响,这种调节无法实现精确,更难做到适时调节;二是PID自动操舵仪对高频海浪干扰引起的频繁操舵实际上是无效舵。无效舵不仅会增大机械磨损,还会引起船舶航行阻力增大,导致能耗增加等现象。针对这些情况,必须寻求改进方法。

20世纪60年代末,得力于自适应理论和计算机技术的发展,人们将船舶操纵控制技术的研究引入自适应理论。瑞典等国家的科技人员将自适应技术应用到船舶航向控制,形成自适应自动操舵仪。从20世纪80年代起,应用微处理技术和自适应控制理论研制的自适应自动操舵仪可适应船舶运动特性和海况的变化,自动调整或改变系统的各项参数,在一定范围内实现最优控制,以减少操舵次数和减小舵角等,为适应各种气候条件下使用自动舵成为可能。目前,国外市场上有多种成熟的自动操舵仪,其控制方法主要采用自适应控制算法,如美国Sperry公司的NaviPilot 4000系列自适应自动舵、日本Tokimec公司的PR-8000系列自适应自动舵、德国Anschutz公司的NAUTO CONTROL综合系统中的自动舵等。必须指出的是,任何一种控制技术都存在一定的局限性,由于自适应控制技术不仅与目标函数的计算有关,也与干扰模型建立的精确度有关,且因船舶的非线性、不确定性等特征,在船舶所遇到的复杂工作条件下,自适应自动操舵仪并不能提供完全自动的最优控制。

进入20世纪90年代,随着人工智能控制技术的不断发展,人们开始寻找类似于人工操舵的方法,像熟练的舵手运用操舵经验和智慧那样有效地控制船舶,尝试着将具有自适应、自学习、自优化、自整定能力的智能控制技术应用于船舶航向控制。智能控制的基本特点是在一定程度上减少了对被控对象数学模型的依赖性,而主要模拟人的操作经验和推理能力进行决策、控制与操作。目前,开发的智能控制方法主要有专家系统、模糊控制和神经网络控制等,在船舶操纵控制技术领域通过仿真试验对相关方法的有效性进行了验证,并形成了一些辅助控制方法。这些智能控制方法各有其特点,在新型自动操舵仪中将得到广泛应用;同时,不断探索新的控制算法在船舶航向控制中的应用也将成为一个重要的研究方向。

我国在水面舰船航向控制技术研究和自动操舵仪研制方面的发展与国外基本同步,在20世纪70年代,研制了基于经典PID控制算法与模拟电子技术的模拟PID操舵仪;到了90年代,研制了基于中小规模集成电路与微计算机技术、自适应控制理论的数模结合的自适应操舵仪。

2. 航迹控制技术

航迹控制技术是指控制舵机、推进器等执行机构动作,使船舶沿计划航线航行的技术。通常,航迹控制有间接控制和直接控制两种模式。其中,间接控制模式是根据航迹偏差量计算航向修正量,采用航向控制方法,计算指令舵角,按指令舵角操舵,使船舶修正航向,实现航迹控制;直接控制模式是根据航迹偏差量直接计算指令舵角,按指令舵角操舵,使船舶修正航向,实现航迹控制。

航向和航迹是船舶航行中常用的两个概念。航向是指船舶艏艉线在水平面投影的正前方向,也称艏向,用真北方向(0°)顺时针转至船舶正前方向的夹角表示;而航迹则是船舶实际运动轨迹。船舶在航行过程中,由于受到风、浪、流等海洋环境因素的影响,往往使船舶偏离计划/指令航线,这时就需要通过调整舵角等保持一定的航向,使船舶实际航线与计划航线相一致。由此可知,导航(航线规划)为控制(航迹控制)指引方向、控制为导航实现目标,导航与控制相结合是船舶航迹控制技术的内在要求。

20世纪70年代以来,随着全球定位系统(Global Positioning System,GPS)等先进导航设备在船舶上装备应用,人们开始将自动操舵仪与导航系统有机结合从而实现航迹控制功能。自动操舵仪接收导航系统航行计划和实时船位等信息,计算船舶至计划航线的距离,即航迹偏差量,根据控制规律并经综合处理后,得到相应的舵角指令,通过操舵使船舶改变航向,控制船舶沿用户设定的航迹运动,并基于航迹偏差及目标航路点的方位,自动补偿风、浪、流等环境干扰引起的船舶漂移。集成了航迹控制功能的自动操舵仪(又称航迹操舵仪)通过与电子海图和全球定位系统的有效结合,既可对计划航路点的合理性进行计算检查,并结合电子海图数据实时对航行安全进行监控,又可运用先进的转向半径/转向速率控制算法实现曲线航迹的精确控制。国外典型产品有美国Sperry公司的NaviPilot 4000系列自动操舵仪,该产品除具备最小舵角的航向控制、可设置转向速率/半径的变向控制功能外,还具备自适应调整功能和航迹控制功能,可自动适应航行时的天气和海况变化,提升了船舶的航行效能。

20世纪90年代,国内研制了航迹控制自动操舵仪。在随后的科研工作中又相继开发了具有自适应航向控制、航迹控制以及转向速率、转向半径、越控等功能的系列化自动操舵仪。

3. 综合航行控制技术

目前,关于船舶综合航行控制技术一般没有明确的定义。本书是指将船舶导航、操舵、操车、通信、安全等技术进行综合应用,以满足在复杂环境下多任务、多功能的航行控制需求,实现控制目标综合优化的一门技术。它集合了现代控制理论与技术、计算机与信息处理技术、网络技术、通信技术、人机工程以及新型船舶的设计等,代表了船舶操纵控制技术的发展方向,推动了船舶操纵控制系统的发展,其代表性的设备有综合船桥系统等。

20世纪70年代后,随着世界航运事业的发展,船舶数量越来越多,船舶朝大型化、高速化方向发展,船舶的航行安全显得越来越重要,这在客观上推动着船舶导航与操纵控制技术的发展;同时,由于当时燃油价格上涨,也促使航海界、造船界采取各种措施来应对燃油短缺的局面。采取的措施包括实现经济航行和减少船员数量,提高操纵性能和安全性,从而推动了船舶操纵控制设备的进一步发展。众多船舶配套设备厂商将导航系统与操控系统在功能和设备上从人机工程的角度进行有机结合,以一种全新的方式实现船舶导航操控自动化航行系统,采用综合航行控制技术将船舶导航与操纵进行一体化控制,实现信息协同、优化操作环境、提高航行效能,业界将这种集成了导航、控制、通信、监控等功能的系统称为综合船桥系统(Integrated Bridge System,IBS)。

进入20世纪90年代,综合船桥系统在原有功能的基础上增强了系统的显示、监视、管理和通信等功能,特别是电子海图的出现使IBS的发展产生了飞跃。新一代综合船桥系统采用了包括航行态势感知、最佳航线设计、航迹航向控制、多目标避碰辅助决策等综合航行控制技术,其配套设备基本上实现了模块化、标准化和智能化。目前,综合船桥系统具有完善的导航、驾控、避碰、信息集中显示、报警监控、通信、航行管理和控制自动化等多种功能,国外著名的综合船桥系统集成商有美国Sperry公司、德国Raytheon Anschutz公司和SAM公司、挪威Kongsberg公司、加拿大CAE公司、日本Furuno公司等;国内综合船桥系统主要研制单位有天津航海仪器研究所、中船航海科技有限责任公司、北京海兰信数据科技股份有限公司等。

综合船桥系统和综合航行控制技术的应用带来的减员增效和高效操纵,也推动了其在军用舰船上的装备应用,并逐步演变为具有航行计划管理、导航定位、避碰、舰船自动操控、信息集中显示和控制、舰上模拟训练等功能于一体的

"综合舰桥系统"。相比综合船桥系统,舰桥系统具有更高的可靠性,以及满足执行作战任务的舰船运动控制要求。据有关资料报道,法国"西北风"级两栖攻击舰、英国 T45 型护卫舰等都装备应用了综合舰桥系统;美国海军大量水面舰船和潜艇装备应用了 Sperry 公司生产的综合舰桥系统。

1.1.2 潜艇操纵控制技术

潜艇凭借在机动性、隐蔽性、快速反应能力、突袭效能和生存能力等方面的独特优势,始终是世界各军事强国的主要水下作战力量。但受复杂的海洋环境、潜艇本身动力学模型的非线性与耦合性,以及水下探测、导航、通信等技术难度大等多重因素的共同影响,潜艇的操纵控制更具挑战性,主要表现在以下几个方面。

(1)海洋中的海流、密度、内波以及地形等变化规律复杂,是时间和空间上的复杂函数,会对潜艇水下航行造成不同程度的影响,而且基于现有技术水平很难被预知和建立精确预报模型。目前,只能建立简化模型来表征其特征,并采用预估、滤波等方法以克服海洋环境要素对潜艇运动控制的影响。

(2)潜艇自身作为一个复杂系统,在海洋空间可以进行多自由度运动,并采用推进器、舵装置、均衡与潜浮系统等进行操纵控制。但当潜艇操纵执行机构出现故障(如舵卡、管路破损等)时,潜艇操纵控制器则成为一个典型的非完整系统,极易造成潜艇航行操纵安全风险,需利用动力学耦合关系和"车、舵、水、气"等联合操纵手段进行挽回,使潜艇处于安全状态。

(3)相对于陆地和空中而言,因受复杂多变的海洋环境因素影响,水下的导航和定位难度极大,一旦导航或定位失效,潜艇空间运动控制就失去了基准,甚至会发生意想不到的危险。采用基于动力学模型运动状态/趋势预报与操纵执行装置状态反馈信息等方法,在一定程度上可以弥补水下导航定位的不足。

(4)现代舰船无论是开展远海护航还是巡航训练,需远海长航时作业,操纵控制设备为全时工作制,面临持续提高操纵控制装备的自动化、人机功效、安全性可靠性水平等要求。

尽管如此,因潜艇具有的独特优势,一代又一代舰船科技工作者在推动潜艇操纵控制技术的发展和进步中,风雨同舟、逐梦深蓝,创新推动潜艇操控由可操可控、协调控制向高品质智能操控方向演变。

潜艇操纵控制可分为水面航行控制和水下空间运动控制两种基本形式。其中,水面航行控制与水面舰船航行控制基本一致,主要是航向控制,采用的控制方法也相当;水下空间运动控制,主要控制参数是潜艇的航向、深度和姿态/纵倾等,所采用的控制方法主要是 PID 控制、自适应控制和智能控制等。在潜艇操纵控制技术领域一般采用主控参数的控制方式进行表述,从标志性技术和应用来看:一是潜艇操纵控制技术经历了航向深度独立控制技术、航向深度协调控制技术、航行综合操纵控制技术等发展历程;二是潜艇操纵控制设备的物理形态与功能经历了从"设备独立""物理互联"到"应用集成"等发展阶段。

1. 航向深度独立控制技术

潜艇在水下的操纵运动,一般情况下,可视为刚体在流体中的空间运动。由于刚体空间六自由度运动的复杂性,考虑潜艇水下运动受控参数主要是航向、深度和纵倾,因此可以将潜艇的水下运动简化成两个平面的运动:若潜艇在航行中只改变深度而不改变航向,此时潜艇的重心始终在同一垂直面内;若只改变航向而不改变深度,此时潜艇的重心始终在同一水平面内。这种简化处理反映了潜艇操纵运动的本质特征,并给研究带来了方便。据此,将潜艇空间的弱机动分解为水平面和垂直面两个平面的运动。潜艇在水平面的运动与水面舰船在水面上运动时一样,主要研究航向的保持与改变,而不涉及深度的变化;在垂直面的运动主要研究潜艇纵倾和深度的保持与改变,而不涉及航向的变化。因此,潜艇在弱机动运动控制时,可采用航向与深度独立控制。

航向深度独立控制技术是指采用操纵方向舵控制航向、升降舵控制深度/纵倾方式,对航向、深度分别进行控制的技术,其特点是"分散操纵、独立控制"。其控制流程为:①在进行航向控制时,当航向操控台给出航向指令后,控制单元按照航向偏差计算并给出方向舵角指令;若该方向舵操纵引起深度和纵倾超差时,再由深度操控台的控制单元按照深度偏差、纵倾偏差计算升降舵角指令。②在进行深度控制时,航向操控台保持当前航向,由深度操控台给出升降舵角指令。

20世纪50年代末,苏联研制成功第一代"格拉尼特(ГРАНИТ)航向稳定仪"和"姆拉莫尔(MPAMOP)深度稳定仪",分别进行航向控制和深度控制,并安装在某型潜艇上,进行了定向定深试验及小范围的变向变深试验,较好地解决了航向控制和深度控制的问题。但是,航向稳定仪和深度稳定仪只能解决有限的潜艇运动控制任务,而且是航向、深度独立控制,航向与升降控制装置互相无法协调,对于高速航行和大范围机动难以获得良好的控制品质。

20世纪70年代,国内自主研制成功了第一代潜用深度自动操舵仪和航向自动操舵仪,研究并设计了基于半导体模拟电路的模拟PID控制技术,采取航向和深度分散操纵的方式对航向、深度进行独立控制,具有一定的航向、深度自动保持和修正能力。

2. 航向深度协调控制技术

在工程设计中,为了简化研究,只有当潜艇横倾较小时,潜艇在水下空间运动才可分解为互不相关的垂直面运动和水平面运动,并可以对航向和深度分别进行控制。工程应用研究表明：随着潜艇机动范围的扩大，特别是横倾角的变化增大，如高速旋回时，潜艇的横倾较大，会出现"横倾效应"和"侧洗流效应"，使潜艇减速，并产生内横倾，造成潜艇姿态和航行深度变化等一系列后果。由于横倾，潜艇方向舵降低了对航向的控制作用，而附加了潜艇升降控制效应；升降舵则降低了对纵倾和深度的控制作用，而附加了航向控制效应。所以，早期这种简化分析和分离式控制的方法难以获得良好的潜艇运动控制品质，需要探索新技术手段使潜艇的方向舵和升降舵进行协调工作。

航向深度协调控制技术是指将航向、深度、纵倾等指令和实际信号综合考虑，采取多输入多输出的多目标综合性能协调优化的控制算法，同时计算方向舵、升降舵、均衡等指令的技术，其特点是"联合操舵、自动均衡、集中显示"。其控制过程为：当控制单元在接收到航向指令后，同步计算转向所需的方向舵指令和定深所需的升降舵指令，而无须等到深度发生变化后再进行计算；在潜艇大角度改变航向过程中，除了控制航向和航向速率，还同时计算合适的升降舵角用来抵消横倾和侧洗流效应可能引起的深度偏差；在变深过程中，除了考虑深度和纵倾变化，还兼顾了浮力差的计算。

潜艇水下航行状态的控制有"操舵""均衡""潜浮""主推""侧推"和"补重"等多种操纵手段，而且互相关联、互为补充。因此，要想提升操纵控制品质、提高潜艇机动能力、降低操舵引起的阻力和噪声，航向深度的"协调控制"与多种手段的"联合操纵"是操纵控制技术发展的必然，也为研制潜艇操纵控制系统提供了技术支撑。

20世纪60年代，美国完成了"沙比克"系统的研究和试验，该系统将"航速控制""方向舵和升降舵控制""均衡（浮力调整和纵倾平衡）控制""主压载（潜浮系统）控制"等与潜艇运动的有关控制全部集中起来，系统自动化程度较高。20世纪70年代，俄罗斯出口型"K"级潜艇（877和636）上就装备了方向舵和升降舵联合操纵的"ПИРИТ"系列联合操舵仪，在此基础上改进的新型"阿莫尔"潜艇及后续出口的636M型潜艇上更换为计算机控制、航向深度协调控制的联合操舵仪。此后，法国、英国、瑞典、德国、挪威等西欧各国都研制成类似的集"车、舵、水"控制于一体的集中控制系统，如法国的"PIC"系统及其改进型，从20世纪80年代开始就装备了"阿哥斯塔""红宝石""蓝宝石"等各型潜艇，而且由"手动""自动"兼顾的设计思想，变为以"自动"为主的设计和使用思想。20世纪90年代末，美国先进的"海狼"级潜艇大量采用了自动化集中控制技术，将推进、航向、深度、均衡和补重等集中起来进行控制，实现了航向深度协调控制，其操纵控制设备在先进性和可靠性等方面处于世界领先水平。

国内于20世纪90年代研制了集"车、舵、水"控制于一体的联合控制操舵仪,实现了联合操纵和数字化自动控制。之后,在联合控制操舵仪的基础上研制了综合操控台,实现了航向、深度、姿态等协调控制,保障潜艇以良好的控制品质稳定航行和空间机动;同时,对潜艇航向、深度、纵倾、舵角等多个运动参数和控制量进行图形化集中显示,并采用快速响应方法,对各运动参数进行综合处理后,显示"操纵指引信息"辅助艇员进行观察和决策,提高反应能力和响应速度,以保证在单人操纵下,能以"自动"或"随动"方式同时控制航向和深度。

3. 航行综合操纵控制技术

传统潜艇上的各个控制系统,如操舵、潜浮、均衡、推进等基本上是独立设计并独自完成其功能的。各子系统之间的信息交互很少,也缺乏统一合理的布局和有机的结合,众多单显、单控设备不但没有减轻操纵人员的劳动,反而增加了他们收集、综合、分析、协调信息的工作负担,依靠指挥员口令协调的操艇方式已难以满足潜艇新战术需求;从系统设计的角度上讲,传统方式设计的潜艇各子系统可能是最优地完成其功能,但作为一个整体未必最优;此外,为了确保安全性和可靠性,要求现代潜艇采用冗余配置、容错控制等技术。这些新技术、新需求无不为潜艇操纵控制系统的综合化、自动化和智能化提出了更高要求,潜艇综合操纵控制技术是在借鉴综合船桥系统理念的基础上,将有关导航、操控和平台监控等船舶设备的功能,从信息融合及人因工程的角度进行有效集成,实现集导航、操控、航行管理于一体的高度信息化、自动化的航行控制技术,其特点是"综合操纵、自动/智能航行"。

围绕潜艇"安全、高效、低噪、可靠"的操纵控制目标需求,在潜艇操纵控制设备进行"合成"的基础上,"联合"潜艇上其他系统,构建潜艇综合操纵控制技术体系,包括但不限于潜艇操控任务分配、航迹规划、目标跟踪与规避、舵-水-气联合操纵、系统状态监测和故障预测、系统重构、自适应容错控制等技术,开发综合操纵控制技术旨在提高潜艇航行安全性能、生存能力、战斗力和续航力。在潜艇综合操纵控制技术典型应用方面有代表性的设备是美国"弗吉尼亚"级核潜艇操纵控制系统。

20 世纪 90 年代末,美国海军等国外先进潜艇装备了潜艇操纵控制系统,该系统集成了操舵/均衡/悬停/潜浮控制、疏水控制、辅推控制、车令发送、升降装置控制、拖曳阵控制、指挥舱区域通风控制、全船液压监控、高压空气监控,以及相应的显示、潜艇状态和报警等功能,在潜艇控制站设置主、副操纵部位,由两名艇员完成全部操纵,其主要技术特征如下。

(1)体现了通过系统集成、信息化、自动化、人机工程等手段,实现最优控制,减少战位的设计思想。

(2) 构建了高可靠分布式多余度容错控制系统,拓展了潜艇操控能力。

(3) 具有良好的人机交互体验。

通过对国外典型潜艇操纵控制系统的分析认为:现役先进潜艇操纵控制系统主要标志是注重提高任务可靠性、测试性和人机交互体验,扩展系统操控能力,发展全数字化分布式控制、电传操纵、余度设计和容错控制、隐蔽航行(或悬停)等技术,以实现全海域长航时水下巡航任务。

随着船舶技术向集成化、信息化、智能化方向发展,以及航行海域的扩大、有人/无人平台协同航行等任务需求,相应的航行控制也面临由单体局部水域自动控制向广域集群协同控制、由计算机集中控制向分布式网络控制、由事故被动响应向全过程主动控制等转变,这对开发船舶操纵控制技术提出了更高要求。跟踪国外在船舶操纵控制技术领域的发展方向,关注国内航空航天领域运载器操控技术发展路线,创新船舶操纵控制技术发展理念,夯实基础、注重实践,为船舶操纵控制系统由自动操控系统向智能航行系统发展,最终成为自主运动系统而努力奋斗。

通过以上介绍,我们简要梳理了舰船操纵控制技术所涉及的控制基础理论、操纵控制算法、操纵工作方式以及水面舰船和潜艇的主要操纵控制设备发展历程,如图 1.1 所示。随着控制理论的完善、控制算法的丰富、操控方式的便捷,将进一步提升舰船操纵控制设备在信息感知、态势判断、航行决策与综合控制等方面的信息化和智能化程度,有望重塑舰(艇)员与舰船操纵控制系统的关系。舰船操控员将借助人工智能对更为丰富的信息资源进行分析、判断,大幅降低体力和脑力负荷,更好地应对复杂战场环境,将精力更加集中在航海判断决策上,进而成为海战任务的保障者。

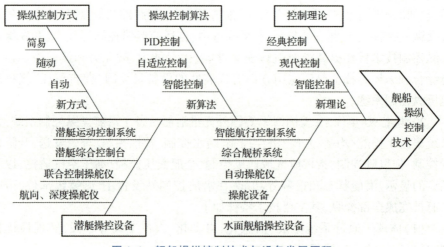

图 1.1　舰船操纵控制技术与设备发展历程

1.2 船舶操纵控制系统的基本任务

船舶操纵控制系统是保障船舶航行安全、完成既定使命任务的重要控制系统,其性能直接影响船舶航行的操纵性、经济性、安全性和任务完成性。无论是民用船舶还是战斗舰艇,其使命任务各有不同,但航行安全要求一直是船舶设计的核心目标,按照"需求导向、目标牵引"的原则,一个控制系统的基本任务应服务于总体工作目标。

船舶操纵控制系统是指操纵舵、桨、锚等有关船舶主动操纵设备的功能系统,主要包括自动操舵仪、船舶减摇装置、船舶动力定位系统、船舶综合运动控制系统、潜艇操纵控制系统等。以船舶航向自动操舵仪为例,它通过操纵方向舵,使船舶保持预定航向或按要求机动到新指令航向航行,实现从某港出发按计划航线到达预定的目的港;在自动工况下,它能自动克服使船舶偏离预定航向的各种干扰影响,使船舶稳定在预定的航向上运行。因此,船舶操纵控制系统的基本任务可概括为:提高操纵控制品质和装备任务可靠性,保障船舶安全航行。

相对于民用船舶,在军用船舶领域中,除航行安全性目标要求外,操纵控制系统还有为完成巡航训练、遂行作战任务等提供保障的目标要求。

1. 民用船舶

为了满足航行安全性和完成航行任务的目标要求,在民用船舶设计中,一般配置有综合船桥系统(含自动操舵仪)、船舶减摇装置、船舶动力定位系统等操纵控制设备,用于完成的任务如下:

(1) 港区航行及自动靠离泊;
(2) 拥挤水道航行或大洋航行的自动避碰;
(3) 大洋航行,包括航向保持、转向控制、航迹保持、航速控制等;
(4) 船舶减摇控制以及船舶动力定位等。

从各功能设备的控制逻辑上,可分为任务规划、协调调度、控制策略和控制执行等层次结构。

2. 水面舰船

水面舰船操纵控制系统除了具备民用船舶操纵控制系统的基本任务,还需在舰船航行补给时保持稳定的航向、舰载机起降时保证航向的高精度控制、舰载机舰面与机库平台安全作业时保持平台稳定等。系统的基本任务是以自动或人工方式控制舰船的航迹和航向,确保舰船在各种规定的海况条件下安全航行,并为舰船航行补给与靠离码头安全操纵、舰载机安全起降、舰载机舰面与机库平台安全作业提供必要的保障条件。

3. 潜艇

潜艇操纵控制系统是指控制潜艇的航行工况、运动姿态和漂浮状态的装置、设备、管系及相关的工程软件等有机组成的功能系统,包括航行驾驶、均衡、潜浮、离靠码头和系船等分系统。它通过操方向舵/围壳舵(或艏升降舵)/艉升降舵、艏艉移水,调整水舱注(排)水等一系列组合动作,使潜艇保持预定航向/深度/姿态或按要求机动到新指令航向/深度/姿态航行,实现定深定向、变深变向、空间机动、定深旋回等各种航行工况;通过艏艉纵倾平衡水舱之间的移水或浮力调整水舱的注(排)水,均衡因航行海区海水密度变化、载荷消耗、艇体压缩、航速变化等引起的剩余浮力和力矩,以保证潜艇以需要的姿态航行;通过向压载水舱注水或吹除压载水舱的水,实现潜艇由水上航行状态按规定的步骤下潜至水下工作状态,或在正常/应急状态下由水下工作状态按规定的步骤上浮至水上航行状态。

进一步讲,潜艇操纵控制系统是通过"用车""操舵""纵倾平衡水舱移水、浮力调整水舱排(注)水""主压载水舱排(注)水"实现潜艇驾驶操纵、均衡调节、上浮下潜等功能的系统,对艇的正常航行安全起着至关重要的作用,其重要性表现在:①在生命力诸要素中,潜浮过程的安全性、水上水下抗沉性等基本要素也需要潜艇操纵控制系统来保证;②危险纵倾、危险深度的保护,舵卡的报警和挽回,动力抗沉等也需要该系统来实现;③潜艇的航向、深度与姿态控制精度直接影响武器系统的正常使用和效益的发挥,低微速隐蔽航行和高航速空间机动等也需要该系统来保障。可见,操纵控制系统在完成潜艇作战任务中起着重要作用。

潜艇操纵控制系统的基本任务是在一定的约束条件和不确定的海洋环境条件下,实现潜艇航向、深度、姿态、均衡的自动或最优控制;实现潜艇水上、水下状态转换;危险状态下具备应急操纵手段及抗沉操纵;满足潜艇正常航行、战术机动和武器发射的要求。其中,约束条件是指确定的航速范围、特定的深度范围、有限制的纵/横倾角等因素;不确定的海洋环境条件是指潜艇在航行过程中很难被预知且随时空变化的海况因素,如风、波浪、洋流等;最优控制是指航向稳定精度、深度稳定精度、纵倾稳定精度、液压振动冲击噪声最小、时间最短等控制策略。

1.3 船舶操纵控制系统的基本组成与功能

操纵控制系统和设备在船上的应用比较广泛。从船舶航行控制角度看,桨、舵、锚是船舶在海洋中赖以工作和生存的三大主动操纵装置,它们提供船舶前进推动力、转船的回转力矩和锚泊所需的抓力。本节所述的船舶操纵控制系统和设备主要与船舶舵、桨装置的操纵高度关联,如自动操舵仪、综合船桥系统、船舶动力定位系统、潜艇操纵控制系统等。在介绍相关操纵控制设备的基本组成与功能之前,先对其操纵控制方式进行简要说明。

1.3.1 操纵控制方式

以船舶(或潜艇)的操舵/均衡控制为例,其操纵控制方式分人工操纵和自动操纵两类。

采用人工操纵船舶(或潜艇)时,操作员听从指挥员口令,用眼睛观察到指示图形和仪表信息的变化,由大脑做出决定,通过手臂来适时准确操纵船舶(或潜艇),如图1.2所示。

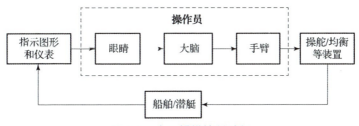

图1.2 人工操纵控制过程

采用自动操纵方式时,首先由敏感元件测量船舶(或潜艇)的运动状态,然后由综合计算装置根据预置指令进行比较计算,输出控制信号给执行机构来驱动舵面及其他装置,从而产生相应的操纵力和力矩来控制船舶(或潜艇)运动,如图1.3所示。

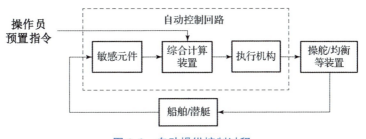

图1.3 自动操纵控制过程

在自动操纵方式下，操作员在控制回路之外，只是预置指令和监视仪器仪表的信息，并不操纵舵轮或操纵部件。

水面舰船用自动操舵仪通常具有自动、随动、简易、应急液动 4 种操舵工作方式，有的还有航迹自动、越控操舵工作方式，如表 1.1 所示。

表 1.1 自动操舵仪的操纵方式

操纵方式	说明
航迹自动	使船舶按计划航线指令自动航行的操舵方式
航向自动	使船舶按给定航向指令自动航行的操舵方式
随动	使舵机跟随给定舵角指令转舵的操舵方式
简易	使舵机按给定转向指令转舵的操舵方式
应急液动	通过液压传动，使舵机按给定转向指令转舵的操舵方式
越控	人工快速从自动操舵转换为临时手动操舵，恢复自动操舵时按原设定参数继续自动航行的操舵方式

其中，航迹自动操舵、航向自动操舵工作方式为自动操纵方式，其余为人工操纵方式。

潜艇操纵控制系统通常具有自动、随动、电动、应急液动 4 种航向和深度操舵工作方式，以及自动、随动、电动 3 种均衡工作方式，如表 1.2 所示。

表 1.2 潜艇操纵控制系统的操纵方式

操纵方式		说明
航向操舵工作方式	自动	使船舶按给定航向指令自动航行的操舵方式
	随动	使舵机跟随给定方向舵角指令转舵的操舵方式
	电动	使舵机按给定方向舵转向指令转舵的操舵方式
	应急液动	通过液压传动，使舵机按给定方向舵转向指令转舵的操舵方式
深度操舵工作方式	自动	使船舶按给定深度指令自动航行的操舵方式
	随动	使舵机跟随给定升降舵角指令转舵的操舵方式
	电动	使舵机按给定升降舵转向指令转舵的操舵方式
	应急液动	通过液压传动，使舵机按给定升降舵转向指令转舵的操舵方式

续表

操纵方式		说明
均衡工作方式	自动	自动控制纵倾移水、浮力注/排水,使潜艇保持均衡良好的工作方式
	随动	自动启/停均衡泵和开/关均衡阀,使纵倾移水、浮力注/排水达到指令移水量或注/排水量的工作方式
	电动	人工启/停均衡泵和开/关均衡阀,进行纵倾移水或浮力注/排水的工作方式

其中,航向自动操舵、深度自动操舵、自动均衡工作方式为自动操纵方式,其余为人工操纵方式。

1.3.2 自动操舵仪的基本组成与功能

船舶自动操舵仪的英文名"autopilot"是由 auto(自动)和 pilot(驾驶员)两个字节组成,其原意是用自动器取代驾驶员。实际上一直到现在,作为船舶自动航行控制系统基本组成部分的自动操舵仪并无法完全取代船舶舵手的职能,只有在无人平台(无人水面船、无人潜航器等)设计的航行控制系统才能真正代替舵手操舵(或远程遥控操作),实现全自动(或自主)航行。

自动操舵仪的基本组成与功能简述如下。

根据船舶的需要和可能,自动操舵仪的基本组成主要包括驾驶室操纵台、舵机舱操纵台、操纵部位转换箱、舵角反馈机构、执行机构等。水面战斗舰艇的自动操舵仪,根据作战要求的操纵部位设置,有的还包括预备驾驶室操纵台、作战指挥室操纵台等。

驾驶室操纵台为主操纵台,用于船舶水面航行时的航向、航迹控制,以及集中显示;舵机舱操纵台为副操纵台,用于应急时的操舵控制;操纵部位转换箱用于对操纵部位进行转换,一般设置在舵机舱;舵角反馈机构用于实时测量方向舵的实际舵角信号;执行机构用于驱动舵叶转动。

自动操舵仪的控制对象是船,被控制量是航向、航迹,典型的自动操舵仪是三层闭环控制系统,控制回路包括舵角控制回路、航向控制回路和航迹控制回路,如图 1.4 所示。

在舵角控制回路中,指令舵角与实际舵角进行比较后产生舵角偏差信号并送入舵角控制器,舵角控制器控制执行机构运动,由执行机构驱动舵转动,当指令舵角等于实际舵角时,则舵机停止转动。

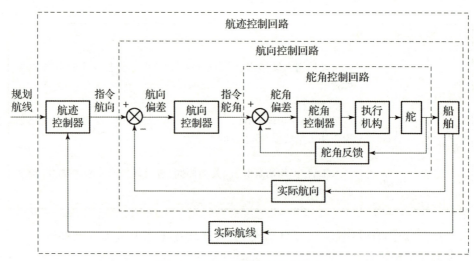

图 1.4　典型自动操舵仪控制回路

在航向控制回路中，指令航向与实际航向进行比较后产生航向偏差并送入航向控制器，航向控制器输出指令舵角信号到舵角控制回路，通过舵角控制回路控制舵转动改变实际航向，直至实际航向达到所需的指令航向。

在航迹控制回路中，航迹控制器也称"制导模块"，该模块接收导航系统提供的船舶位置参数，与规划航线基准参数比较，产生航迹偏差和计算船舶相对于转向点的位置，按照设定的算法生成指令航向并送入航向控制器，通过航向控制回路、舵角控制回路控制船舶按规划航线航行。

自动操舵仪一般具有的功能如下：

(1) 以自动或人工方式对方向舵进行操纵，实现对船舶航向/航迹的控制；
(2) 操纵部位转换；
(3) 驾控信息集成显示；
(4) 船舶运动危险状态和设备故障状态在线监测和报警；
(5) 系统重要运行状态参数的自动记录等。

1.3.3　综合船桥系统的基本组成与功能

综合船桥系统是指集航行管理、导航、操控、避碰、监视、通信和报警等多种功能于一体的复杂系统，其组成一般包括航行工作站、电子海图与信息显示系统(Electronic Chart Display and Information System，ECDIS)、综合信息显示系统、航行操纵控制系统、导航雷达、全球定位系统、罗经、测深仪、计程仪、风速风向仪、船舶自动识别系统(Automatic Identtification System，AIS)、值班报警系统和航行数据记录仪(Voyage Data Recorde，VDR)等，在系统配套方面可根据船舶的尺度、用途、航行海域等要求进行裁剪和配置。民用船舶的综合船桥系统一般采用"集中式"布局类型,满足单人或双人操纵要求,达到减员增效和高效操纵的目的;军用舰船的综合船桥系统(简称综合舰桥系统)则根据舰船驾驶室的大小和使用需求的不同,采用"集中式"或"分布式"两种布局类型。"集中式"舰桥较多装备于执行快速机动任务的中小型水面舰船;而新型大中型水面舰船多采用"分布式"综合舰桥,该类型舰桥可满足大中型水面舰船在不同部位观察瞭望的需要,以及在执行多样化任务时设备增减、人员变化带来的扩展性需求,各部位在空间布局上相对独立,方便各部位的协调和使用。

航行工作站用于航线的设计与优化,航向跟踪与修正,避碰,防搁浅,与岸站支持系统的通信,船舶内外的数据通信,值班瞭望等;电子海图与信息显示系统用于显示常规海图信息和连续给出船位,形成航海计划,进行航行态势和航路监视,并通过与雷达的结合应用实现避碰;航行操纵综合信息显示系统提供完成计划航线以及船舶临时机动、泊岸/进港所需要的船舶控制信息;航行操纵控制系统工作在船舶自动航行状态下,可实现按照预定航线控制船舶航行的功能;雷达系统是重要的避碰设备,用于探测航线上的所有目标,实时提供避碰信息;GPS/差分全球定位系统(Differential Global Positioning System,DGPS)、罗经、测深仪、计程仪、风速风向仪、AIS 等称为导航传感器,用于船舶导航数据的收集、提供和分配;值班报警系统用于显示当班驾驶员在驾驶台正常值班;航行数据记录仪用于协助识别任何海洋事故发生的原因,可从船上的各种传感器收集数据,然后将其数字化压缩,最后将这些资料存储于外部安装的防护储存单元中。

综合船桥系统一般具有以下功能。
(1)航线的设计与优化;
(2)航行态势和航线监视;
(3)信息集中显示;
(4)导航定位、导航数据分发;
(5)自动航行;
(6)避碰;
(7)报警监控;
(8)通信;
(9)航行数据记录等。

综合船桥系统涉及船舶航行计划、导航定位、操纵控制、通信、主机监控等众多设备,为突出本书船舶操纵控制特色,在后续的章节中将以船舶操纵控制技术与设备为主线进行介绍。

1.3.4 船舶定位系统的基本组成与功能

动力定位系统是一种以船舶位置和艏向精准控制为目标,利用船舶自身的推进动力系统,自动抵御外界风、浪、流等环境干扰,实现船舶位置、艏向自动控制的一整套系统,系统控制原理框图如图1.5所示,其基本组成与功能简述如下。

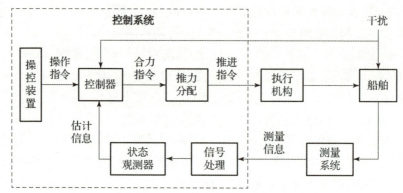

图1.5 动力定位控制原理框图

船舶动力定位系统主要由测量分系统、控制分系统和推进分系统三部分组成。

(1)测量分系统:负责为船舶的位置和艏向控制提供精准、可靠的实时测量信息,主要包括位置测量、艏向测量、环境测量、姿态测量等传感器。

(2)控制分系统:负责接收并处理传感器的测量信息,通过控制运算自动抵御环境干扰、减小船舶位置和艏向的控制误差,并经过推力分配解算将执行机构的指令发送给推动系统,驱使船舶运动实现自动控制,动力定位控制原理框图如图1.5所示。控制分系统的硬件通常包括计算机系统、显示系统、操作面板等。

(3)推进分系统:负责为船舶提供控制系统所需的力和力矩,主要由供电设备、执行机构及其辅助系统组成。

1.3.5 潜艇操纵控制系统的基本组成与功能

潜艇操纵控制系统是控制潜艇航向、深度和纵倾的功能系统,根据潜艇的需要和可能,潜艇操纵控制系统的基本组成主要包括测量潜艇状态参数的传感器(舵角反馈机构、深度传感器、倾角传感器、水舱液位测量仪、流量传感器等)、操纵控制器(各类操纵控制设备)、操纵执行器(舵装置、潜浮装置、均衡装置以及各类泵、阀等)三部分。

潜艇操纵控制系统控制回路主要包括操舵控制回路和均衡控制回路。其中,操舵控制回路又包括舵角控制回路、航向/深度控制回路,如图 1.6 所示;均衡控制回路又包括随动均衡控制回路和自动均衡控制回路,如图 1.7 所示。

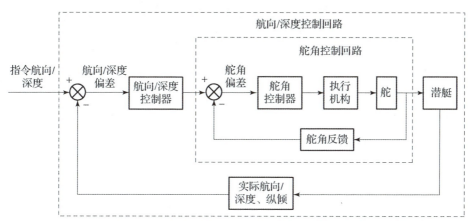

图 1.6　典型潜艇操纵控制系统操舵控制回路

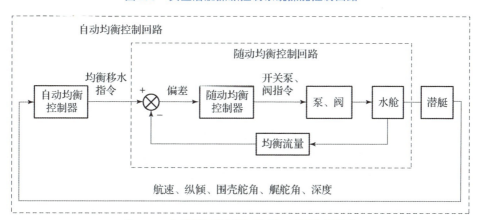

图 1.7　典型潜艇操纵控制系统均衡控制回路

在舵角控制回路中,指令舵角与实际舵角进行比较后产生舵角偏差信号并送入舵角控制器,舵角控制器控制执行机构运动,由执行机构驱动舵转动,当指令舵角等于实际舵角时,则舵机停止转动。

在航向控制回路中,指令航向与实际航向进行比较后产生航向偏差并送入航向/深度控制器,航向/深度控制器输出指令舵角信号到舵角控制回路,通过舵角控制回路控制方向舵转动改变实际航向,直至实际航向达到所需的指令航向。在深度控制回路中,输入参数除指令深度外还有指令纵倾,输出是控制升降舵,深度控制过程与航向控制过程一致。

在随动均衡控制回路中，随动均衡控制器根据指令移水量与实际移水量的偏差，开启相应的均衡泵、阀，当移水量达到指令移水量时，关闭相应的均衡泵、阀。

在自动均衡控制回路中，由自动均衡控制器解算不均衡量，并根据均衡移水启动条件判断后输出均衡移水指令到随动均衡控制器，由随动均衡控制回路控制移水量达到指令移水量。

潜艇操纵控制系统一般具有以下功能。

(1) 操舵控制：可选择随动或自动操舵方式，实现对潜艇航向、深度及姿态的控制。

(2) 均衡控制：可选择人工或自动操作方式，实现对潜艇均衡与浮力的调整。

(3) 悬停控制：可选电动或自动方式，实现潜艇无航速下定深和变深控制。

(4) 潜浮控制：以人工控制方式，实现潜艇水面状态和水下状态的转换控制。

(5) 信息显示与报警：以模拟、数字或图形方式对系统信息集中显示，对潜艇运动危险状态和设备故障状态在线监测和报警。

(6) 与其他设备联网，进行数据收发与记录等。

1.4 本书的编写特点与内容安排

随着现代船舶的作业海域更加广泛，承担的任务愈加复杂，对保障船舶航行安全、提升作业效能起主要作用的船舶操纵控制系统提出了更高的要求。为适应现代航海操纵控制技术的新发展，编写一部系统性论述船舶操纵控制系统的基本原理和工程应用实例的参考书，对于从事船舶自动控制有关专业的科技人员是极为必要的。

本书以典型的船舶操纵控制系统的基本结构、工作原理和工程应用实例为主线进行编写，全书共6章。

第1章，绪论。本章简述船舶操纵控制技术和设备的发展历程，船舶操纵控制系统的使命任务、基本组成和功能。

第2章，船舶操纵控制基础理论。船舶运动数学模型是进行船舶运动预报和自动操纵控制律设计的基础。本章首先介绍船舶运动建模，包括船舶运动分析中涉及的坐标系、主要符号和相关术语，水面舰船/潜艇运动模型的主要形式和建模方法，以及海洋环境作用在船舶上的干扰力和力矩；针对水面舰船和潜艇不同的控制需求，分两节对经典PID控制、最优控制、自适应性控制等在现代船舶操纵控制系统工程实践中得到广泛应用的主流控制规律设计方法进行系统的说明,为详细介绍船舶操纵控制系统提供理论支撑。

第3章,传感器组件。要实现船舶运动控制,首要的问题是如何精确测量船舶的各种运动状态参数,如船舶的航向、航速、舵角,潜航器的下潜深度、纵倾和横倾等。本章主要讨论船舶操纵控制系统中的舵角反馈机构、深度及倾角等传感器测量技术与应用,有关船舶航向、航速等参数仅作需求说明,其测量技术和应用的内容可参阅本丛书的《陀螺技术与测速技术》分册。

第4章,操纵执行装置。本章主要叙述船舶操纵控制系统执行装置(舵装置)的功能、分类及相关要求,典型装置的组成及工作原理,并简要介绍动力定位系统推进装置。

第5章,船舶操纵控制系统。如果将船舶航行比作人的行走,那么传感器组件就相当于人的耳目、操纵执行装置好比人的四肢,而操纵控制系统则为人的大脑和躯干,所以自船舶出现以来,船舶操纵控制系统就是船舶完成任务的基本保障条件。本章详细介绍水面舰船操纵控制系统、船舶动力定位控制系统和潜艇操纵控制系统等典型操纵控制设备。为便于不同专业人员参阅部分有关内容,又体现相关内容的完整性,本书某些章节的局部内容在编写上进行了必要的重复,以适应不同读者的不同需求。

第6章,船舶智能航行控制技术。船舶性能和任务的发展不断对操纵控制系统提出新要求,而操纵控制技术的创新又推动船舶工业的发展。本章主要介绍船舶智能航行控制技术的内涵、主要研究内容与关键技术,并对船舶智能航行控制技术作了展望。

参考文献

[1] 国防科学技术工业委员会. 舰船自动操舵仪通用规范:GJB 2859A – 2017[S]. 北京:国家军用标准出版发行部,2017.

[2] 何卫华,王益民,黄健鹰. 潜艇自动操纵控制系统的基本原理及其现状[J]. 舰船科学技术,2005(3):20 – 24.

[3] 潘国良. 舰船操纵控制技术应用实践与分析[C]//2005 全国船舶仪器仪表学术年会,2005:6 – 9.

[4] 马运义,许建. 现代潜艇设计原理与技术[M]. 哈尔滨:哈尔滨工程大学出版社,2012.

[5] 赵庆涛. 航海概论[M]. 大连:大连海事大学出版社,2010.

[6] 金鸿章,姚绪梁. 船舶控制原理[M]. 哈尔滨:哈尔滨工程大学出版社,2001.

[7] 张显库. 船舶控制系统[M]. 大连:大连海事大学出版社,2010.

[8] 严浙平,周佳加.水下无人航行器控制技术[M].北京:国防工业出版社,2015.

[9] 陈雪丽,程启明.船舶自动舵控制技术的发展[J].南京化工大学学报(自然科学版),2001(4):101-105.

[10] 陈晶,宋超.国外舰艇综合舰桥系统发展应用研究[J].现代导航,2016,7(5):313-317.

[11] 郑荣才,杨功流,李滋刚,等.综合船桥系统综述[J].中国惯性技术学报,2009,17(6):661-665.

[12] 潘国良.新技术形势下潜艇操纵控制系统发展研究[J].声学与电子工程,2003(增刊):133-136.

[13] 杨彦涛.潜艇操纵控制技术的现状及发展[J].船电技术,2013,33(4):51-53.

[14] 潘攀,王益民,任元洲.自动操舵仪控制现状及其改进[J].江西造船,2021(1/2):10-12.

[15] 吴文海.飞行综合控制系统[M].2版.西安:西安交通大学出版社,2019.

[16] 吴森堂,费玉华.飞行控制系统[M].北京:北京航空航天大学出版社,2005.

[17] 陈训铨.潜艇操纵自动化的现状及发展[C]//舰船操纵自动化技术专题文集,天津航海仪器研究所九江分部,2001.

[18] 施生达.潜艇操纵性[M].北京:国防工业出版社,2021.

第 2 章　船舶操纵控制基础理论

船舶在复杂的海洋环境中运动,表现出强耦合性、高非线性、强干扰性、大惯性等特征。研究船舶操纵控制技术,应了解和掌握船舶运动特性以及影响其运动的外部干扰,建立复杂程度适中和满足控制性能要求的数学模型。船舶运动数学模型既是研究和设计操纵控制系统、进行船舶运动预报、选定最佳操纵控制律、制定技(战)术应用和训练船员的基础,也是船舶操纵自动化的关键技术之一。在船舶操纵控制系统形成之前,船舶运动数学模型用于计算机数值仿真,进而模拟船舶的运动规律;在操纵控制系统设计阶段,系统的设计者所提出的操纵控制算法可以在船舶运动模型上得到验证;在进行数值仿真的过程中,获得有关控制参数调整的经验还可以指导系统试验、提高控制器的控制效果。本章首先介绍船舶运动建模,包括船舶运动分析中涉及的坐标系和主要符号、水面舰船/潜艇运动模型的主要形式和建模方法,以及海洋环境作用在船舶上的干扰力和力矩。针对水面舰船和潜艇不同的控制需求,分别对经典 PID 控制、最优控制、自适应控制等方法在现代舰船操纵控制系统工程实践中的应用进行控制规律设计和仿真验证与分析,为第 5 章开展舰船操纵控制系统和设备的控制规律设计提供支撑。

2.1　船舶运动建模

船舶在运输营运过程中,在外界条件如风、流、浅水等海洋环境的影响下,通过某些操纵手段(如推进器、舵、锚、缆、拖轮等),以保持或改变船舶运动状态为目的而进行的必要观察、判断、指挥、实施等,统称为船舶操纵。一艘操纵性良好的船舶,应兼具方便稳定地保持运动状态和迅速准确地改变运动状态两方面的性能。

对于研究和设计船舶操纵控制系统的科研人员,应当掌握船舶操纵性能以及外界条件对操纵性能的影响,将有助于设计自动控制律,为船舶控制系统赋予优良的控制性能,从而提升船舶航行运动能力,确保航行安全;同时,船舶驾驶人员也应当具备一定的船舶操纵基础知识,了解本船操纵性能以及各种外界条件对本船操纵性能的影响,以便更好地操纵船舶并不断总结操纵经验,提升船舶操纵技能。

为了研究船舶操纵运动的规律,分析其在水中运动时的位置和姿态信息,本节主要介绍船舶运动建模的基础知识和一般方法。

2.1.1 坐标系、主要符号与术语

1. 坐标系和符号规则

1)水面舰船

船舶运动时,作用在船上有各种来源的力,除了船舶自身的主机推力和舵操纵力,还有风、浪、流等各种外力,这些力的合力引起这样或那样的加速度。为研究船舶操纵运动规律,确定船舶运动状态,并考虑分析计算船体所受外力的方便性,一般采用两种右手坐标系——固定坐标系 $E-\xi\eta\zeta$ 和运动坐标系 $O-xyz$(图2.1)。其中,固定坐标系(也称地球坐标系,俗称"定系")固定于地球表面,不随时间而变化;运动坐标系(也称船体坐标系,俗称"动系")固联于船体,随船一起运动。

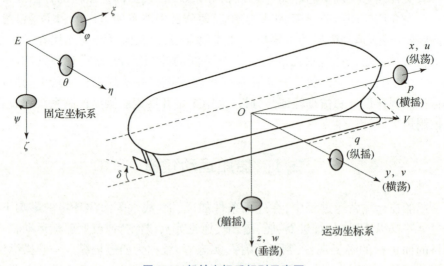

图2.1 船舶坐标系规则示意图

图 2.1 所示船舶运动坐标系与国际上一般采用国际拖曳水池会议(International Towing Tank Conference,ITTC)以及造船与轮机工程师协会(Society of Naval Architects and Marine Engineers,SNAME)术语公报所推荐的坐标系一致。

2) 潜艇

与水面舰船的运动坐标系相似,在潜艇操纵性研究中,也常用固定坐标系和运动坐标系来表述潜艇运动,固定坐标系是与地球相关的坐标系,表述潜艇相对地球的运动参数;运动坐标系是艇体坐标系,表述相对艇体的姿态及控制参数,如图 2.2 所示。

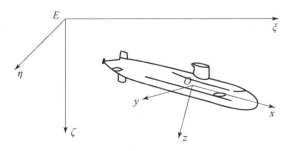

图 2.2 潜艇运动坐标系

由图 2.1 和图 2.2 可知,水面舰船和潜艇的运动坐标系按右手定则各参数定义如下:

Ox——在船舶中纵剖面内,且平行于基线,指向艏为正;

Oy——垂直于纵剖面,指向右舷为正;

Oz——垂直于 xOy 平面(水线面),指向水平龙骨为正。

固定坐标系原点及坐标轴按右手定则定义如下:

E——坐标原点,取海面或水下任意点,通常选取在 $t=0$ 时刻船舶重心 G 所在的位置;

$E\xi$——在水平面内,取任意方向,通常指向正北为正;

$E\eta$——在水平面内,且垂直于 $E\xi$,指向正东为正;

$E\zeta$——垂直于 $\xi E\eta$ 平面,指向地心为正。

3) 符号规则

船舶运动的速度、角速度和所受的力、力矩分别采用以下符号。

(1) 船舶重心处相对于地球的速度为 V,V 在坐标系 $O-xyz$ 上的投影为 u(纵向速度)、v(横向速度)、w(垂向速度)。

(2) 船舶以角速度 Ω 转动,Ω 在坐标系 $O-xyz$ 上的投影为 p(横倾角速度)、q(纵倾角速度)、r(偏航角速度)。

(3) 船舶所受外力 F 在坐标系 $O-xyz$ 上的投影为 X(纵向力)、Y(横向力)、Z

(垂向力);力矩 M 的投影为 L(横倾力矩)、M(纵倾力矩)、N(偏航力矩)。

上述速度和力的分量以指向坐标轴的正向为正,角速度和力矩的正负号遵从右手系的规定。例如,q 和 M 的正方向是绕 Oy 轴使 Oz 轴转向 Ox 轴,而 r 和 N 的正方向是使 Ox 轴转向 Oy 轴。

2. 空间运动与平面运动假设

船舶在水中的操纵运动,一般情况下,可视作刚体在流体中的空间运动,如船舶在回转时,不但有偏航、前进、横移,同时还伴随出现横倾、纵倾和升沉现象。因此,与刚体的一般运动一样,船舶的操纵运动可由船体坐标系 $O-xyz$ 表示成沿三根轴的移动和绕各轴的转动,即六自由度的运动,SNAME 规定的各运动的船舶运动变量符号如图 2.3 和表 2.1 所示。

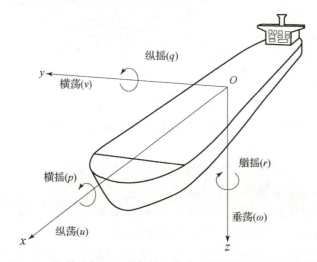

图 2.3 船体坐标系下的船舶六自由度位置及运动速度变量

表 2.1 SNAME 规定的船舶运动变量符号

自由度	船舶运动	力和力矩	线速度和角速度	位置和欧拉角
1	沿 x 方向的移动(纵荡)	X	u	x
2	沿 y 方向的移动(横荡)	Y	v	y
3	沿 z 方向的移动(垂荡)	Z	w	z
4	绕 x 轴的转动(横摇)	K	p	φ
5	绕 y 轴的转动(纵摇)	M	q	θ
6	绕 z 轴的转动(艏摇)	N	r	ψ

船舶的空间位置和姿态,可用定系的地面坐标值(ξ,η,ζ)和动系相对于定系的三个姿态角(ψ,θ,φ)来确定。为此,假定动系与定系原点重合$(O \rightarrow E)$,则各姿态角分别存在时可定义如下:首向角ψ是船体的对称面xOz绕铅垂轴$E\zeta$水平旋转,与定系垂直面$\xi E\zeta$在定系水平面$(\xi E\eta)$的夹角;类似地,纵倾角θ是船体的水线面xOy绕Oy轴俯仰,与定系水平面$\xi E\eta$在定系垂直面$\xi E\zeta$的夹角;横倾角φ是船体的对称面xOz绕Ox轴横倾,与定系垂直面$\xi E\zeta$在定系横滚面$\eta E\zeta$的夹角。同时规定:φ右倾为正、θ尾倾为正、ψ右转为正。

水面船舶在水面上运动时,主要研究航向的保持与改变,而不涉及深度的变化。因此,水面船舶的操纵性研究一般只考虑水平面的运动,此时,船舶的重心始终在同一水平面内。

对于动力定位船舶,其主要作业维度为海平面的运动,一般只考虑船舶在水平面中的横移、纵移和艏摇三个自由度,忽略垂荡、横摇和纵摇三个自由度。

3. 主要符号

$E-\xi\eta\zeta$——固定于地球的固定坐标系(定系)。

F——船舶所受外力的合力。

$O-xyz$——固定于船体的运动坐标系(动系)。

G——船舶重心。

I_x,I_y,I_z——船舶对动系Ox、Oy、Oz轴的转动惯量。

K、T——船舶旋回性指数、船舶追随性指数。

M——作用于船舶的力矩和。

K,M,N——力矩M在坐标系$O-xyz$上的投影,分别称为横倾力矩、纵倾力矩、偏航力矩。

m——船舶质量。

g——重力加速度。

ρ——海水密度。

h、L——潜艇稳心高、艇长。

n、X_T——螺旋桨转速、推力。

p,q,r——角速度Ω在坐标系$O-xyz$上的投影,分别称为横倾角速度、纵倾角速度、偏航(或回转)角速度。

u,v,w——航速V在坐标系$O-xyz$上的投影,分别称为纵向速度、横向速度、垂向速度。

V——运动坐标系原点处的航速。

X,Y,Z——力F在坐标系$O-xyz$上的投影,分别称为纵向力、横向力和垂向力。

X_G, Y_G, Z_G——船舶重心在运动坐标系中的纵坐标、横坐标、垂向坐标,若船舶重心与运动坐标系的原点重合,则$X_G = 0, Y_G = 0, Z_G = 0$。

β——漂角(航速V的方向和Ox轴之间的夹角,右旋为正),显然,航速V在动系上的投影为$u = V\cos\beta, v = -V\sin\beta$。

$\delta, \delta_r, \delta_b, \delta_s$——舵角、方向舵舵角、艏升降舵舵角、艉升降舵舵角。

ξ, η, ζ——运动坐标系原点在固定坐标系中的纵坐标、横坐标、垂向坐标。

φ, θ, ψ——船舶的姿态角(横倾角、纵倾角、首向角)。$r = \mathrm{d}\psi/\mathrm{d}t = \dot{\psi}$,潜艇回转运动的角速度;$q = \mathrm{d}\theta/\mathrm{d}t = \dot{\theta}$,潜艇纵倾转动的角速度。

Ω——船舶转动的角速度等。

4. 无因次物理量定义

$$I'_z = I_z \bigg/ \frac{1}{2}\rho L^5, N'_r = N_r \bigg/ \frac{1}{2}\rho L^4 V, Y'_r = Y_r \bigg/ \frac{1}{2}\rho L^3 V;$$

$$m' = m \bigg/ \frac{1}{2}\rho L^3, N'_{\dot{r}} = N_{\dot{r}} \bigg/ \frac{1}{2}\rho L^5, Y'_{\dot{r}} = Y_{\dot{r}} \bigg/ \frac{1}{2}\rho L^4;$$

$$r' = rL/V, N'_{r|r|} = N_{r|r|} \bigg/ \frac{1}{2}\rho L^5, Y'_{r|r|} = Y_{r|r|} \bigg/ \frac{1}{2}\rho L^4;$$

$$\dot{r}' = \dot{r}L^2/V^2, N'_{|r|\delta} = N_{|r|\delta} \bigg/ \frac{1}{2}\rho L^4 V, Y'_{|r|\delta} = Y_{|r|\delta} \bigg/ \frac{1}{2}\rho L^3 V;$$

$$t' = tV/L, N'_v = N_v \bigg/ \frac{1}{2}\rho L^3 V, Y'_v = Y_v \bigg/ \frac{1}{2}\rho L^2 V;$$

$$u' = u/V, N'_{\dot{v}} = N_{\dot{v}} \bigg/ \frac{1}{2}\rho L^4, Y'_{\dot{v}} = Y_{\dot{v}} \bigg/ \frac{1}{2}\rho L^3;$$

$$\dot{u}' = \dot{u}L/V^2, N'_{|v|r} = N_{|v|r} \bigg/ \frac{1}{2}\rho L^4, Y'_{|v|r} = Y_{|v|r} \bigg/ \frac{1}{2}\rho L^3;$$

$$v' = v/V, N'_{|v|v} = N_{|v|v} \bigg/ \frac{1}{2}\rho L^3, Y'_{|v|v} = Y_{|v|v} \bigg/ \frac{1}{2}\rho L^2;$$

$$\dot{v}' = \dot{v}L/V^2, N'_\delta = N_\delta \bigg/ \frac{1}{2}\rho L^3 V^2, Y'_\delta = Y_\delta \bigg/ \frac{1}{2}\rho L^2 V^2。$$

5. 船舶操纵控制系统的相关术语

为了较系统地描述船舶操纵控制系统的基础概念并具有可读性,对操纵控制设备、航行方向、操纵指令、智能航行控制等常用的相关术语,参考了GB/T 5743—2010《船用自动操舵仪》、GB/T 37417—2019《海上导航和无线电通信设备及系统　航迹控制系统　操作和性能要求、测试方法及要求的测试结果》、

GB/T 35713—2017《船舶艏向控制系统》、GB/T 35746—2017《船舶与海上技术　船桥布置及相关设备要求和指南》、GJB 2855A—2018《舰船液压舵机通用规范》、GJB 2859A—2017《舰船自动操舵仪通用规范》等标准和规范,归纳如下。

1) 操纵控制类相关术语

(1) 舰船。舰船是指一种在水面或水中航行并可遂行任务的军用船舶。自从武器装备上装船舶,舰船便应运而生并逐步发展壮大。

(2) 船舶操纵系统。船舶操纵系统是指船上为航行所使用的主推进装置、辅助推进装置、侧向推进装置、舵装置、鳍装置和其他姿态稳定装置,以及相应装置的控制装置和附件等系统和设备的总称。

船舶操纵系统一般由船舶操纵控制系统和船舶操纵执行系统两部分组成。对操舵而言,相应的称为船舶操舵系统;对推进而言,称船舶操车系统,也称推进系统。

(3) 船舶操舵系统。船舶操舵系统是指船上控制舵机转动以改变航向的系统,包括操舵控制系统、操舵执行系统两部分。其中,操舵控制系统也称操舵装置控制系统,俗称操舵仪;操舵执行系统也称操舵机械系统、操舵执行装置,俗称操舵装置、舵装置、舵机。

船舶操舵系统通常由操舵台、操舵控制机构、传动机构、舵机,以及相关线路、管路和附件等组成。

(4) 操舵控制系统。操舵控制系统是指一种产生舵令并将舵令由驾驶室等远端操纵部位发送给舵机舱操舵执行系统的一整套系统,包括舵令发生器、舵令接收器、舵令执行器、舵角反馈机构等。

(5) 操舵执行系统。操舵执行系统是指一个按照操舵控制系统的舵令要求,将电能最终转换成转舵机械能的一整套系统,包括舵机驱动装置(也称动力驱动单元、动力驱动装置)和转舵机构,其中舵机驱动装置分为电动和电液两种形式,电液转舵机构包括往复柱塞式、往复活塞式、转叶式、回转柱塞式、回转活塞式等。

(6) 操舵控制末级元件。操舵控制末级元件是指一种将舵令电气控制信号转换成液压控制信号,或将舵令电气控制信号转换成电气功率驱动信号的舵令执行元件(舵令执行器),具体形式包括开关阀、比例阀、伺服阀、力矩电机、伺服电机等。

(7) 操舵方式。操舵方式是指一种或一类按照舵令要求控制舵转动的方式设置,包括人工和自动操舵方式,其中人工方式包括液压、简易、随动等。

(8) 操舵部位。操舵部位是指操纵控制系统中能够远端操纵舵机的部位设置,一般包括驾驶室和舵机舱两个操舵部位,有的还包括预备驾驶室(备用驾驶室)、本舰指挥所、备用舵机舱等。

(9) 主操舵装置。主操舵装置是指正常情况下使舵产生转动所必需的机械设备、液压设备、电气设备、操舵装置动力设备和其附属设备,以及向舵杆施加扭矩的部件的总称,俗称主舵机。

(10) 辅操舵装置。辅操舵装置是指在主操舵装置失效时,为驾驶舰船所必需的操舵装置,俗称应急舵机。

(11) 操舵装置动力设备。操舵装置动力设备是指电力原动机及其辅助电气设备的总称。

(12) 动力转动系统。动力转动系统是指由一个或多个操舵装置动力设备、转舵机构及其附属设备组成,用以提供动力转动舵杆的电气或液压设备。

(13) 转舵机构。转舵机构是指将电力或液力转换为机械动作,用于转动舵杆的设备。

(14) 报警。报警是指出现异常及需要注意情况的警示,按紧急程度从高到低分为紧急报警、重要报警、一般报警和提示报警 4 级。

(15) 潜望深度。潜望深度是指潜艇在水下将潜望镜升起,使潜望镜的上镜头露出水面约 0.5m,能够对海空进行观察的深度范围。潜望深度视潜艇的种类和海况而定,潜望深度还可供进气筒、通信天线等升降装置使用。一般现代潜艇的潜望深度为 8~15m。

(16) 危险深度。危险深度是指由潜望深度的下限至安全深度的上限的深度范围。在该深度既不能使用潜望镜进行观察,又可能与水面航行器发生碰撞,且易于暴露自身目标。潜艇除在潜浮过程中短时间通过此深度外,一般情况下严禁在此深度下航行或悬停。危险深度下限一般在 45m 左右。

(17) 安全深度。安全深度是指由危险深度下限至工作深度上限的深度范围。

(18) 极限深度。极限深度是指潜艇只能短时的、有限次数停留的可下潜达到的最大深度,是潜艇的结构强度所允许的最大深度。

(19) 工作深度。工作深度是指由安全深度上限到 80% 极限深度的深度范围,是最适宜潜艇在水下经常进行战斗活动的深度。

(20) 操舵失效。操舵失效是指人工或自动发出操舵指令后舵未按指令要求动作的故障现象。

(21) 舵角复示误差。舵角复示误差是指操舵仪上的舵角复示值与舵机上的机械舵角指示值之间的差值。

(22) 航迹偏差。航迹偏差是指船舶位置与当前计划航段的距离。船舶位置在当前计划航向(也称计划航段航向)左侧时航迹偏差用负值表示,右侧时用正值表示。

(23)航向偏差。航向偏差是指船舶航向偏离设定航向的程度,用当前时刻的航向与设定航向之间的差值来度量。

(24)航向稳定精度。航向稳定精度是指操舵系统航向控制结果与设定航向的符合程度,用实际航向曲线与指令航向直线之间所包围的总面积除以该段时间的商值来度量。工程上一般用平均偏差值或均方根值来计算。

(25)随动操舵灵敏度。随动操舵灵敏度是指在随动操舵时,操舵系统正常条件下,使操舵仪末级元件动作的最小给定舵角值。

(26)深度稳定精度。深度稳定精度是指潜艇定深航行时操艇系统深度控制结果与设定深度的符合程度,用深度曲线与指令深度直线之间所包围的总面积除以该段时间的商值来度量。工程上一般用平均偏差值或均方根值来计算。

(27)纵倾稳定精度。纵倾稳定精度是指潜艇定深航行时操艇系统自动保持纵倾的能力,用纵倾曲线与指令纵倾直线之间所包围的总面积除以该段时间的商值来度量,工程上一般用平均偏差值或均方根值来计算。

(28)转向速率。转向速率是指单位时间内航向(艏向)的变化量,通常用°/min 或°/s 表示(顺时针为"+",逆时针为"-")。

(29)转向速率控制。转向速率控制是指船舶按设定的转向速率控制舵角的方法。

2)航行方向类相关术语

(1)航向(艏向)。航向(艏向)是指船舶艏艉线在水平面投影的正前方向,用真北方向顺时针转至船舶正前方向的角度表示。

(2)航迹向。航迹向是指船舶在水平面内航行或准备航行到的方向,用真北方向顺时针转至该方向的角度表示。

(3)漂角。漂角是指船舶重心处速度与动坐标系中 Ox 轴之间的夹角,即航迹向相对于航向的夹角。

(4)攻角。攻角是指船舶来流合速度与船舯线面的夹角。

(5)方位。方位是指物标所处的方向,用真北方向顺时针转至物标方向的角度表示。

(6)舷角。舷角是指物标方向相对于船舶航向的角度,用航向顺时针转至物标方向的角度表示。

(7)舰位。舰位是指船在水平面内航行所处的位置,用一组经度和纬度参数表示。

3)操纵指令类相关术语

(1)转舵类操纵(单舵或连动型双舵)操舵指令。

①正舵:一种要求将舵操至0°的操舵命令(舵令)。当舵已转到0°时,操舵手语言回复"舵正"。

②左舵:一种要求将舵操至左15°的舵令。当舵已转到左15°时,操舵手语言回复"15°左"。

③左舵××:一种要求将舵操至左××度的舵令。当舵已转到左××度时,操舵手语言回复"××度左"。

④左满舵:一种要求将舵操至左满度的舵令(一般正常航行情况下操满舵只到30°,以避免可能发生满舵卡的故障)。当舵已转到左30°时,操舵手语言回复"满舵左"。

⑤右舵:一种要求将舵操至右15°的舵令。当舵已转到右15°时,操舵手语言回复"15°右"。

⑥右舵××:一种要求将舵操至右××度的舵令。当舵已转到右××度时,操舵手语言回复"××度右"。

⑦右满舵:一种要求将舵操至右满度的舵令(一般正常航行情况下操满舵只到30°,以避免可能发生满舵卡的故障)。当舵已转到右30°时,操舵手语言回复"满舵右"。

(2)航速类操纵(左右车均可独立操纵)操车指令。

①(两)车停:一种要求将(两)车操至停止位置的操车命令。当机舱已经响应操车命令后且车有响应动作后,操车手语言回复"(两)车停"。

②(两)车进一:一种要求将(两)车操至前进一位置的操车命令。当机舱已经响应(两)车进一操车命令且车有响应动作后,操车手语言回复"(两)车进一"。

③(两)车进二:一种要求将(两)车操至前进二位置的操车命令。当机舱已经响应(两)车进二操车命令且车有响应动作后,操车手语言回复"(两)车进二"。

④(两)车退一:一种要求将(两)车操至后退一位置的操车命令。当机舱已经响应(两)车退一操车命令且车有响应动作后,操车手语言回复"(两)车退一"。

⑤(两)车退二:一种要求将(两)车操至后退二位置的操车命令。当机舱已经响应(两)车退二操车命令且车有响应动作后,操车手语言回复"(两)车退二"。

⑥左车进××右车退××：一种要求将左车操至前进××位置，同时将右车操至后退××位置的操车命令。当机舱已经响应左车进××右车退××操车命令且两车有响应动作后，操车手语言回复"左车进××右车退××"。

⑦左车退××右车进××：一种要求将左车操至后退××位置，同时将右车操至前进××位置的操车命令。当机舱已经响应左车退××右车进××操车命令且两车有响应动作后，操车手语言回复"左车退××右车进××"。

(3)航向类操纵指令。

①把定：一种要求将船舶保持在当前航向的操舵命令。操舵手听到命令后迅速语言回复"把定"。一般情况下，操舵手此时会根据船舶的偏转速度方向压一相应舵角，待偏转速度明显下降时迅速将舵归零或再反向压一小舵角，以保持当前航向。当船舶已保持在当前航向时，操舵手再次语言回复"把定，航向×××"。

②航向×××：一种要求将舰船操纵到×××航向的操舵命令。操舵手听到命令后迅速语言回复"航向×××"。当舰船已操纵至要求航向并保持时，操舵手语言回复"航向×××到"。

③航向向左××：一种要求将船舶往左修正——航向的小范围修正操舵命令。操舵手听到命令后迅速语言回复"航向向左××"。当船舶已操纵至要求航向并保持时，操舵手语言回复"航向向左××到，航向×××"。

④航向向右××：一种要求将船舶往右修正——航向的小范围修正操舵命令。操舵手听到命令后迅速语言回复"航向向右××"。当船舶已操纵至要求航向并保持时，操舵手语言回复"航向向右××到，航向×××"。

⑤跟着前舰走：一种要求跟随前方××舰船的航迹航行的操舵命令。这种命令一般出现在舰船编队航行中的后方舰船中。该过程一般使用小舵角人工操舵跟随。

4)船舶智能航行系统的相关术语

(1)船舶智能航行。船舶智能航行是指具有智能化系统的船舶能够全部或部分代替人类驾驶员进行航行操控。

(2)航行态势。航行态势是指船舶在客观环境下受到各种内外因素影响而形成的船舶航行实际状态及后续变化趋势，是对船舶自身状态和周围交通环境形式与状态的一种表述。

(3)航行态势感知。航行态势感知是一种船舶航行情况下，应用船舶设备及系统感知大量时空环境和自身因素，解析其内涵。

(4)狭水道。狭水道通常是指可航水域的宽度狭窄、船舶操纵受到一定限制的通航水域,多伴随船舶险情与事故的风险。

(5)繁忙水域。繁忙水域是指通航密度大、交通流结构复杂、航路交错、通航环境复杂的水域,多伴随船舶险情与事故的发生。

(6)开阔水域。开阔水域是指除进出港水道、狭水道、狭窄的海峡以及已实行分道通航制外的水域。

(7)障碍船舶。障碍船舶是指有可能与本船航行形成碰撞危险的其他航行船只。

(8)碍航物。碍航物是指水上水下一切对本船安全航行构成威胁的物体,包括自然物和人工物体。

(9)泊位。泊位是指由法定的合格单位设计、建造,供船舶停靠或系留的连岸安全场所。

(10)泊位长度。泊位长度是指供船舶靠离泊位的最短有效长度。

(11)靠泊速度。靠泊速度是指船舶进靠泊位时,船体接触泊位实体前的移动速度。

(12)船舶余速。船舶余速是指船舶完成靠泊时,在无动力驱动情况下,船舶的惯性余速。

(13)抵泊横距。抵泊横距是指船舶抵近泊位时,船舶(最近泊点)距泊位线的垂直距离。

(14)抵泊方向。抵泊方向是指船舶接近过程中的航迹向与泊位线之间的夹角。

(15)靠拢角度。靠拢角度是指位于靠岸区船舶向泊位靠拢过程中船艏向与泊位方向之间的夹角。

2.1.2 船舶运动数学模型

1.船舶操纵运动数学模型

1)船舶水动力数学模型

在航行中的船舶上,作用有各种各样的力,包括螺旋桨旋转产生的推力和舵转动产生的舵力,以及由不同原因产生的各种外力(流体动力、空气动力或机械力等)。船舶在这些力的作用下运动,使船舶运动参数产生各种变化。

将船舶当作一个刚体,引用牛顿关于质心运动的动量和动量矩定理,可以推导出船舶的六自由度空间运动方程:

$$\begin{cases} m[\dot{u} - vr + wq - X_G(q^2 + r^2) + Y_G(pq - \dot{r}) + Z_G(pr + \dot{q})] = X \\ m[\dot{v} - wp + ur - Y_G(r^2 + p^2) + Z_G(qr - \dot{p}) + X_G(qp + \dot{r})] = Y \\ m[\dot{w} - uq + vp - Z_G(p^2 + q^2) + X_G(rp - \dot{q}) + Y_G(rq + \dot{p})] = Z \\ I_X \dot{p} + (I_X - I_Y)qr + m[Y_G(\dot{w} - vp - uq) - Z_G(\dot{v} + ur - wp)] = L \\ I_Y \dot{q} + (I_Z - I_X)rp + m[Z_G(\dot{u} + wq - vr) - X_G(\dot{w} + vp - uq)] = M \\ I_Z \dot{r} + (I_Y - I_X)pq + m[X_G(\dot{v} + ur - wp) - Y_G(\dot{u} + wq - vr)] = N \end{cases} \quad (2.1)$$

利用空间几何知识,在不考虑坐标平移的情况下,通过三次正交旋转,可以推导出由动系坐标到定系坐标的运动关系式,即辅助方程:

$$\begin{cases} \dot{\varphi} = p + q\tan\theta\sin\varphi + r\tan\theta\cos\varphi \\ \dot{\theta} = q\cos\varphi - r\sin\varphi \\ \dot{\psi} = q\sin\varphi/\cos\theta + r\cos\varphi/\cos\theta \\ \dot{\xi} = u\cos\psi\cos\theta + v(\cos\psi\sin\theta\sin\varphi - \sin\psi\cos\varphi) + w(\cos\psi\sin\theta\cos\varphi + \sin\psi\sin\varphi) \\ \dot{\eta} = u\sin\psi\cos\theta + v(\sin\psi\sin\theta\sin\varphi + \cos\psi\cos\varphi) + w(\sin\psi\sin\theta\cos\varphi - \cos\psi\sin\varphi) \\ \dot{\zeta} = -u\sin\theta + v\cos\theta\sin\varphi + w\cos\theta\cos\varphi \end{cases}$$

$$(2.2)$$

式中:$\dot{u}$ 表示 $\dfrac{\mathrm{d}u}{\mathrm{d}t}$;$\dot{v}$、$\dot{w}$、$\dot{p}$、$\dot{q}$、$\dot{r}$、$\dot{\varphi}$、$\dot{\theta}$、$\dot{\psi}$、$\dot{\xi}$、$\dot{\eta}$、$\dot{\zeta}$ 表示的意义与 $\dot{u}$ 表示的意义相同。

上述方程是一个六自由度的相互耦合复杂的空间运动方程。在操纵性研究中,普遍采用动系坐标原点与船舶重心相重合的方法,则船舶在 $O-xyz$ 系中的运动方程可简化为

$$\begin{cases} m(\dot{u} + wq - vr) = X \\ m(\dot{v} + ur - wq) = Y \\ m(\dot{w} + vp - uq) = Z \\ I_x \dot{p} + (I_z - I_y)qr = L \\ I_y \dot{q} + (I_x - I_z)pr = M \\ I_z \dot{r} + (I_y - I_x)pq = N \end{cases} \quad (2.3)$$

式中:$\dot{u}$ 为 Ox 方向的速度 $\boldsymbol{u}$ 的大小变化产生的 x 方向的加速度;"$+wq$" 与 "$-vr$" 是由于物体以角速度 q、r 转动,引起 z 方向和 y 方向的速度 w、v 的方向改变而产生的 x 方向的加速度;其他项的意义与此相同;通常称 $(wq - vr)$、$(ur - wp)$、$(vp - uq)$ 是由于坐标系运动引起的物体向心加速度;$(I_z - I_y)qr$、$(I_x - I_z)rp$、$(I_y - I_x)pq$ 是回转效应。

式(2.3)即为六自由度的船舶运动一般方程式,其中前三个公式为质心运动定理在动系上的表示式,后三个公式是著名的刚体绕定点(重心)转动的欧拉

动力学方程式。

船舶操纵中,除了风浪中操纵以及潜艇上浮下潜等特殊情况,可以认为是船舶在水平面内的受控运动,一般不考虑垂直面和横滚面的运动,操纵运动方程可简化为

$$\begin{cases} m(\dot{u} - vr) = X \\ m(\dot{v} + ur) = Y \\ I_z \dot{r} = N \end{cases} \tag{2.4}$$

式中:X、Y、N 可分别表示为

$$\begin{cases} X = X_H + X_T + X_R + X_D \\ Y = Y_H + Y_T + Y_R + Y_D \\ N = N_H + N_T + N_R + N_D \end{cases} \tag{2.5}$$

式中:下标 H、T、R、D 分别表示船体、螺旋桨、舵和干扰量。由此可见,作用于船舶上的力和力矩主要包括船体流体水动力和力矩、螺旋桨推力和推力矩、舵力和舵力矩、干扰力和干扰力矩 4 类,其中作用于船舶的流体水动力包括惯性类水动力和黏性类水动力,取决于船舶的运动情况。

上述船舶操纵运动非线性方程式(2.4)和式(2.5)中相关力及力矩可分别表述如下:

$$\begin{cases} X = X_{\dot{u}}\dot{u} + X_{uu}u^2 + X_{vv}v^2 + X_{rr}r^2 + X_{vr}vr \\ Y = Y_{\dot{v}}\dot{v} + Y_{\dot{r}}\dot{r} + Y_v v + Y_r r + Y_{v|v|}v|v| + Y_{r|r|}r|r| \\ N = N_{\dot{v}}\dot{v} + N_{\dot{r}}\dot{r} + N_v v + N_r r + N_{v|v|}v|v| + N_{v|r|}v|r| + N_{r|r|}r|r| \end{cases} \tag{2.6}$$

2)螺旋桨推力数学模型

由螺旋桨理论可知,船后桨的推力 X_T 的计算公式为

$$X_T = (1-t)\rho n^2 D^4 K_T \tag{2.7}$$

式中:D 为螺旋桨的直径;n 为螺旋桨的转速;t 为推力减额系数;K_T 为无因次推力系数,是进速比 $J\left(\dfrac{u(1-\omega)}{nD}\right)$ 的函数(其中,ω 是螺旋桨伴流系数),该函数关系可近似写成

$$K_T = f(J) = k_0 + k_1 J + k_2 J^2 \tag{2.8}$$

式中:常系数 k_0、k_1、k_2 可用船后螺旋桨的无因次性能曲线按式(2.8)拟合确定。

将式(2.8)代入式(2.7)可得

$$X_T = Au^2 + Bnu + Cn^2 \tag{2.9}$$

其中:

$$A = (1-t)(1-\omega)^2 \rho D^2 k_2$$
$$B = (1-t)(1-\omega)\rho D^3 k_1$$

$$C = (1-t)\rho D^4 k_0$$

3)舵操纵力数学模型

图 2.4 表示了舵 – 船系统的水动力作用情况。

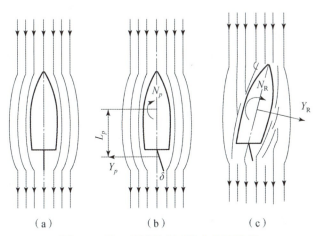

图 2.4 舵 – 船系统的水动力作用情况

一艘左右舷形状对称的船舶,舵位于中间位置时,如果沿纵剖面方向直线航行,由于流体的对称性,船舶将不会受到侧向力作用,如图 2.4(a)所示。当舵偏转一个角度 δ 时,则改变了水流的对称性,首先在舵上产生一个侧向力 Y_p,Y_p 的作用点距船舶重心 G 为 L_p 时,同时也产生一个绕船舶重心 G 的力矩 $N_p = Y_p \cdot L_p$,如图 2.4(b)所示。在力矩 N_p 作用下,船体相对于水流发生偏转,船体纵剖面与水流速度方向形成一漂角 β,船体也产生一绕重心 G 的角速度 r,这样就改变了水流的对称性,从而产生一个作用于船体的力(根据力学原理,可将其分解成 Ox 轴上的分力 X_R 和 Oy 轴上的分力 Y_R)和绕重心 G 的力矩 N_R,如图 2.4(c)所示。X_R 与推力方向相反,增大航行阻力,使航速降低。Y_R 和 N_R 则可用来操纵船舶保持与改变航向。X_R、Y_R 和 N_R 都与 β 和 r 有关。因为船体的尺度比舵大得多,因此 Y_R 和 N_R 也比 Y_p 和 N_p 大得多。此后,船舶就主要在 X_R、Y_R 和 N_R 的作用下继续转向和横移运动,这就是利用转舵来改变船舶航向的一个水动力过程(也就是转舵力矩引发为转船力矩的过程),其中:

$$X_R = -\text{sign}(u) F_N \sin\delta \tag{2.10}$$

$$Y_R = -\text{sign}(u)(1 + \alpha_H) F_N \cos\delta \tag{2.11}$$

$$N_R = -\text{sign}(u)(x_R + \alpha_N) F_N \cos\delta \tag{2.12}$$

式中:u 为船舶的纵向速度;δ 为船舶的控制舵角;α_H 和 α_N 是舵对船体水动力和力矩的影响系数;x_R 为舵水动力作用点距重心的 x 轴向距离;F_N 为舵的法向力。

舵的法向力可表示为

$$F_N = \frac{1}{2}\rho V_R^2 A_R f_\alpha \sin\alpha_R \tag{2.13}$$

式中:ρ 为海水密度;A_R 为舵板面积;$f_\alpha = 6.13\lambda_R/(2.25+\lambda_R)$,$\lambda_R$ 为舵的展弦比;α_R 为有效攻角,$\alpha_R = \delta - (\beta - x_R'r')u/V_R$,$\beta$ 为船舶漂角,$x_R' = x_R/L$,L 为船长,$r' = r(L/\sqrt{u^2+v^2})$,称为无因次角速度;$V_R = u(1-\omega_R)\sqrt{1+g(s)}$,称为有效来流速度,$g(s)$ 表示螺旋桨的滑脱比 s 对舵的影响,ω_R 为舵处的伴流系数。

将船舶所受的力和力矩表达式代入船舶操纵运动一般方程式,即可得到船舶操纵运动方程式。根据使用目的和试验条件不同,船舶操纵方程式的形式较多,常用的有代表性的运动方程可查阅相关文献。

4) 船舶横摇运动数学模型

一般船舶的横滚面运动是无须控制的,一些军用舰船由于需执行作战任务,对横滚面的运动控制是必要的,因而在护卫舰、驱逐舰等中大型军用舰船上,除了安装舭龙骨来增加其横稳性,还可利用减摇鳍、主动式减摇水舱等装置进行减摇控制。就潜艇而言,配置 X 形艉舵的潜艇,在操纵时需利用差动舵方式抵消横滚力矩来实现横滚面平衡,除此之外,一般在潜艇总体设计时,就通过左右对称分配质量等方式,尽量达到横滚面静平衡。而在水下回转机动运动时,由于运动耦合作用,会在运动过程中出现较大的横倾,因此,在潜艇进行大角度变向机动操纵时,一般需对方向舵最大舵角进行限幅操纵。

船舶的横滚面运动方程式如下:

$$\begin{cases} (mx_G - N_{\dot{v}})\dot{v} - N_{\dot{p}}\dot{p} + (I_z - N_{\dot{r}})\dot{r} = -K_p p - K_{p|p|}p|p| - W\cdot GM(\varphi + \varphi^3/\varphi_v^2) \\ \qquad\qquad\qquad\qquad\qquad\qquad - Y_H \cdot z_H + mx_G ur + K_{wind} + K_{wave} + K_{\alpha_f} \\ \dot{\varphi} = p \end{cases}$$

(2.14)

式中:K_{wind}、K_{wave} 和 K_{α_f} 分别为风作用于船舶水上部分产生的横摇力矩、海浪作用于船舶水线面以下产生的横摇力矩和减摇鳍或主动式减摇水舱等减摇装置产生的横摇力矩;W 为船舶排水质量;GM 为横稳心高;Y_H 为船舶横向水动力;z_H 为横向水动力点距水线面距离;φ_v 为船舶横摇稳性消失角,一般由试验确定。

船舶的横摇运动属于特殊工况的操纵控制,本书不对其深入阐述,横摇水动力建模和控制见相关文献。

2. 动力定位船舶数学模型

对于动力定位船舶而言,船舶在大地坐标系中的位置及艏向角矢量可表示为 $\dot{\eta} = [x, y, \psi]^T$,在船体坐标系中分解后的速度矢量可以表示为 $v = [u, v, r]^T$。船

体坐标系和大地坐标系的速度之间的转换关系为

$$\dot{\boldsymbol{\eta}} = \boldsymbol{R}(\psi)\boldsymbol{v} \tag{2.15}$$

式中：坐标变换矩阵表示如下：

$$\boldsymbol{R}(\psi) = \begin{bmatrix} \cos\psi & -\sin\psi & 0 \\ \sin\psi & \cos\psi & 0 \\ 0 & 0 & 1 \end{bmatrix} \tag{2.16}$$

注意：$R(\psi)$ 是非奇异的，且 $\boldsymbol{R}^{-1}(\psi) = \boldsymbol{R}^{\mathrm{T}}(\psi)$。

船舶坐标系原点选择在船舶几何中心时，船舶水平运动非线性方程可表示如下：

$$\begin{cases} m(\dot{u} - vr - x_G r^2) = X_H + X_{\mathrm{env}} + T_x \\ m(\dot{v} - ur + x_G \dot{r}) = Y_H + Y_{\mathrm{env}} + T_y \\ I_z \dot{r} + m x_G (\dot{v} + ur) = N_H + N_{\mathrm{env}} + T_n \end{cases} \tag{2.17}$$

式中：X_H、Y_H、N_H 表示船舶纵向、横向、艏向的水动力。

当船舶处于低速航行状态时，水动力中高阶项可以忽略，仅保留一阶水动力项，则船舶运动方程可简化为

$$\begin{cases} (m - X_{\dot{u}})\dot{u} - X_u u = X_{\mathrm{env}} + T_x \\ (m - Y_{\dot{v}})\dot{v} + (m x_G - Y_{\dot{r}})\dot{r} - Y_v \cdot v - Y_r \cdot r = Y_{\mathrm{env}} + T_y \\ (m x_G - N_{\dot{v}})\dot{v} + (I_z - N_{\dot{r}})\dot{r} - N_v \cdot v - N_r \cdot r = N_{\mathrm{env}} + T_n \end{cases} \tag{2.18}$$

式(2.18)可用矩阵形式表示为

$$\boldsymbol{M}\dot{\boldsymbol{v}} + \boldsymbol{D}\boldsymbol{v} = \boldsymbol{\tau}_{\mathrm{env}} + \boldsymbol{\tau}_{\mathrm{thrust}} \tag{2.19}$$

式中：$\boldsymbol{\tau}_{\mathrm{thrust}} = [\tau_x, \tau_y, \tau_n]^{\mathrm{T}}$ 代表控制矢量，由推进器在纵向、横向、艏向产生的力和力矩；$\boldsymbol{\tau}_{\mathrm{env}} = [X_{\mathrm{env}}, Y_{\mathrm{env}}, N_{\mathrm{env}}]^{\mathrm{T}}$ 代表未知环境作用力。

质量矩阵 $\boldsymbol{M}$ 定义为

$$\boldsymbol{M} = \begin{bmatrix} m - X_{\dot{u}} & 0 & 0 \\ 0 & m - Y_{\dot{v}} & m x_G - Y_{\dot{r}} \\ 0 & m x_G - N_{\dot{v}} & I_z - N_{\dot{r}} \end{bmatrix} \tag{2.20}$$

式中：m 是船质量；I_z 是 z 轴的惯性矩；$X_{\dot{u}}$、$Y_{\dot{v}}$、$N_{\dot{r}}$ 是由加速度引起的附加质量。

$\boldsymbol{D}$ 是由于波浪漂移阻尼和层流表面摩擦产生引起的阻尼矩阵，定义为

$$\boldsymbol{D} = \begin{bmatrix} -X_u & 0 & 0 \\ 0 & -Y_v & -Y_r \\ 0 & -N_v & -N_r \end{bmatrix} \tag{2.21}$$

船舶在纵向、横向、艏向的非线性耦合低频运动方程可简化为

$$\begin{cases} M\dot{v} + Dv = \tau + R^T(\psi)b + E_v\omega_v \\ \tau = Bu \end{cases} \quad (2.22)$$

式中：u 为控制输入；B 为描述推进器布置的控制矩阵；ω_v 为零均值高斯白噪声矢量；E_v 为三维对角矩阵，表示过程噪声的幅值；b 为环境扰动力和力矩，可表述为一阶高斯–马尔可夫(Gauss–Markov)过程，具体见参考文献。

3. 潜航器操纵运动数学建模

潜艇、自主式水下潜器(Autonomous Underwater Vehicle, AUV)等水下航行器，不仅需要实现水平面的操纵运动，还需依据任务要求，实现垂直面内的上浮下潜运动。从平面运动角度看，垂直面运动与水平面运动是相似的，但也有显著不同的特点。潜艇垂直面运动时，除了受到流体动力作用，还受到重力、浮力及其力矩的静力作用。

潜艇的垂直面操纵运动方程式为

$$\begin{cases} m(\dot{u} - wq) = X_{\dot{u}}\dot{u} + X_{uu}u^2 + X_{ww}w^2 + X_{qq}q^2 + X_{wq}wq + \\ \qquad X_{\delta_s\delta_s}\delta_s^2 + X_{\delta_b\delta_b}\delta_b^2 + X_T + P\theta \\ m(\dot{w} - uq) = Z_0 + Z_{\dot{w}}\dot{w} + Z_{\dot{q}}\dot{q} + Z_w w + Z_{|w|}|w| + Z_q q + Z_{w|w|}w|w| + Z_{ww}w^2 + \\ \qquad Z_{w|q|}w|q| + Z_{q|q|}q|q| + Z_{\delta_s}\delta_s + Z_{\delta_b}\delta_b + Z_{|q|\delta_s}|q|\delta_s + P \\ I\dot{q} = M_0 + M_{\dot{w}}\dot{w} + M_{\dot{q}}\dot{q} + M_w w + M_{|w|}|w| + M_q q + M_{w|w|}w|w| + \\ \qquad M_{ww}w^2 + M_{w|q|}w|q| + M_{q|q|}q|q| + M_{\delta_s}\delta_s + M_{\delta_b}\delta_b + M_{|q|\delta_s}|q|\delta_s + \\ \qquad X_T Z_T + M_p + M_\theta \theta \\ q = \dfrac{d\theta}{dt} = \dot{\theta} \end{cases}$$

$$(2.23)$$

上述方程为非线性运动方程式，当潜艇或潜航器在垂直面做弱机动运动，运动参数 Δu、w、q、δ_b、δ_s 为小量，则可认为纵向运动变化量极小，故可忽略式(2.23)中第一项，第二、三两项即可退化为垂直面操纵运动线性方程式：

$$\begin{cases} (m - Z_{\dot{w}})\dot{w} - Z_w w - Z_{\dot{q}}\dot{q} - (mu + Z_q)q = Z_0 + Z_{\delta_s}\delta_s + Z_{\delta_b}\delta_b + P \\ (I - M_{\dot{q}})\dot{q} - M_q q - M_{\dot{w}}\dot{w} - M_w w = M_0 + M_{\delta_s}\delta_s + M_{\delta_b}\delta_b \\ \qquad\qquad\qquad\qquad\qquad\qquad\qquad\qquad + X_T Z_T + M_p + M_\theta \theta \end{cases} \quad (2.24)$$

当认为潜艇对称于舯横剖面时，式(2.24)中的 $Z_{\dot{q}} = M_{\dot{w}} = 0$。

当运动参数 $\dot{w} = \dot{q} = 0$，且 $q = 0$ 时，可得 u、w、θ 为常数的垂直面等速直线运动，常称为俯仰定常运动，其方程式进一步退化得

$$\begin{cases} Z_w w + Z_0 + Z_{\delta_s}\delta_s + Z_{\delta_b}\delta_b + P = 0 \\ M_w w + M_0 + M_{\delta_s}\delta_s + M_{\delta_b}\delta_b + X_T Z_T + M_p + M_\theta \theta = 0 \end{cases} \quad (2.25)$$

式(2.25)即为潜艇水下航行操纵经常使用的均衡公式。

潜艇的实际操纵表明，一般情况下操纵运动参数变化较小，对水动力系数有重要影响的攻角仅2°~3°，超过3°的甚少，纵倾角受到安全性的要求，通常限定在7°~10°。实艇的理论计算也表明，特别是常规动力潜艇，垂直面运动方程的非线性影响较小，线性方程和非线性方程的数值解非常接近，其最大相对误差约在10%以内。相比较而言，水平面内的非线性水动力影响甚大，用非线性方程计算的回转直径大致是线性方程计算结果的2倍。因此，垂直面操纵运动线性方程很有实用价值，可基于此方程，设计垂直面深度、纵倾和均衡控制律，实现潜艇的自动操纵控制。由其退化的俯仰定常运动方程是研究潜艇行进间均衡、保持定深直航、计算承载负浮力和分析垂直面机动特征量的基础。

2.1.3 风浪干扰数学建模

船舶在海上作业时会受到风、浪、流等环境载荷的作用。在风、流和海浪的干扰条件下运动的动态工况对船舶运动是最复杂的。对于动力定位船舶而言，动力定位系统需要准确计算环境载荷结果，以控制推进系统产生所需平衡的推力。

移动的水和空气与船体的相互作用导致流体动力和力矩的产生，它们构成了风浪干扰。由于这些外部干扰出现摇摆（垂向、横向、纵向）、偏航和横漂，降低了船舶向前运动的速度。

水和空气介质的各种运动是一个物理过程，波浪和流是在海洋中由于气流能量形成的。它们的强度取决于海上的平均风速，平均风速可以认为是恒定的，如同平稳随机过程的数学期望，它的值列在表2.2中。首先海浪能量受流动的大气层中空气运动的影响。物理意义上，复杂的风浪过程通常分解为几个简单过程，这简化了物理现象的研究，可在保持模型相符性的同时对单个分量和整个过程做出比较清晰的数学描述。由于介质质点的不同，运动特性和它们的物理差别要分开来进行分析。

表2.2 风浪等级

蒲福风级	风的特征	风的平均速度/(m/s)	浪级	$H_{1/3}$浪高/m
1	软风	0.5~1.5	0	0
2	轻风	2~3	1	0~0.25
3	微风	3.5~5	2	0.25~0.75
4	和风	5.5~8	3	0.75~1.25

续表

蒲福风级	风的特征	风的平均速度/(m/s)	浪级	$H_{1/3}$浪高/m
5	清劲风	8.5~10.5	4	1.25~2
6	强风	11~13.5	5	2~3.5
7	疾风	14~16.5	6	3.5~6
8	大风	17~20	7	6~8.5
9	烈风	20.5~23.5	8	8.5~11
10	狂风	24~27.5	9	大于11
11	暴风	28~31.5	—	—
12	飓风	32~35.5	—	—

周围空气和水介质运动对船舶壳体造成附加的流体动力和空气动力特性的影响，这些力和力矩分量的总和在关联坐标系轴上的投影，构成对船舶运动的风浪干扰。

通常将风浪流干扰分离成高频和低频分量，在船舶航行的操纵控制中，一般不希望抵消高频分量。原因是当考虑实际推力能力时，抵消非常快速且经常振荡的运动通常是不可能的，而这也经常会在推进装置上引起不必要的应力。

1. 风干扰力和力矩建模

作用于船体的风压力和力矩可看作平均风压力和变动风压力两种成分的叠加，表示成投影分量的关系为

$$\begin{cases} X_{\text{wind}} = \bar{X}_{\text{wind}} + \tilde{X}_{\text{wind}} \\ Y_{\text{wind}} = \bar{Y}_{\text{wind}} + \tilde{Y}_{\text{wind}} \\ K_{\text{wind}} = \bar{K}_{\text{wind}} + \tilde{K}_{\text{wind}} \\ N_{\text{wind}} = \bar{N}_{\text{wind}} + \tilde{N}_{\text{wind}} \end{cases} \quad (2.26)$$

作用在船体上的平均分力(力矩)的表达式如下：

$$\begin{cases} \bar{X}_{\text{wind}} = (1/2)\rho_A V_{\text{WR}}^2 A_f C_{WX}(\gamma_R) \\ \bar{Y}_{\text{wind}} = (1/2)\rho_A V_{\text{WR}}^2 A_s C_{WY}(\gamma_R) \\ \bar{K}_{\text{wind}} = l_W \cdot \bar{Y}_{\text{wind}} \\ \bar{N}_{\text{wind}} = (1/2)\rho_A V_{\text{WR}}^2 A_s L_{\text{oa}} C_{WN}(\gamma_R) \end{cases} \quad (2.27)$$

式中:ρ_A 为空气密度;A_f 为船舶水线以上的正投影面积;A_s 为水线以上的侧投影面积;L_{oa} 为船舶总长;$C_{WX}(\gamma_R)$、$C_{WY}(\gamma_R)$ 和 $C_{WN}(\gamma_R)$ 分别为 x、y 方向的风压力系数及绕 z 轴的风压力矩系数。

Isherwood 根据各类商船有关风压力的大量船模风洞试验结果,按照商船上层建筑各特征参数进行回归分析,得出计算 $C_{WX}(\gamma_R)$、$C_{WY}(\gamma_R)$ 和 $C_{WN}(\gamma_R)$ 的回归方程式如下:

$$\begin{cases} C_{WX}(\gamma_R) = A_0 + A_1(2A_s/L^2) + A_2(2A_f/B^2) + A_3(L/B) + A_4(c/L) \\ \qquad\qquad + A_5(e/L) + A_6 M \\ C_{WY}(\gamma_R) = B_0 + B_1(2A_s/L^2) + B_2(2A_f/B^2) + B_3(L/B) + B_4(c/L) + B_5(e/L) \\ \qquad\qquad + A_6(A_{ss}/A_s) \\ C_{WN}(\gamma_R) = C_0 + C_1(2A_s/L^2) + C_2(2A_f/B^2) + C_3(L/B) + V_4(c/L) + V_5(e/L) \end{cases}$$
(2.28)

式中:各参数值可参照参考文献[24]。

另一种表示风压力和力矩的方法,是采用平均风压合力 $\bar{F}_{wind}$、风压合角 γ_F 和分压力作用点位置 x_F 三个参数表示,风压合力为

$$\bar{F}_{wind} = \frac{1}{2}\rho_a U_R^2 (A_s \sin^2\gamma_R + A_f \cos^2\gamma_R) C_{wF}(\gamma_R) \tag{2.29}$$

汤忠谷对 15 艘长江和近海商船的船模进行了风洞试验,就此对风压合力系数 $C_{wF}(\gamma_R)$、风压合力角 γ_R 和风压力作用点位置 x_F,给出了下列回归公式:

$$\begin{cases} C_{wF}(\gamma_R) = 0.3935 + 2.177\sin^2\gamma_R - 1.586\sin^3\gamma_R - 0.3154 L_{oa}Z_G/A_f \\ \qquad + 0.04944(L_{oa}Z_G/A_f)^2 + 0.3810 L_{oa}Z_G/A_s - 0.3632(L_{oa}Z_G/A_f)\sin^2\gamma_R \\ \qquad + 0.1379(L_{oa}Z_G/A_s)^2 \sin^2\gamma_R + 2.334(A_s/L_{oa}^2)\sin^2\gamma_R + 0.4530 C_K \sin^4\gamma_R \\ \qquad - 0.000380(L_{oa}Z_G/A_f)^6 \sin^2\gamma_R - 100.5(A_s/L_{oa}^2)^3 \sin^2\gamma_R \\ \gamma_F = \text{sgn}(\gamma_R)\{12.85 + 75.97\gamma_R - 19.77\gamma_R^2 + 4.588\gamma_R^3 - 20.06 C_K \\ \qquad + 37.89(L_{oa}Z_G/A_f)\gamma_R + 1113(A_s/L_{oa}^2)\gamma_R - 56.23(L_{oa}Z_G/A_f)\gamma_R^2 \\ \qquad - 1970(A_s/L_{oa}^2)\gamma_R^2 + 32.9(L_{oa}Z_G/A_f)\gamma_R^3 + 1212(A_s/L_{oa}^2)\gamma_R^3 \\ \qquad - 8.210(L_{oa}Z_G/A_f)\gamma_R^4 - 283.1(A_s/L_{oa}^2)\gamma_R^4 + 0.2210(L_{oa}Z_G/A_f)\gamma_R^6 \\ \qquad + 6.170(A_s/L_{oa}^2)\gamma_R^6\} \\ x_F/L_{oa} = C_K + 0.003 \times (57.3\gamma_R - 90) \end{cases}$$
(2.30)

式中:C_K、Z_G 分别为侧投影面积形心位置到船艏柱和水线的距离;γ_R 的单位为 rad。

变动风压力可认为是由大气湍流所造成的,被认为是某种白噪声的实现,该白噪声的标准差与相对风速的平方成正比,可表示为

$$\begin{cases} \tilde{X} \leftarrow \sigma_X = 0.2\rho_A V_{WR}^2 \mid C_{WX}(\gamma_R) \mid L^2 \sigma \\ \tilde{Y} \leftarrow \sigma_Y = 0.2\rho_A V_{WR}^2 \mid C_{WY}(\gamma_R) \mid L^2 \sigma \\ \tilde{K} \leftarrow \sigma_K = l_w \cdot \sigma_Y \\ \tilde{N} \leftarrow \sigma_N = 0.2\rho_A V_{WR}^2 \mid C_{WN}(\gamma_R) \mid L^3 \sigma \end{cases} \quad (2.31)$$

式中:σ 为相对变动风速的强度,与相对平均风速 $\bar{U}_R$ 有关,即

$$\sigma = 0.2\bar{U}_R \quad (2.32)$$

根据变动风压力和力矩各自的方差,在仿真时即可产生变动分压力的时域值。

2. 流干扰力建模

在船舶操纵控制理论中,流对船舶运动的影响可以认为是一种二维非旋转作用,流的数学模型可表示为

$$\dot{\eta}_c = \begin{cases} V_c \cos\beta_c \\ V_c \sin\beta_c \\ 0 \end{cases} \quad (2.33)$$

式中:V_c 和 β_c 均为缓变的一阶高斯–马尔可夫过程,该过程可表示为

$$\dot{V}_c + \mu_1(V_c - V_{c0}) = \omega_1 \quad (2.34)$$
$$\dot{\beta}_c + \mu_2(\beta_c - \beta_{c0}) = \omega_2$$

式中:$\mu_1, \mu_2 > 0$;V_{c0} 和 β_{c0} 为均值;ω_1 和 ω_2 为零均值白噪声。

在动力定位系统设计理论中,计算海流对船舶产生的力及力矩类似于作用在船舶上的风力及风力矩,平均流载荷 $\tau_{current}$ 计算公式如下:

$$\tau_{current} = [F_{currentx}, F_{currenty}, F_{currentn}]^T$$
$$F_{currentx} = C_{currentx}(\alpha)\frac{1}{2}\rho_{water}U_c^2 BT$$
$$F_{currenty} = C_{currenty}(\alpha)\frac{1}{2}\rho_{water}U_c^2 L_{pp}T \quad (2.35)$$
$$F_{currentn} = C_{currentn}(\alpha)\frac{1}{2}\rho_{water}U_c^2 L_{pp}^2 T$$

式中:B 为船宽;T 为吃水;L_{pp} 为垂线间长;$C_{currentn}(\alpha)$ 为无因次流载荷系数,可采用数值仿真技术,求解并回归得到载荷系数;U_c 为流速。

3. 浪干扰数学模型

成熟期海浪可以认为是一个平稳随机过程,在一定的时间和一定的海域内,它具有各态历经的特性。长峰波随机海浪的谱密度是一个窄带谱,所以它可以认为是一种具有高斯分布的有色噪声。

高斯分布随机变量的一个重要特性是:如果$[x(t)]$是一个高斯分布的各态历经的平稳随机过程,则它通过一个线性时不变系统$G(s)$后,其输出也是一个高斯分布的各态历经的平稳随机过程,但是$[y(t)]$的谱密度却发生了变化。采用具有合适的谱密度的$[x(t)]$通过一个具有选定传递函数$G(s)$的线性时不变系统,则可以使系统的输出$[y(t)]$具有所需的谱密度。这个特性就是利用海浪成形滤波器产生不规则波浪的理论依据。

依据相关参考文献[4,22-23,26],可以采用传递函数形式来作为随机海浪成形滤波器,即

$$G_w(s) = \frac{b_1 s}{s^2 + a_1 s + a_2} \tag{2.36}$$

该线性时不变系统的频谱形式为

$$S_\zeta(\omega) = \frac{2D_r \alpha (\alpha^2 + \beta^2 + \omega^2)}{\omega^4 + 2(\alpha^2 - \beta^2)\omega^2 + (\alpha^2 + \beta^2)^2} \tag{2.37}$$

式中:D_r为随机海浪的方差;α为阻尼系数;β为相关函数的频率角。

对于大的海浪采用关系式$\alpha = 0.21\beta$,频谱最高频率ω_m实际上与β相同,因为$\omega_m = \sqrt{\alpha^2 + \beta^2} = 1.02\beta$。这些等式的参数为

$$D_r = \sigma^2, \beta = \omega_m, \alpha = 0.1\beta \tag{2.38}$$

表 2.3 给出了 $\tilde{h}_{1/3}$ 浪高和近似频谱的最高频率与浪级的关系。

表 2.3 $\tilde{h}_{1/3}$ 浪高和近似频谱的最高频率与浪级的关系

浪级	$\tilde{h}_{1/3}$浪高/m	近似频谱最高频率/Hz
1	0~0.1	1.0
2	0.1~0.5	0.82
3	0.5~1.25	0.70
4	1.25~2.5	0.57
5	2.5~4	0.53
6	4~6	0.50

续表

浪级	$\tilde{h}_{1/3}$浪高/m	近似频谱最高频率/Hz
7	6~9	0.48
8	9~14	0.46
9	大于14	0.44

计算表明,式(2.31)中有理分式频谱在比较低的频率区域内对于指数频谱有迁移。船舶的频率特性为通频带位于低频区域。所以在分析船舶运动时,波浪计算频谱用于在低频区域有比较少的点的有理分式频谱分式中,导致干扰作用的幅值定得太高。但是有理分式频谱具有一定的优势,因为对它们的模拟可用比较简单的数学工具实现。

将波浪的有理公式频谱(2.36)转换为遭遇频谱时,可用它们的近似值 β_k 和 $\alpha_k = 0.21\beta_k$ 代替式(2.37)中的系数 α 和 β。

在船舶操纵控制仿真设计中,波浪产生的干扰力和力矩在船体坐标系上的投影公式为

$$\begin{cases} F_{Wy} = mg\chi_y\alpha_w \\ M_{Wx} = mgh_0\chi_y\alpha_w \\ M_{Wz} = -J_{yy}\omega^2\chi_{mz}\alpha_w \end{cases} \quad (2.39)$$

式中:ω 为波浪平均频率,在仿真计算时可用 $\omega = \omega_m/0.71$ 来近似;ω_m 为频谱的最高频率;χ_y、χ_{mz} 为与船舶结构特性以及浪向角 φ_w 有关的换算系数;α_w 为波倾角。

换算系数计算公式为

$$\begin{cases} \chi_y = 0.1(1+k_{22}\varpi)e^{-2.3\frac{\omega^2}{g}}\sin(\varphi_w - \varphi) \\ \chi_{mz} = 0.13\left((1+k_{66}\varpi)\cos(\varphi_w - \varphi) + 0.000019\frac{Vg}{\omega^3}\right)e^{-2.3\frac{\omega^2}{g}}\sin(\varphi_w - \varphi) \\ \varpi = \left|1 + V\frac{\omega}{g}\cos(\varphi_w - \varphi)\right| \end{cases}$$

$$(2.40)$$

波倾角 α_w 由白噪声作为输入,经海浪成形滤波器(2.43)传输而构成,这时应将波浪频谱变换到遭遇频谱。k_{22} 为无因次附加质量,k_{66} 为绕 z 轴的无因次附加惯性矩。

对于动力定位船舶,二阶波浪干扰力是非零均值缓慢变化的低频干扰力

(波浪漂移力),是动力定位船舶的主要关注力。类似于风、流载荷,在动力定位系统的设计仿真中,对二阶波浪漂移力 τ_{wave2} 进行数据处理一般采用二阶波浪力计算公式[4-6],即

$$\begin{cases} \tau_{wave2} = [F_{wave2x}, F_{wave2y}, F_{wave2n}]^T \\ F_{wave2x} = 2\dfrac{\rho_{water}gB^2}{L_{pp}} \int_0^\infty S(\omega) C_x(\omega, \alpha) d\omega \\ F_{wave2y} = 2\dfrac{\rho_{water}gB^2}{L_{pp}} \int_0^\infty S(\omega) C_y(\omega, \alpha) d\omega \\ F_{wave2n} = 2\rho_{water}gB^2 \int_0^\infty S(\omega) C_n(\omega, \alpha) d\omega \end{cases} \quad (2.41)$$

式中:$C_x(\omega,\alpha)$、$C_y(\omega,\alpha)$ 和 $C_n(\omega,\alpha)$ 为与浪向角 α、圆频率 ω 相关的三通道无因次波浪漂移力载荷系数;$S(\omega)$ 为波浪谱密度函数。

2.2 水面舰船操纵控制理论与方法

在第1章中提到:操舵控制是船舶转向控制的基础,操舵回路的控制特点反映了船舶航行控制的基本控制规律。本节首先介绍船舶操纵控制基本原理,其次分别介绍船舶航向控制和航迹控制的方法,并对船舶动力定位控制原理进行了简述。

2.2.1 船舶操纵性基本原理

在船舶控制中,船舶的航向控制是最基本的。不论何种船舶,为了完成各种使命,必须进行航向控制。船舶的航向控制一般通过操纵舵的运动来完成。

船舶航行时,必须对船舶的航向进行控制。为了尽快到达目的地和减少燃料的消耗,总是力求使船舶以一定的速度做直线航行。这是船舶的航向保持问题,也就是航向稳定性问题。而当在预定的航线上发现障碍物或其他船舶时,或者在有限航道内航行(内河或进出港等),必须及时改变航速和航向,这就是船舶航行的机动性问题,航向稳定性和机动性是衡量船舶操纵性优劣的标志。

操纵性对于船舶的使用效能和安全性都有直接关系。实际航行的船舶经常受到海浪、风和海流等海洋环境的扰动,所以它不可能完全按直线航行。设有 A、B 两艘船,它们在海上的实际航迹如图2.5所示。

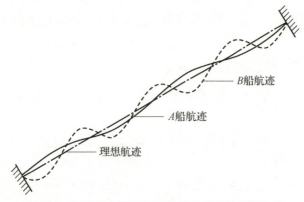

图 2.5　航向稳定性不同的船舶在海上的实际航迹

其中,航向稳定性较好的 A 船,经过很少的操舵即能维持航向,并且航迹也较接近于要求的直线;航向稳定性较差的 B 船则要频繁地进行操纵以纠正航向偏离,并且经过一个曲折得多的航迹,实际航迹的曲折,一方面增加了航程,另一方面由于校正航向偏差而增加了操纵机械和推进机械的功率消耗。通常由于上述原因而增加的功率消耗占主机功率 2%～3%,而对于航向稳定性较差的船甚至可高达 20%。由此可见,操纵性对使用的经济性有重要影响。

图 2.6 表示两艘机动性不同的船舶在改变航向时的不同航迹。

机动性较好的 C 船,经过较短的时间在较小的范围内就能改变航向;而机动性较差的 D 船,则要经过较长的时间在大得多的水域才能完成转向。所以后者在曲折、狭窄的航道和船舶较多的水域中航行时,会增加碰撞的危险。据统计,全世界 100t 以上排水量的船舶,每年有上百艘船主要由于碰撞和搁浅等事故而沉没。每艘船一年平均要出现大小事故约 4 次之多。造成这些事故的重要原因之一,就是船舶的操纵性不好。由此可见,操纵性对船舶的使用安全是极为重要的。

作战舰艇的操纵性,对于提高武器射击的命中率、占据有利阵位和规避敌舰攻击等更有重要意义。

船舶既有良好的航向保持性又有灵敏的机动性是最好的,但在船舶设计中,航向稳定性和机动性往往是矛盾的。一般而言,航向稳定性好的船舶,其航向机动性就差。船舶航向控制

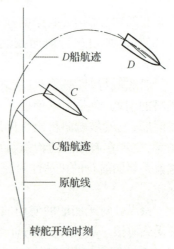

图 2.6　机动性不同的船舶改变航向时的不同航迹

装置可以较好地解决这个矛盾。目前,最常用的航向控制装置是船舶自动操舵仪。

自动操舵仪操纵舵的运动,通过舵和船舶的一系列水动力作用,船舶即可改变航向。舵－船系统的水动力作用情况可参考图2.4。

从图中可见,虽然转舵是引起船舶转向的起因,但在整个转向过程中起决定作用的是船体本身所受的水动力及力矩。很明显,船舶操纵性的好坏不仅与舵的大小、形状及位置有关,而且与船体的形状等有密切关系。

船舶的航向一般由罗经来测量。罗经的航向与指定航向比较后,产生一个航向误差信号,送入自动舵系统。自动舵系统根据航向误差计算所需的舵角指令信号,舵机在舵角指令信号的作用下把舵转到所需的角度。在舵的作用下,船舶开始改变航向,当船舶的航向与指令航向一致时,航向误差为零,于是自动舵输出零舵角指令信号,舵机让舵回到零位,船舶在指令航向上航行。因此,当海浪、海风和海流等扰动使船舶航向偏离指令航向时,在自动舵系统的作用下,可使船舶回到指令航向上。

2.2.2 船舶航向控制方法

1. 船舶航向保持操纵基本原理

船舶有两种航行状态,即随时改变航向的"机动航行"状态及保持给定航向的"定向航行"状态。船舶在大海中远航时,需要长期处在定向航行状态;舰艇在准备攻击时,也需要定向航行;潜艇在水下,不但需要定向航行,而且还要定深航行,这些定向、定深航行状态都要靠操舵来实现。但保持定向航行并不是一件很容易的事,由于海浪、海风和海流的作用以及船舶的惯性和船舶本身的不对称(如船舶制造时不对称、载重不对称、双螺旋桨推力不对称等)等因素影响,使船舶随时都会偏离给定航向。要使船舶保持给定航向,就必须经常操舵。图2.7演示了通过自动操舵航向保持的工作情况。

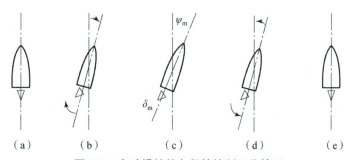

图 2.7　自动操舵航向保持控制工作情况

当船舶无扰动作用($f(t)=0$)时,则船舶航向的偏差角度为

$$\Delta\psi = \psi_r(t) - \psi(t) = 0 \qquad (2.42)$$

此时,系统无控制信号,舵叶静止不动,舵在首尾线上,船舶沿给定航向航行,如图2.7(a)所示,这是第一阶段。

第二阶段:船舶受扰动作用($f(t) \neq 0$)向右偏离航向,为使船舶保持给定航向,舵机开始转动,使舵向左偏转,如图2.7(b)所示。

第三阶段:舵角向左转动的速度越来越小,当舵角大到足够使船舶产生可抵消扰动力矩的偏航力矩时,舵机停止转动。此时偏航角达到最大值,如图2.7(c)所示。

第四阶段:船舶在舵角作用下,开始从最大偏航角ψ_m向原来航向转动,此时舵机开始反向转动(回舵),如图2.7(d)所示。

第五阶段:在船舶回到给定航向时,舵也回到零位,使船舶保持在给定航向上稳定航行,如图2.7(e)所示。

自动航向控制律是自动控制理论在船舶自动操纵控制中的典型工程应用。如前所述,随着自动控制理论的发展,先后出现了PID航向控制、自适应航向控制、线性最优航向控制和智能航向控制等船舶航向控制律。本节将依次介绍基本的PID航向控制律、基于线性二次最优理论的航向控制律和自适应航向控制律的设计方法。

2. PID航向控制基本原理

早期的船舶自动舵中采用的航向控制算法一般为基于工程整定方法设计的PID自动控制算法。PID航向控制算法为

$$\delta = K_p \Delta\psi + K_i \int \Delta\psi \mathrm{d}t + K_d \Delta\dot{\psi} \qquad (2.43)$$

这种控制算法,由于缺乏船舶航向运动的数学模型,故基本采用齐格勒-尼克尔斯(Ziegler-Nichols)整定法,通过航行试验,按照工程经验方法调整PID控制器参数,这种控制方法对航速、装载变化和航行环境的适应性较差,且无效操舵次数频繁。为了减少无效操舵,在这种航向控制算法中,依据海况条件,设置操舵死区来对海况影响进行操舵的调节。这种设计方法虽控制精度低,但结构简单易于实现,已形成相应的自动操舵仪设计标准,仍在很多船舶自动舵中得到广泛应用。但这种基于工程整定方法设计的PID航向控制方法,由于缺乏对船舶航向运动数学模型的依据,无法发挥自动控制的优势,使得航向控制过程中控制品质不佳,尤其是在远洋航行中其航行轨迹呈现为"S"形航迹,徒然增加了航程,增大了燃油消耗。

随着控制理论的发展,依据船舶操纵运动数学模型和海浪运动特性数学模

型,开发了众多依据理论计算整定的 PID 航向控制算法,这些设计方法,可充分发掘船舶航向自动控制的优势,获得优良控制性能的同时,还可通过海浪滤波方法,大幅减少无效操舵频次。

3. 基于线性二次最优控制理论的 PID 航向控制设计原理

1)二次最优控制律设计

本小节介绍一种基于线性二次最优控制理论和基于极点配置相结合的 PID 航向最优控制原理,该设计原理利用船舶航向运动 K-T 方程,设计二次型最优评价函数,求解 PID 参数,并利用对偶原理,设计转艏速率和航向角观测器,求取转艏速率;并依据海况等级,设置海浪干扰主导频率,采用极点配置方法,设计海浪滤波算法,结合最优 PID 控制器,实现对船舶航向的优化控制。

考虑运动参数 Δu、v、r、δ 为小量的弱机动情况,取动系坐标原点在船舶重心,可将运动方程式(2.4)进行线性化,即略去运动参数 Δu、v、r、δ 的二阶以上的量,可得

$$\begin{cases}(m+m_y)\dot{v}=Y_v v+Y_r r+Y_\delta \delta\\(I_{zz}+J_{zz})\dot{r}=N_v v+N_r r+N_\delta \delta\end{cases} \quad (2.44)$$

由此可得

$$\begin{cases}\dot{v}=a_{11}v+a_{12}r+b_1\delta\\\dot{r}=a_{21}v+a_{22}r+b_2\delta\end{cases} \quad (2.45)$$

其中:

$$a_{11}=Y_v/(m+m_y),a_{12}=Y_r/(m+m_y),b_1=Y_\delta/(m+m_y)$$
$$a_{21}=N_v/(I_{zz}+J_{zz}),a_{22}=N_r/(I_{zz}+J_{zz}),b_2=N_\delta/(I_{zz}+J_{zz})$$

对式(2.45)进行拉普拉斯变换后,可得

$$r=\frac{b_2 s+(b_1 a_{21}-b_2 a_{11})}{s^2-(a_{11}+a_{22})s+a_{11}a_{22}-a_{12}a_{21}}\delta \quad (2.46)$$

式(2.46)经变换后可得二阶 K-T 方程如下:

$$r(s)=\frac{K(1+T_3 s)}{(1+T_1 s)(1+T_2 s)s}\delta(s) \quad (2.47)$$

其中:

$$K=(b_1 a_{21}-b_2 a_{11})/(a_{11}a_{22}-a_{12}a_{21}) \quad (2.48)$$

$$\begin{cases}T_1+T_2=(a_{11}+a_{22})/(a_{12}a_{21}-a_{11}a_{22})\\T_3=b_2/(a_{11}a_{22}-a_{12}a_{21})/K\end{cases} \quad (2.49)$$

式(2.47)也称为二阶野本方程。

野本谦作基于泰勒公式推导后指出,二阶野本方程(2.47)可近似为如下一

阶野本方程：
$$\begin{cases} T\dot{r} + r = K\delta \\ T = T_1 + T_2 - T_3 \end{cases} \qquad (2.50)$$

式(2.50)即为著名的 K-T 方程。

由一阶野本方程式(2.50)可得
$$\begin{cases} \dot{r} = -1/Tr + K/T\delta \\ \dot{\psi} - \dot{\psi}_z = \dot{e} = r - r_z \end{cases} \qquad (2.51)$$

式中：$r_z = \dot{\psi}_z, \dot{\psi}_z$ 为指令航向角，一般可设置 $\dot{\psi}_z = 0$。

式(2.51)用状态方程表示为
$$\begin{bmatrix} \dot{r} \\ \dot{\psi} \end{bmatrix} = \begin{bmatrix} a & 0 \\ 1 & 0 \end{bmatrix} \begin{bmatrix} r \\ e \end{bmatrix} + \begin{bmatrix} b \\ 0 \end{bmatrix} \delta \qquad (2.52)$$

设代价函数为
$$J = \int_0^\infty x^\mathrm{T} \boldsymbol{Q} x + \delta \boldsymbol{R} \delta \qquad (2.53)$$

式中：$\boldsymbol{Q}$ 为半正定矩阵；$\boldsymbol{R}$ 为正定矩阵。

由最优控制原理可知，最优状态反馈控制律为
$$u = -Kx \qquad (2.54)$$

为设计最优 PD 控制律，可设正定厄米特矩阵 $\boldsymbol{P}$，使得
$$\boldsymbol{A}^\mathrm{T} \boldsymbol{P} + \boldsymbol{P}\boldsymbol{A} - \boldsymbol{P}\boldsymbol{B}\boldsymbol{R}^{-1}\boldsymbol{B}^\mathrm{T}\boldsymbol{P} + \boldsymbol{Q} = 0 \qquad (2.55)$$

可得最优 PD 控制参数为
$$\boldsymbol{K} = \boldsymbol{R}^{-1}\boldsymbol{B}^\mathrm{T}\boldsymbol{P} \qquad (2.56)$$

在式(2.55)中，设置 $\boldsymbol{P}$ 为对称实矩阵，$\boldsymbol{Q}$ 为正定对角矩阵：
$$\boldsymbol{P} = \begin{bmatrix} p_{11} & p_{12} \\ p_{21} & p_{22} \end{bmatrix}, \boldsymbol{Q} = \begin{bmatrix} \lambda_1 & 0 \\ 0 & \lambda_2 \end{bmatrix} \qquad (2.57)$$

考虑：
$$\boldsymbol{A} = \begin{bmatrix} a & 0 \\ 1 & 0 \end{bmatrix}, \boldsymbol{B} = \begin{bmatrix} b \\ 0 \end{bmatrix}$$

则可得
$$\boldsymbol{A}^\mathrm{T}\boldsymbol{P} + \boldsymbol{P}\boldsymbol{A} = \begin{bmatrix} 2ap_{11} + p_{21} + p_{12} & p_{12} + p_{22} \\ p_{21} + p_{22} & 0 \end{bmatrix} \qquad (2.58)$$

$$\boldsymbol{R}^{-1}\boldsymbol{P}\boldsymbol{B}\boldsymbol{B}^\mathrm{T}\boldsymbol{P} - \boldsymbol{Q} = \begin{bmatrix} \boldsymbol{R}^{-1}p_{11}^2 b^2 - \lambda_1 & \boldsymbol{R}^{-1}p_{11}p_{12}b^2 \\ \boldsymbol{R}^{-1}p_{11}p_{21}b^2 & \boldsymbol{R}^{-1}p_{12}p_{21}b^2 - \lambda_2 \end{bmatrix} \qquad (2.59)$$

由相应元素相等可解得
$$\boldsymbol{K} = \boldsymbol{R}^{-1}\boldsymbol{B}^\mathrm{T}\boldsymbol{P} = \boldsymbol{R}^{-1}[bp_{11}, bp_{12}]$$

$$k_1 = bp_{11}/\boldsymbol{R}$$
$$k_2 = bp_{12}/\boldsymbol{R} \qquad (2.60)$$

式中: k_1 为微分系数 k_d; k_2 为比例系数 k_p。

上述最优控制算法即为典型二阶系统的最优 PD 控制算法,由于系统阶数仅为二阶,故可实时解得式(2.55)定常黎卡提(Riccati)方程。

为了消除稳态偏差,需在 PD 控制基础上引入积分环节。为了尽可能减小积分环节产生滞后效应而削弱系统的控制性能,可采用分离积分原则,即在航向偏差大于某一阈值时,将航向偏差积分置为 0;当航向偏差在阈值以内时,启动航向偏差积分算法,此时,在航向偏差积分作用下,可解算航向偏差积分的负反馈控制舵角,以消除航向稳态偏差。积分参数可设置如下:

$$k_i = \frac{\omega_n^3 T}{100\boldsymbol{K}} \text{或} k_i = \frac{k_p}{20 k_d} \qquad (2.61)$$

$$\omega_n = \sqrt{\frac{\boldsymbol{K} k_p}{T}}$$

航向偏差积分的启动阈值可按船舶运动特性设置为 3°~5°。

航向 PID 控制律为

$$\delta_z = \begin{cases} -k_p(\psi - \psi_z) - k_d r - k_i \int_0^t (\psi - \psi_z), & |\psi - \psi_z| \leq \psi_{th} \\ -k_p(\psi - \psi_z) - k_d r, & |\psi - \psi_z| > \psi_{th} \end{cases} \qquad (2.62)$$

式中: ψ_{th} 为分离积分的阈值,一般可取 3°~5°。

2) 状态观测器设计

如式(2.62)所示,在 PID 航向控制中,需要用到船舶转舵速率信号 r 解算指令舵角,但在实际的船舶航向控制设备中,很多船舶已不装备速率陀螺等转舵速率传感设备,因此,为获得良好的航向控制效果,需估计或观测转舵速率信号。

转舵速率的估计或观测方法可利用一般的状态观测器设计方法或卡尔曼(Kalman)滤波理论等实现。本书介绍一种基于现代最优控制理论中的对偶原理设计的最优状态观测器方法。

对于式(2.52)所示的船舶航向状态方程,其系统可由状态方程和输出方程描述,即

$$\begin{cases} \dot{x} = \boldsymbol{A} x + \boldsymbol{B} u \\ y = \boldsymbol{C} x \end{cases} \qquad (2.63)$$

则上述系统的对偶系统为

$$\begin{cases} \dot{z} = \boldsymbol{A}^* z + \boldsymbol{C}^* v \\ n = \boldsymbol{B}^* z \end{cases} \qquad (2.64)$$

该系统采用状态反馈控制可得

$$v = -Kz \tag{2.65}$$

式(2.64)可转换为

$$\dot{z} = (A^* - C^*K)z \tag{2.66}$$

如果该对偶系统是状态完全可控的,则可确定状态反馈增益矩阵 K,使得矩阵 $(A^* - C^*K)$ 得到一组所期望的特征值。

注意到 $(A^* - C^*K)$ 和 $(A - K^*C)$ 的特征值相同,可得:

$$|sI - (A^* - C^*K)| = |sI - (A - K^*C)|$$

比较特征多项式 $|sI - (A - K^*C)|$ 和状态观测器的特征多项式 $|sI - (A - K_eC)|$,可找出 K_e 和 K^* 的关系为

$$K_e = K^*$$

因此,可采用对偶系统中的最优控制设计方法来设计渐近状态观测器增益矩阵 K_e 来确定观测器。

利用对偶原理设计状态观测器时,可设 $Q = \begin{bmatrix} 0 & 0 \\ 0 & q_2 \end{bmatrix}$, $R = r$(该值不能与转舵速度相混淆),则有黎卡提方程:

$$(A^T)^T P + PA^T - PC^T R^{-1} (C^T)^T P + Q = 0 \tag{2.67}$$

即

$$AP + PA^T - PC^T R^{-1} CP + Q = 0 \tag{2.68}$$

由式(2.68)可得

$$\begin{bmatrix} 2ap_{11} + q_1 & ap_{12} + p_{11} \\ ap_{12} + p_{11} & 2p_{12} + q_2 \end{bmatrix} = r^{-1} \begin{bmatrix} p_{11} & p_{12}p_{22} \\ p_{12}p_{22} & 2p_{12} + p_{22} \end{bmatrix} \tag{2.69}$$

由此可得

$$\begin{cases} 2ap_{11} + q_1 = r^{-1} p_{12}^2 \\ ap_{12} + p_{11} = r^{-1} p_{12} p_{22} \\ 2p_{12} + q_2 = r^{-1} p_{22}^2 \end{cases} \tag{2.70}$$

式中:$q_1 = 0$,则可解得

$$\begin{cases} p_{12} = 2a^2 r \pm 2a \sqrt{rq_2} \\ p_{22} = \pm \sqrt{2rp_{12} + rq_2} \\ [g_z, g_x] = r^{-1} [0,1] P = [2a^2 r \pm 2a \sqrt{rq_2}, \pm \sqrt{2rp_{12} + rq_2}] \end{cases} \tag{2.71}$$

当 p_{12} 和 p_{22} 为

$$\begin{cases} p_{12} = 2a^2 r - 2a \sqrt{rq_2} \\ p_{22} = \sqrt{2rp_{12} + rq_2} \end{cases}$$

则对偶系统的状态反馈增益矩阵为

$$\boldsymbol{K} = -\boldsymbol{R}^{-1}\boldsymbol{C}^{\mathrm{T}}\boldsymbol{P} = [g_1, g_2] \qquad (2.72)$$

如此可得观测器增益矩阵为

$$\boldsymbol{K}_e = [g_1, g_2]^{\mathrm{T}}$$

船舶航向渐近状态最优观测器即为

$$\begin{aligned}
\begin{bmatrix} \dot{\hat{r}} \\ \dot{\hat{\psi}} \end{bmatrix} &= \begin{bmatrix} a & 0 \\ 1 & 0 \end{bmatrix}\begin{bmatrix} \hat{r} \\ \hat{\psi} \end{bmatrix} + \begin{bmatrix} b \\ 0 \end{bmatrix}\delta + \begin{bmatrix} g_1 \\ g_2 \end{bmatrix}(\psi - \hat{\psi}) \\
&= \begin{bmatrix} a & -g_1 \\ 1 & -g_2 \end{bmatrix}\begin{bmatrix} \hat{r} \\ \hat{\psi} \end{bmatrix} + \begin{bmatrix} b \\ 0 \end{bmatrix}\delta + \begin{bmatrix} g_1 \\ g_2 \end{bmatrix}\psi
\end{aligned} \qquad (2.73)$$

式中:$\dot{\hat{r}}$ 为转艏加速度 $\dot{r}$ 的观测值;$\hat{r}$ 为转艏速度 r 的观测值;$\dot{\hat{\psi}}$ 为艏向角速度 $\dot{\psi}$（即 r）的观测值;$\hat{\psi}$ 为 ψ 的观测值。

3）海浪滤波器设计

若海况高于 2 级,有经验的船员操纵船舶会将舵压在一定的角度而任凭船舶沿指令航向飘荡,而船舶在保持或改变航向的自动控制航向过程中,若不对航向进行滤波处理,将会出现频繁的无效操舵,为此,在航向自动控制算法设计中,需对海浪激励的高频航向成分进行滤波处理,一般为海浪滤波。

海浪滤波算法可概述如下。

设船舶航向运动状态估计器方程如下：

$$\begin{cases}
\dot{\hat{\delta}}_0 = K_0(\psi - \hat{\psi}_\mathrm{L} - \hat{\psi}_\mathrm{H}) \\
\dot{\hat{\psi}}_\mathrm{L} = \hat{r}_\mathrm{L} + K_1(\psi - \hat{\psi}_\mathrm{L} - \hat{\psi}_\mathrm{H}) \\
\dot{\hat{r}}_\mathrm{L} = -\frac{1}{T}\hat{r}_\mathrm{L} + \frac{K}{T}(\delta - \hat{\delta}_0) + K_2(\psi - \hat{\psi}_\mathrm{L} - \hat{\psi}_\mathrm{H}) \\
\dot{\hat{\xi}}_\mathrm{H} = \hat{\psi}_\mathrm{H} + K_3(\psi - \hat{\psi}_\mathrm{L} - \hat{\psi}_\mathrm{H}) \\
\dot{\hat{\psi}}_\mathrm{H} = -2\zeta\omega_\mathrm{n}\hat{\psi}_\mathrm{H} - \omega_\mathrm{n}^2\hat{\xi}_\mathrm{H} + K_4(\psi - \hat{\psi}_\mathrm{L} - \hat{\psi}_\mathrm{H})
\end{cases} \qquad (2.74)$$

式中:$K_i(i=0,1,\cdots,4)$ 为待定状态估计器增益。

假设舵的偏转运动相对于艏向动态特性是缓变的,因此可认为 $\dot{\hat{\delta}}_0 \approx 0$，$K_0 \ll 1$。

式(2.74)的特征方程为

$$\pi(s) = s^4 + a_3 s^3 + a_2 s^2 + a_1 s + a_0 \qquad (2.75)$$

其中,

$$\begin{cases} a_3 = K_1 + K_4 + 2\zeta\omega_n + 1/T \\ a_2 = (1/T + 2\zeta\omega_n)K_1 + K_2 - \omega_n^2 K_3 + K_4/T + (\omega_n^2 + 2\zeta\omega_n/T) \\ a_1 = (\omega_n^2 + 2\zeta\omega_n/T)K_1 + 2\zeta\omega_n K_2 - \omega_n^2 K_3/T + \omega_n^2/T \\ a_0 = \omega_n^2 K_1/T + \omega_n^2 K_2 \end{cases} \quad (2.76)$$

为减少估计器增益求解的复杂性,可采用极点配置法对估计器增益进行求解。为此,设置估计器特征方程为

$$\pi(s) = (s - p_1)(s - p_2)(s - p_3)(s - p_4) \quad (2.77)$$

则由式(2.75)和式(2.77)系数相等,可得:

$$\begin{cases} a_0 = p_1 p_2 p_3 p_4 \\ a_1 = -p_1 p_2 p_4 - p_1 p_2 p_3 - p_2 p_3 p_4 - p_1 p_3 p_4 \\ a_2 = p_1 p_2 + p_1 p_3 + p_1 p_4 + p_2 p_3 + p_2 p_4 + p_3 p_4 \\ a_3 = -p_1 - p_2 - p_3 - p_4 \end{cases} \quad (2.78)$$

由此可得:

$$\bar{k} = \boldsymbol{M}^{-1} \boldsymbol{\mu} = [K_1 \quad K_2 \quad K_3 \quad K_4]^T$$

$$\boldsymbol{M} = \begin{bmatrix} \omega_n^2/T & \omega_n^2 & 0 & 0 \\ (\omega_n^2 + 2\zeta\omega_n/T) & 2\zeta\omega_n & -\omega_n^2/T & 0 \\ (1/T + 2\zeta\omega_n) & 1 & -\omega_n^2 & 1/T \\ 1 & 0 & 0 & 1 \end{bmatrix} \quad (2.79)$$

$$\boldsymbol{\mu} = \begin{bmatrix} a_0 \\ a_1 - \omega_n^2/T \\ a_2 - (\omega_n^2 + 2\zeta\omega_n/T) \\ a_3 - (2\zeta\omega_n + 1/T) \end{bmatrix}$$

建议采用如下极点配置原则:

$$\begin{cases} p_1 = -1.5/T \\ p_2 = 0.5 p_1 \\ p_3 = -4\xi_w \omega_n \\ p_4 = 2 p_3 \end{cases} \quad (2.80)$$

4) 二次最优 PID 航向控制律仿真验证

为了验证前述最优 PID 航向控制算法以及海浪滤波算法的有效性,以某型 3200 马力拖轮为仿真对象,利用 Matlab/Simulink 仿真软件,建立了三自由度非线性数学模型,开展了平静海况下航向修正试验以及恶劣海况下的航向保持试验。拖轮的主尺度参数如表 2.4 所示。

表 2.4　3200 马力拖轮主尺度参数

船长/m	船宽/m	质量/kg	平均吃水/m	中部型深/m	初稳心高/m
39.8	11.0	893595	3.7	5.0	1.656

(1) 平静海况下航向修正试验。平静海况下航向修正试验的仿真条件如下：

① 1 级海况，浪向 150°，风向 30°；
② 初始航速为 12kn(1kn = 1.852km/h)，初始航向为 0°；
③ 航向修正角度为 30°。

仿真时间为 400s，仿真结果如图 2.8 和图 2.9 所示，航向修正性能统计结果如表 2.5 所列。

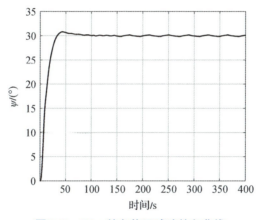

图 2.8　12kn 航向修正试验航向曲线

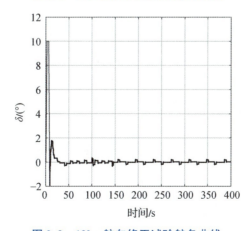

图 2.9　12kn 航向修正试验舵角曲线

表 2.5 静水中航向修正仿真试验控制性能指标统计

航速/kn	相对超调量/%	上升时间/s	调整时间/s	最大反向舵角/(°)
8	2.4	24.1	33.8	10
12	2.7	19.1	26.8	10

由图 2.8、图 2.9 和表 2.5 可知,采用最优控制理论设计的在线 PID 航向最优控制算法,在 8kn 航速航向修正 30°时,具有 2.4% 的超调量,上升时间为 24.1s,而调整时间为 33.8s;在 12kn 航速航向修正 30°时,具有 2.7% 的超调量,上升时间为 19.1s,而调整时间为 26.8s。两次试验也表明,在航向修正结束阶段,均没有出现航向振荡。仿真结果表明,PID 航向最优控制算法具有较好的控制性能和品质。

(2)恶劣海况下航向保持试验。恶劣海况下航向保持试验的仿真条件如下:

① 4 级海况,浪向 150°,风向 30°;
② 初始航速为 8kn 和 12kn,初始航向为 0°;
③ 1000s 切换航向滤波模式。

仿真时间为 2000s,仿真结果如图 2.10 和图 2.11 所示,航向修正性能统计结果如表 2.6 所示。

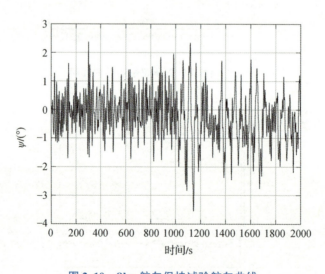

图 2.10 8kn 航向保持试验航向曲线

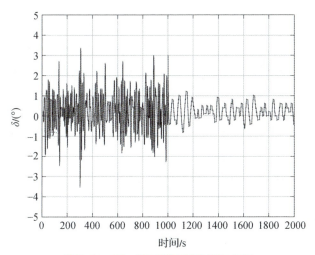

图 2.11　8kn 航向保持试验舵角曲线

表 2.6　恶劣海况航向保持仿真试验控制性能指标统计

航速/kn	未滤波航向标准差/(°)	未滤波最大航向偏差/(°)	滤波航向标准差/(°)
8	0.6621	−3.4	0.9664
航速/kn	滤波最大航向偏差/(°)	未滤波最大舵角/(°)	滤波最大舵角/(°)
12	−2.6	−3.5	1.3

由图 2.10、图 2.11 和表 2.6 可知,在 4 级海况下,无论是否进行航向滤波,船舶的航向保持控制性能中的航向标准差值均小于 1°,最大航向偏差均不超过 3°。仿真结果验证了上文设计的 PID 航向最优控制算法在恶劣海况下具有较好的航向控制性能。相比未滤波控制模式,航向滤波后各航速下的航向控制效果均比未滤波控制模式有较小的恶化。但从舵角变化曲线可以看出,操舵角和出舵频次均好于未滤波控制模式。由此可知,海浪滤波算法有一定的效果,进一步验证了在海浪干扰情况下,大舵角操舵并不能适时减小航向偏差的操船实践经验。因此可以说明,恶劣海况下,由海浪干扰激发的大舵角频繁操舵是无效的。故对航向保持而言,海浪滤波不仅可减少无效操舵,而且不会对航向稳定精度产生较大的影响。

4. 航向自校正控制原理

1) 航向自校正控制律设计

(1) 模型描述。20 世纪 70 年代,自适应控制理论在船舶领域得到了应用,出现船舶自适应自动舵。Kallstrom 和 Astrom 利用间接自校正控制理论开发了自适应航向控制算法,Hung D. Nguyen 研究开发了自校正极点配置航向控制算法和最小方差自校正控制算法,完成了海试验证,但海试试验表明,其设计的自校正控制算法有时会失去航向控制稳定性。Van Amerongen 开发了直接模型参考自适应航向控制算法。国内外船舶自动舵厂商先后开发了 PID 自适应控制自动舵、自适应控制自动舵等。现在,自适应自动舵已成为国内外船舶导航操纵设备厂家的主要产品,装载于众多远洋运输船舶和海军舰艇。

本节介绍一种基于自回归滑动平均(Auto Aegressive Moving Average,ARMA)模型的最小方差自适应航向控制算法,该算法是一种最小方差间接自校正控制算法,是一种不依赖船舶水动力数学模型,且尽可能地减少船舶海试的控制器参数调试工作量的航向控制方法。

船舶航向偏差和舵角可用 ARMA 模型描述,即

$$Ay(t) = z^{-d}Bu(t) + Ce(t) \tag{2.81}$$

其中,

$$\begin{cases} A(z^{-1}) = 1 + a_1 z^{-1} + \cdots + a_{n_a} z^{-n_a} \\ B(z^{-1}) = b_0 + b_1 z^{-1} + \cdots + b_{n_b} z^{-n_b} \\ C(z^{-1}) = 1 + c_1 z^{-1} + \cdots + c_{n_c} z^{-n_c} \end{cases} \tag{2.82}$$

$$\begin{cases} y(k) = \Delta\psi(k) + \xi(k) \\ u(k) = \delta(k) + \eta(k) \end{cases} \tag{2.83}$$

式中:$\xi(k)$ 和 $\eta(k)$ 分别为均值为 0、方差为 σ_ξ^2 和 σ_η^2 的不相关随机噪声;$\Delta\psi(k)$ 和 $\delta(k)$ 分别为 k 时刻的航向偏差和实际舵角。

由上述一阶野本方程可知,船舶航向偏差数学模型可转换为二阶 ARMA 模型,故可设 $n_a = 2, n_b = 1, n_c = 1$,即式(2.83)可转换为

$$\begin{aligned} y(k) = &-a_1 y(k-1) - a_2 y(k-2) \\ &+ b_0 u(k-1) + b_1 u(k-2) \\ &+ e(k) + c_1 e(k-1) \end{aligned} \tag{2.84}$$

对式(2.84)整理后可得

$$\begin{cases} A(z^{-1}) = 1 + a_1 z^{-1} + a_2 z^{-2} \\ B(z^{-1}) = b_0 + b_1 z^{-1} \\ C(z^{-1}) = 1 + c_1 z^{-1} \end{cases} \tag{2.85}$$

式(2.84)可转换为多项式方程,即

$$y(k+d) = \frac{B}{A}u(t) + \frac{C}{A}e(k+d) \tag{2.86}$$

(2)模型闭环辨识算法设计。为满足航向闭环辨识条件,需对模型参数辨识进行适当处理,由式(2.86)可知,模型中的参数稳定收敛后,其所有需辨识参数的和应为1,故可设置:

$$b_0 = 1 - (a_1 + a_2 + b_1 + c_1) \tag{2.87}$$

则可设置最小二乘格式为

$$y(k) = \psi^T(k)\theta + e(k) + b_0 u(k-1) \tag{2.88}$$

其中:

$$\psi(k) = [-y(k-1), -y(k-2), u(k-2), e(k-1)]^T$$
$$\theta = [a_1, a_2, b_1, c_1]^T$$

此时,噪声 $e(k)$ 的均值为0,系统参数可采用随机牛顿算法进行估计。

递推随机牛顿算法参数估计公式为

$$\begin{aligned}\hat{\theta}(k) &= \hat{\theta}(k-1) + \rho(k)\boldsymbol{R}^{-1}(k)\psi(k)[y(k) - b_0 u(k-1) - \psi^T(k)\hat{\theta}(k-1)] \\ R(k) &= R(k-1) + \rho(k)[\psi(k)\psi^T(k) - \boldsymbol{R}(k-1)]\end{aligned} \tag{2.89}$$

当式(2.89)中矩阵 $\boldsymbol{R}(k)$ 的2范数小于某一阈值时,则可认为模型参数具有很高的可信度,可停止模型辨识。

(3)航向最小方差自校正律设计。自校正最小方差控制基于优化方法,其基本思想是选择控制信号实现输出方差的最小化:

$$\boldsymbol{J} = \boldsymbol{E}[y^2(k+d)] \tag{2.90}$$

式中:d 为延时。

航向偏差 ARMA 模型中,延时 $d=1$,则可定义多项式 F 和 G 分别为

$$\begin{cases} F = 1 \\ G = g_0 + g_1 z^{-1} \end{cases} \tag{2.91}$$

多项式 F 和 G 使得下式成立:

$$\boldsymbol{C} = \boldsymbol{A}F + z^{-1}G \tag{2.92}$$

利用上述等式可得

$$y(k+d) = \left(\frac{\boldsymbol{B}}{\boldsymbol{A}}u(k) + \frac{G}{\boldsymbol{A}}e(k)\right) + Fe(k+d) \tag{2.93}$$

则

$$e(k) = \frac{\boldsymbol{A}}{\boldsymbol{C}}y(k) - z^{-d}\frac{\boldsymbol{B}}{\boldsymbol{C}}u(k) \tag{2.94}$$

将式(2.94)代入式(2.93)可得

$$y(k+d) = \left(\frac{\boldsymbol{B}F}{\boldsymbol{C}}u(k) + \frac{G}{\boldsymbol{C}}y(k)\right) + Fe(k+d) \tag{2.95}$$

为了最小化输出方差,可选择控制信号 $u(k)$ 使得

$$\frac{BF}{C}u(t) + \frac{G}{C}y(t) = 0 \qquad (2.96)$$

则

$$u(t) = -\frac{G}{BF}y(t) \qquad (2.97)$$

为了解式(2.96),将辨识得到的模型参数代入式(2.94),则

$$1 + c_1 z^{-1} = 1 + a_1 z^{-1} + a_2 z^{-2} + z^{-1}(g_0 + g_1 z^{-1})$$

由上式等号两边的系数相等,解得

$$\begin{cases} g_0 = c_1 - a_1 \\ g_1 = -a_2 \end{cases} \qquad (2.98)$$

将相应参数代入,可解得控制律为

$$u(t) = -\frac{b_1}{b_0}u(t-1) - \frac{c_1 - a_1}{b_0}y(t) + \frac{a_2}{b_0}y(t-1) \qquad (2.99)$$

由航向最小方差自校正控制算法的设计过程可知,控制律中仅涉及模型辨识的参数辨识结果,而无须对控制律中任何参数进行调整,该控制律会极大地简化控制律设计过程,可大幅缩减船舶试航周期。同时,船舶驾驶人员也可根据需要在线实时进行模型参数的辨识,自适应调整控制规律,实现船舶的自适应航向控制。

2)仿真验证

为验证前述最小方差航向自适应控制算法的有效性,本节利用一艘船舶的主尺度参数,采用 MMG(Marine Maneuvering Game)方法建立了船舶四自由度动力学模型,开展了相应的仿真试验。

仿真中的船舶主尺度如表 2.7 所示。

表 2.7 船舶主尺度

船长/m	132.0	船宽/m	14.5	吃水/m	4.25
方形系数	0.509	桨叶直径/m	4.2	舵面积/m²	8.01

(1)静水中航向修正试验。

仿真条件为:初始航向设置为 60°,指令航向设置为 120°,模型参数辨识的停止阈值设置 $R(k)$ 的 2 范数不大于 3,仿真时间为 400s。仿真结果如图 2.12 和图 2.13 所示,仿真过程中的模型辨识参数实时变化曲线如图 2.14 所示。

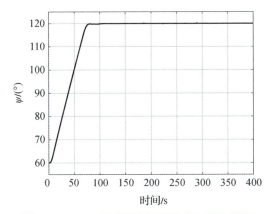

图 2.12 22kn 航速平静海况的航向变化曲线

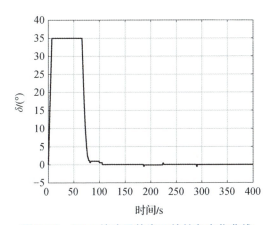

图 2.13 22kn 航速平静海况的舵角变化曲线

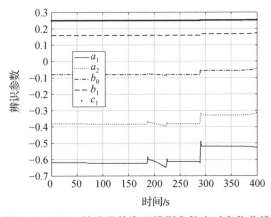

图 2.14 22kn 航速平静海况模型参数实时变化曲线

由图 2.12 可知,船舶在 60°航向变化过程中,基本无超调、无振荡,调节时间为 70s,航向修正进入航向保持后,航向静态偏差为 0.0282°(RMS 值),表明所设计的航向闭环控制系统为过阻尼控制系统,航向控制过程稳定,航向控制性能好;由图 2.13 可知,在航向改变过程中,舵机运行平稳,可以最大舵角及时操纵船舶实现变向操纵,在实际航向接近指令航向时段内,舵机可快速收舵,实现航向无超调、无振荡,在航向保持过程中,船舶可以极小的舵角实时控制航向,保证了船舶可以极小的静态偏差直航。由图 2.14 可知,在航向修正过程中,仅有个别模型参数缓慢变化,表明所设计的控制律有较强的鲁棒性能。

(2)4 级海况下航向修正试验。

仿真条件为:海况条件为浪向 135°,浪级 4 级($H_{1/3\xi}=2.0\mathrm{m}$),蒲福风级 5 级,风向 45°;初始航向设置为 -10°,指令航向设置为 60°,仿真时间仍为 400s。

模型参数辨识的停止阈值同上。

仿真结果如图 2.15 和图 2.16 所示,仿真过程中的模型辨识参数实时变化曲线如图 2.17 所示。

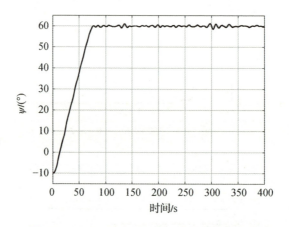

图 2.15　25kn 航速 4 级海况的航向变化曲线

由图 2.15 可知,船舶在 70°的航向变化过程中,无超调,从初始航向到进入航向保持的时间为 70s 左右,航向稳定偏差为 0.5873°(RMS 值)。

结合图 2.15 和图 2.16 可以看出,在航向修正过程的初始阶段,控制算法通过解算指令舵角后,激励舵机以满舵操纵,并保持满舵舵角直至实际航向接近指令航向;在航向修正到接近指令航向前,算法解算快速收舵指令,激励舵机快速收舵,随后进入航向保持阶段;在航向保持阶段,由于风浪干扰,实际航向随着风浪变化而变化,最大航向偏差为 2°,平均波动周期为 10s 左右,基本与海浪周期相当。

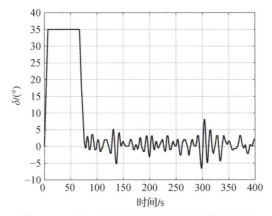

图 2.16　25kn 航速 3 级海况的舵角变化曲线

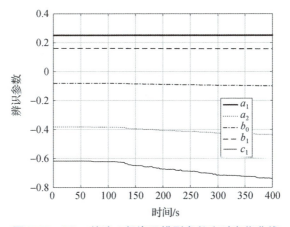

图 2.17　25kn 航速 4 级海况模型参数实时变化曲线

由图 2.17 可知,尽管海浪干扰对船舶航向产生了较大影响,但模型辨识算法依然可实现模型参数的平稳辨识,表明所应用的递推随机牛顿参数估计算法具有较强的自适应能力,辨识出的模型参数应用于最小方差自校正控制算法,仍可得到较好的控制效果。

2.2.3　船舶航迹控制方法

船舶航迹控制基本要求是能够根据船舶当前位置、速度和航向等信息,利用设定的航迹控制算法,对船舶航向、航速等参数进行自动控制和调整,实现船舶沿预定计划航线航行。在工程设计中,根据航迹控制基本要求和不同的航行控制要求,将航迹控制分为间接航迹控制和直接航迹控制两种控制方法。间接航迹控制是建立在航向控制基础上,把航迹视为一系列航向保持与变航向跟踪问题,将航迹控制分解成航向制导环与航向控制环,航向制导环根据船位偏差给出最优航向,由航向控制环实现航向控制,从而完成航迹控制,这样间接法就由航向解算部分与航向控制器形成一个串级控制结构;直接航迹控制是建立在舵角与航迹偏差、偏航角速度等的联系上,通过直接控制舵角来消除航迹偏差,实现航迹控制。

1. 间接航迹控制原理

1) 基于 LOS 的间接航迹控制算法

间接航迹控制算法有多种,比较典型的算法有追踪法、视线导引(Line-of-Sight,LOS)法、矢量场法等。

LOS 法在导弹制导、水面船舶及无人艇制导控制中的应用已非常成熟,LOS 法原理如图 2.18 所示。

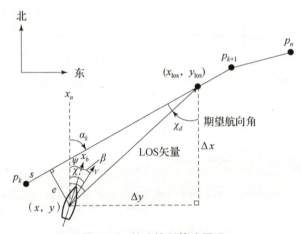

图 2.18 航迹控制算法原理

考虑一条由两个航路点 $p_k^n = [x_k, y_k] \in R^2$ 和 $p_{k+1}^n = [x_{k+1}, y_{k+1}] \in R^2$ 定义的直线路径,路径参考坐标系的原点在 p_k^n,且有

$$\alpha_k = \mathrm{atan2}(y_{k+1} - y_k, x_{k+1} - x_k) \in S \tag{2.100}$$

则船舶在路径固定坐标系内的坐标可计算如下:

$$\varepsilon(t) = R_p(\alpha_k)(p^n(t) - p_k^n) \tag{2.101}$$

其中:

$$R_p(\alpha_k) = \begin{bmatrix} \cos(\alpha_k) & -\sin(\alpha_k) \\ \sin(\alpha_k) & \cos(\alpha_k) \end{bmatrix} \in SO(2)$$

且 $\varepsilon(t) = [s(t), e(t)]^T \in R^2$,其中 $s(t)$ 为沿航线的距离,$e(t)$ 为航迹偏移距离。

出于路径跟踪的目的,实际航行过程中,仅关注航迹偏移距离,因为 $e(t) = 0$ 意味着船舶已收敛到直线航迹上。沿航线距离 $s(t)$ 和航迹偏移距离可显式表

示为

$$s(t) = [x(t) - x_k]\cos(\alpha_k) + [y(t) - y_k]\sin(\alpha_k) \quad (2.102)$$

$$e(t) = -[x(t) - x_k]\sin(\alpha_k) + [y(t) - y_k]\cos(\alpha_k) \quad (2.103)$$

航迹控制的目标即为

$$\lim_{t \to \infty} e(t) = 0 \quad (2.104)$$

为实现航迹控制,可指定期望航向角 $\chi_d(e)$ 如下:

$$\chi_d(e) = \chi_p + \chi_r(e) \quad (2.105)$$

式中: $x_p = \alpha_k = \mathrm{atan2}(y_{k+1} - y_k, x_{k+1} - x_k)$;$\chi_r(e)$ 为速度 - 路径相关角,计算如下:

$$\chi_r(e) = \arctan\left(\frac{-e}{\Delta}\right) \quad (2.106)$$

由图 2.19 可知

$$e(t)^2 + \Delta(t)^2 = R^2 \quad (2.107)$$

由此可得:

$$\Delta(t) = \sqrt{R^2 - e(t)^2} \quad (2.108)$$

即 $\Delta(t)$ 的变化范围为 $[0, R]$,R 为根据船舶最大航迹偏差设置的圆半径。

式(2.106)也可理解为一个饱和控制律:

$$\chi_r(e) = \arctan(-k_p e) \quad (2.109)$$

式中: $k_p = 1/\Delta(t) > 0$。

为减小由于海流干扰导致的恒值航迹偏差,可在式(2.109)中引入一个积分项,可得

$$\chi_r(e) = \arctan\left(-K_p e - K_i \int_0^t e(\tau)\mathrm{d}\tau\right), K_p = 1/\Delta(t) > 0, K_i > 0 \quad (2.110)$$

式中: e、Δ 意义如图 2.19 所示。

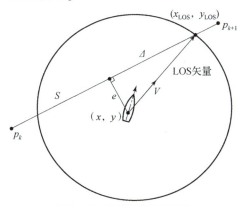

图 2.19 可接受圆示意图

当船舶沿直线航迹航行到距下一航路点一定距离时，需要进行航路点切换，该切换机制可采用一种可接受圆方案实现，即当船舶的位置与当前直线航路点(x_{k+1}, y_{k+1})的距离满足：

$$[x_{k+1} - x(t)]^2 + [y_{k+1} - y(t)]^2 \leq R_{k+1}^2 \quad (2.111)$$

则应当选择下一航路点。一般而言，可选 $R_{k+1} = (2 \sim 5) L_{pp}$。

另一种航路点切换方法是 Dubins 路径法。

Dubins 在 1957 年证明了两个位姿点间的最短路径是由直线段和常曲率圆弧段组成的。Dubins 路径可简单定义为：在最大曲率限制下，平面内两个有方向的点间的最短可行路径为 CLC 路径或 CCC 路径，或是它们的子集。其中 C 表示圆弧段，L 表示与 C 相切的直线段。

通过选择两条与两个圆相切的切线中的一条，可以得到 Dubins 路径，其中起始和终止位置都在圆弧上，圆弧的半径为曲率半径，它由船舶的转弯半径决定，圆弧中心就是曲率中心。于是，该问题就简化为寻找两个圆弧或直线与圆弧的切线。

航路点切换 Dubins 算法示意图如图 2.20 所示。

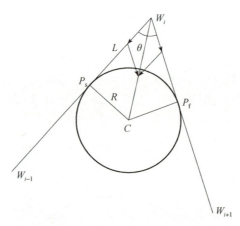

图 2.20　航路点切换 Dubins 算法示意图

图 2.20 中，W_{i-1}、W_i、W_{i+1} 为三个航路点，则由矢量的代数关系可知，$W_{i-1} - W_i$ 表示从航路点 W_i 到 W_{i-1} 的矢量，$W_{i+1} - W_i$ 为从航路点 W_i 到 W_{i+1} 的矢量，则

$$\boldsymbol{a} = \frac{W_{i-1} - W_i}{\| W_{i-1} - W_i \|} = a_x \boldsymbol{i} + a_y \boldsymbol{j}, a_x = \frac{x_{i-1} - x_i}{\sqrt{(x_{i-1} - x_i)^2 + (y_{i-1} - y_i)^2}},$$

$$a_y = \frac{y_{i-1} - y_i}{\sqrt{(x_{i-1} - x_i)^2 + (y_{i-1} - y_i)^2}}$$

$$\boldsymbol{b} = \frac{W_{i+1} - W_i}{\parallel W_{i+1} - W_i \parallel} = b_x \boldsymbol{i} + b_y \boldsymbol{j}, b_x = \frac{x_{i+1} - x_i}{\sqrt{(x_{i+1} - x_i)^2 + (y_{i+1} - y_i)^2}},$$

$$b_y = \frac{y_{i+1} - y_i}{\sqrt{(x_{i+1} - x_i)^2 + (y_{i+1} - y_i)^2}}$$

$$\cos(2\theta) = \frac{a_x b_x + a_y b_y}{\sqrt{a_x^2 + a_y^2}\sqrt{b_x^2 + b_y^2}} = a_x b_x + a_y b_y$$

$$\theta = \frac{1}{2}\mathrm{acos}(a_x b_x + a_y b_y); L = R/\tan\theta; x_{P_s} = x_i + a_x L; y_{P_s} = y_i + a_y L; x_{P_f} = x_i + b_x L$$

$$x_{P_f} = y_i + b_y L; \boldsymbol{c} = \boldsymbol{a} + \boldsymbol{b} = c_x \boldsymbol{i} + c_y \boldsymbol{j}, c_x = a_x + b_x, c_y = a_y + b_y$$

$$x_C = x_i + R/\sin\theta \frac{c_x}{\sqrt{c_x^2 + c_y^2}}; y_C = y_i + R/\sin\theta \frac{c_y}{\sqrt{c_x^2 + c_y^2}}$$

$$(2.112)$$

旋转方向可用矢量叉乘表示为

$$\begin{aligned} a_x b_y - a_y b_x < 0 (\text{右旋}) \\ a_x b_y - a_y b_x > 0 (\text{左旋}) \end{aligned} \quad (2.113)$$

2）基于路径跟随控制策略的间接航迹控制方法

间接航迹控制还可采用纯追踪法与视线导引法相结合的路径跟随算法。该算法基本原理如下。

如图 2.21 所示，船舶实际位置为 $P(x,y)$，直线航迹段为航路点 W_i 和 W_{i+1} 所连接的线段，相关计算过程为

$$\begin{cases} \theta_d = \mathrm{atan2}(y_{i+1} - y, x_{i+1} - x) \\ d = \frac{(y_i - y_{i+1})x + (x_{i+1} - x_i)y + (x_i y_{i+1} - x_{i+1} y_i)}{\parallel W_i - W_{i+1} \parallel} \\ \psi_z = k_1(\theta_d - \psi) + k_2 d \\ k_2 < 0 \end{cases} \quad (2.114)$$

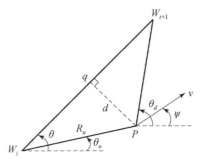

图 2.21　PLOS 算法原理

指令航向角 ψ_z 的计算公式中，k_1 和 k_2 为加权因子，需依据船舶机动特性对其进行适当选择。

该算法本质上是一种航迹偏差的前馈和比例控制，但由于两种制导方式的结合，具有良好的跟随控制性能。

在对圆弧路径进行跟随控制时，可以用矢量场法进行指令航向的解算，如图 2.22 所示，计算方法如下：

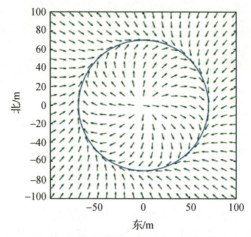

图 2.22　圆弧路径跟踪矢量场示意图

$$\begin{cases} \chi_{\text{orbit}} = \text{atan2}(y - y_c, x - x_c) \\ d = \sqrt{(x - x_c)^2 + (y - y_c)^2} \\ d_c = d - R \\ \chi_d = \chi_{\text{orbit}} + \rho_d \left[\dfrac{\pi}{2} + \dfrac{2}{\pi}(\chi_{Mc}) \text{atan}(k_c d_c) \right] \\ \chi_{Mc} \in \left(0, \dfrac{\pi}{2}\right], \rho_d = 1(\text{顺时针}); \rho_d = -1(\text{逆时针}) \\ k_c > 0 \end{cases} \quad (2.115)$$

航路点切换方法可任选下述任意一种。

(1) 可接受圆切换法，则有

$$(x_{k+1} - x)^2 + (y_{k+1} - y)^2 \leqslant R_{k+1}^2 \quad (2.116)$$

(2) 剩余航程法，则有

$$s_{k+1} - s(t) \leqslant R_{k+1} \quad (2.117)$$

由于无须考虑船舶动态特性，故相对而言，剩余航程法比可接受圆切换法更可行，两者结合后，航路点的切换更安全可靠。

不论可接受圆切换法还是剩余航程法，都没有考虑航路本身的几何特性，因此都是粗略的设计方法,为此可考虑借鉴 Dubins 直线圆弧设计方法。

在航路点切换结束前,需再次将控制策略切换为直线航迹控制模式,该判断算法可采用回转中心与船舶位置的方位角和回转中心切换结束点的方位角之差小于设置门限值的方法进行判断,这里不再赘述。

2. 直接航迹跟踪控制算法

直接航迹跟踪控制策略中,需利用一个控制器同时接收船舶的航迹偏差和航向偏差,得到命令舵角值。

对于 PID 控制,控制器是一个二维控制器,输入量为航迹偏差和航向偏差,可采用加权平均方法对其进行处理,对两个变量统一表示为

$$e(k) = \mu_1 d(k) + \mu_2 \Delta \psi(k) \tag{2.118}$$

对微分信号的解算可采用后向差分法计算,即

$$\frac{\mathrm{d}e}{\mathrm{d}t} \approx \frac{\Delta e}{\Delta t} = \frac{e(k) - e(k-1)}{\Delta t} \tag{2.119}$$

在直接航迹跟踪控制中,若航迹偏差较大,则解算的指令舵角有可能超过实际舵角限制,极易导致船舶进入旋回状态而失去航迹操纵能力,因而,需在控制策略中引入相应的限制条件,如对式(2.118)中的加权偏差值对应的积分采用限制,则

$$\sum e = \begin{cases} e, & |e| \leqslant e_{\max} \\ 0, & |e| > e_{\max} \end{cases} \tag{2.120}$$

PID 控制策略也需根据航迹偏差的大小而实时调整为 P、PI 或 PID 控制,可采用控制策略切换算法为

$$\delta_z = \begin{cases} k_\mathrm{p} e, & |e| \geqslant e_{\max 1} \\ k_\mathrm{p} e + k_\mathrm{i} \sum e, & e_{\max 2} \leqslant |e| \leqslant e_{\max 1} \\ k_\mathrm{p} e + k_\mathrm{i} \sum e + k_\mathrm{d} \dfrac{\Delta e}{\Delta t}, & |e| < e_{\max 2} \end{cases} \tag{2.121}$$

航路点切换策略与间接航迹控制相同。

在航路切换过程中,指令航向角的计算公式为

$$\begin{cases} \chi_p = \arctan\left(\dfrac{y_{i+1} - y_i}{x_{i+1} - x_i}\right), t = 0 \\ r_d = \rho_d \dfrac{V}{R} \\ \psi_z = \chi_p, t = 0 \\ \psi_z = \psi_z(t_0) + \sum r_d \Delta t, t > 0 \end{cases} \tag{2.122}$$

式中：ρ_d 为旋转方向，顺时针为负，逆时针为正。

航路点切换结束时刻的控制策略切换与间接航迹控制算法策略相同，不再赘述。

3. 两种航迹控制方法的仿真验证

为验证前述间接航迹控制算法和直接航迹控制算法的有效性，选取 IEC 62065：2014 – 02（EN）《海上导航无线电设备和系统 – 轨道控制系统 操作和性能要求、试验方法和要求的试验结果》附录 G 中所规定的两种场景对其开展仿真对比试验，分析两种算法的控制效果。

1) 场景一：Ferry 船航迹控制

航速 20kn，海况 2 级，船舶初始位置为（0，20），GPS 干扰信号模型参照 IEC 62065：2014 – 02（EN）《海上导航无线电设备和系统 – 轨道控制系统操作和性能要求、试验方法和要求的试验结果》附录 H。航路点设置如表 2.8 所示。

表 2.8 计划航线表

航路点	纬度	经度	航迹向/(°)	距离/n mile
1	00°01,000′S	000°01,000′W	000.0	1.40
2	00°01,000′N	000°01,000′W	090.0	1.86
3	00°01,000′N	000°01,000′E	315.0	1.21
4	00°02,000′N	000°00,000′E	225.0	0.92
5	00°01,000′N	000°01,000′W	135.0	2.69
6	00°01,000′S	000°01,000′E	270.0	1.51
7	00°01,000′S	000°01,000′W	045.0	1.86
8	00°01,000′N	000°01,000′E	180.0	1.98
9	00°01,000′S	000°01,000′E		

计划航线图如图 2.23 所示。

计划航线经坐标变换后，开展航迹控制仿真试验验证，仿真试验相关曲线如图 2.24 和图 2.25 所示。

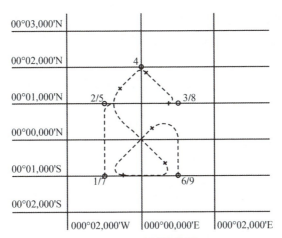

图 2.23 计划航线图

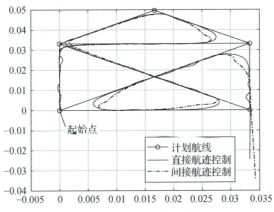

图 2.24 航路变化对比

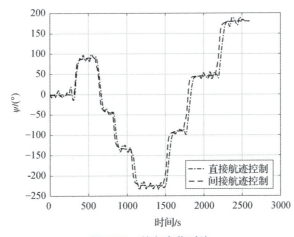

图 2.25 航向变化对比

2）场景二：Tanker 船航迹控制

航速 10kn，海况 2 级，船舶初始位置 $P(40,100)$，GPS 信号模型参照 IEC 62065。航路点设置如表 2.9 所示。

表 2.9　计划航线表

航路点	纬度	经度	航迹向/(°)	距离/n mile
1	00°03,000′S	179°57,000′W	000.0	5.0
2	00°03,000′N	179°57,000′W	270.0	4.64
3	00°03,000′N	179°57,000′E	45.0	3.19
4	00°06,000′N	180°00,000′W	135.0	3.31
5	00°03,000′N	179°57,000′W	225.0	6.92
6	00°03,000′S	179°57,000′E	090.0	4.02
7	00°03,000′S	179°57,000′W	315.0	5.33
8	00°03,000′N	179°57,000′E	180.0	5.93
9	00°03,000′S	179°57,000′E		

计划航线图如图 2.26 所示。

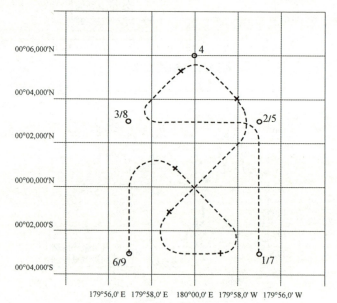

图 2.26　计划航线图

计划航路点和实际航迹经坐标变换后,开展航迹控制仿真试验验证试验,相关仿真曲线如图 2.27 和图 2.28 所示。

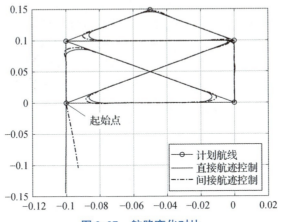

图 2.27　航路变化对比

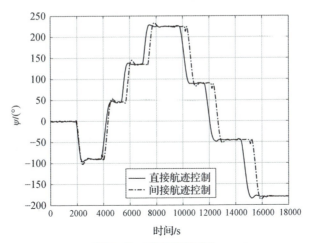

图 2.28　航向变化对比

以两种场景下的最长直线航迹段为统计对象,分别统计了场景一中第 6 航路点和第 7 航路点间、场景二中的第 2 航路点和第 3 航路点间直线段的航迹偏差 RMS 值,两个场景下的航迹控制仿真试验航迹偏差统计结果如表 2.10 所示。

表 2.10　航迹控制试验统计结果

试验场景	直接航迹控制航迹偏差(RMS)/m	间接航迹控制航迹偏差(RMS)/m
场景一	22.5296	18.4382
场景二	14.3723	21.1308

由两个场景中的相关试验曲线和表 2.10 可知,所设计的间接航迹控制和直接航迹控制算法均可保证船舶沿着计划航线航行,并具有较高的精度,表明两种航迹控制算法均有良好的控制性能。

对比两个场景下的航迹偏差统计结果可知,直接航迹控制和间接航迹控制均具有良好的控制性能,但两个场景中各船也表现略有差异,如 Ferry 船的试验对比表明间接航迹控制具有更好的航迹控制效果,而 Tanker 船则采用直接航迹控制具有更好的控制效果。对应相应的航向曲线也可看出,两种航迹控制算法各自具有优势,应根据不同船型和不同使用场景,采用各自适用的航迹控制算法。

2.2.4 船舶动力定位控制理论

1. 控制原理

动力定位控制系统主要包括操控装置、信号处理、状态观测器、控制器、推力分配等核心模块,其控制原理框图如图 2.29 所示,它们的主要功能如表 2.11 所示。

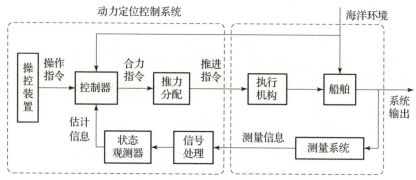

图 2.29 动力定位控制系统原理框图

表 2.11 动力定位控制系统组成模块

序号	组成模块	主要功能
1	操控装置	(1)人机交互:控制模式切换、控制指令设置、反馈信息综合显示、控制器参数设置等; (2)综合通信:船用主干网、控制面板等接口信息处理
2	信号处理	预处理:多种数据类型、格式的传感器、推进器信息预处理

续表

序号	组成模块	主要功能
3	状态观测器	状态估计:基于模型和多源传感器的信息提取与最优估计
4	控制器	(1)引导生成:带有时间戳的实时运动指令生成; (2)控制力输出:基于环境载荷预报估算、偏差信息求解控制,输出推力指令
5	推力分配	将控制力指令,最优化分解到各个执行机构

动力定位控制系统进行船舶运动控制的工作原理如下。

(1)结合船舶的航行或作业任务需求,通过动力定位操控装置(动力定位操控台、独立操纵终端等人机交互设备),设置船舶期望的运动控制指令,并下发到控制系统中。

(2)信号处理及观测器模块,实时接收各类传感信息,并将传感数据进行时间转换、空间转换、滤波等预处理,估算船舶状态信息,为控制器提供反馈输入。

(3)控制器模块,接收操控装置的运动指令,通过引导算法形成具有时间戳的实时位置、姿态、速度控制指令;经过与观测器最优提取的反馈信息实时比对,得到当前的控制误差并予以控制算法校正,并对环境载荷进行精确预报补偿,得到舰船运动控制所需三自由度合力。

(4)推力分配模块,依据控制器输出的三自由度控制力,通过优化分配策略,计算全部执行机构的转速、推力及方位角指令,并下发到各执行机构中。

(5)执行机构依从控制器、推力分配指令,产生相应推力,使船舶补偿环境干扰,按照预设指令运动,保障船舶航行或作业的顺利开展。

2. 数据处理与融合

船舶动力定位常用的测量系统包括位置参考系统、垂直面参考系统、罗经、风速风向仪,并通常采用冗余配置,因此需要对冗余信息进行处理与融合。

数据处理与融合的方法,主要包括数据预处理(野值剔除、数据滤波)、时空对准(时间对准、空间对准)、多源融合(冻结和方差检测、数据权值确定)。传感器数据处理与融合的流程框图,如图 2.30 所示。

(1)野值剔除。在测量数据中,突然出现的偏差较大的反常数据称为野值。为保证融合结果的准确性,必须对采集数据的野值进行剔除或替换,目前常用方法包括基于残差特性的野值剔除方法、自适应抗野值方法等。

(2)数据滤波。传感器测量数据中夹杂着随机干扰信号,必须通过数据滤波对采样数据进行平滑处理,以减少干扰的影响。数据滤波既要剔除干扰,又要体现原有数据的变化特性,常用滤波方法有低通滤波、均值滤波、卡尔曼滤波等。

(3)时间对准。由于各传感器的采样频率、发送时间不一致,各传感数据存在频率差、时间差,时间对准就要解决这两方面问题:一是各传感器的时间基准点要保持一致,即系统对时;二是通过控制器协调各传感器不同的采样频率。

(4)空间对准。由于各传感器的布置位置、参考坐标系不同,在数据融合之前要对全部测量信息进行统一的坐标转换,实现坐标系、参考点的统一。

(5)多源融合。数据融合是将多源测量信息融合得到一个最优估计值。动力定位系统多配置有冗余传感器配置,采用加权融合算法,实时调整各个传感器的权值,以获取更准确的融合数据。

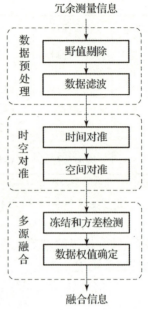

图 2.30 传感器数据处理与融合的流程框图

3. 状态估计

船舶或海洋工程平台,在海上作业时会受到风、浪、流等环境的干扰。其中,风速、风向便于测量,且风载荷便于计算预报,通常通过前馈策略加以补偿。海流对船舶作用力,通常假设为慢变干扰力,通过干扰观测器加以预报或采用抗扰控制器予以克服。波浪作用力可分为一阶波浪力、二阶波浪力,一阶波浪力使得船舶产生高频往复运动,二阶波浪力使得船舶产生慢漂运动。

由此可见,海上船舶运动是高频运动和低频运动的叠加,测量系统得到的原始测量信息也是高低频混合信号。对于高频位置信号,从减少推进器磨损和降低能耗的角度出发,动力定位系统没有必要对其进行控制。传感器测量数据的噪声信号,会影响整个系统的稳定性,也要予以滤除。

状态估计的作用就是从复杂的测量数据中,滤除高频信号及噪声信号,提取位置、艏向信息的低频信息传递给控制器。目前,常用的状态估计方法包括扩展卡尔曼滤波、非线性无源滤波等。

如图 2.31 所示,高低频混合的测量信号,经状态估计后,分别得到低频运动信息及高频运动信息,动力定位控制器只取其中的低频运动信息执行控制指令运算。

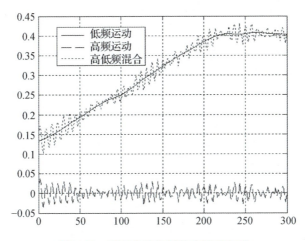

图 2.31 动力定位船舶的高低频运动

1) 状态估计数学模型

(1) 船舶低频运动数学模型。船舶在大地坐标系下中的位置及艏向角矢量可表示为 $\boldsymbol{\eta}_s = [x, y, \psi]^T$,在船体坐标系中分解后的速度矢量可以表示为 $\boldsymbol{v}_s = [u, v, r]^T$。船体坐标系和大地坐标系的速度之间的转换关系为

$$\dot{\boldsymbol{\eta}}_s = \boldsymbol{R}(\psi) \boldsymbol{v}_s \tag{2.123}$$

式中:坐标变换矩阵表示为

$$\boldsymbol{R}(\psi) = \begin{bmatrix} \cos\psi & -\sin\psi & 0 \\ \sin\psi & \cos\psi & 0 \\ 0 & 0 & 1 \end{bmatrix} \tag{2.124}$$

注意到,$\boldsymbol{R}(\psi)$ 是非奇异的,且 $\boldsymbol{R}^{-1}(\psi) = \boldsymbol{R}^T(\psi)$。

船舶坐标系原点选择在船舶几何中心时,船舶水平运动非线性方程可表达为

$$\begin{cases} m(\dot{u} - vr - x_G r^2) = \tau_{H-x} + \tau_{env-x} + \tau_{thr-x} \\ m(\dot{v} - ur + x_G \dot{r}) = \tau_{H-y} + \tau_{env-y} + \tau_{thr-y} \\ I_z \dot{r} + m x_G (\dot{v} + ur) = \tau_{H-n} + \tau_{env-n} + \tau_{thr-n} \end{cases} \tag{2.125}$$

式中:m 为船舶质量;I_z 为船舶转动惯量;x_G 表示船舶质心纵向坐标;τ_{H-x}、τ_{H-y}、τ_{H-n} 表示船舶纵向、横向、艏向的水动力;τ_{env-x}、τ_{env-y}、τ_{env-n} 表示纵向、横向、艏向环境力;τ_{thr-x}、τ_{thr-y}、τ_{thr-n} 表示纵向、横向、艏向推力。

当船舶处于低速航行状态时,水动力中高阶项可以忽略,仅保留一阶水动力项,则船舶运动方程可简化为

$$\begin{cases} (m-X_{\dot u})\dot u - X_u u = \tau_{\text{env}-x} + \tau_{\text{thr}-x} \\ (m-Y_{\dot v})\dot v + (mx_G - Y_{\dot r})\dot r - Y_v \cdot v - Y_r \cdot r = \tau_{\text{env}-y} + \tau_{\text{thr}-y} \\ (mx_G - N_{\dot v})\dot v + (I_z - N_{\dot r})\dot r - N_v \cdot v - N_r \cdot r = \tau_{\text{env}-n} + \tau_{\text{thr}-n} \end{cases} \quad (2.126)$$

即

$$M\dot v_s + Dv_s = \tau_{\text{env}} + \tau_{\text{thr}} \quad (2.127)$$

式中:$\tau_{\text{thr}} = [\tau_{\text{thr}-x}, \tau_{\text{thr}-y}, \tau_{\text{thr}-n}]^T$ 代表控制矢量,由推进器在纵向、横向、艏向产生的力和力矩;$\tau_{\text{env}} = [\tau_{\text{env}-x}, \tau_{\text{env}-y}, \tau_{\text{env}-n}]^T$ 代表未知环境作用力。

质量矩阵 M 定义为

$$M = \begin{bmatrix} m-X_{\dot u} & 0 & 0 \\ 0 & m-Y_{\dot v} & mx_G - Y_{\dot r} \\ 0 & mx_G - N_{\dot v} & I_z - N_{\dot r} \end{bmatrix} \quad (2.128)$$

式中:$X_{\dot u}$ 为纵向水动力加速度导数;$Y_{\dot v}$ 为横向水动力加速度导数;$Y_{\dot r}$ 为艏向对横向的耦合水动力加速度导数;$N_{\dot v}$ 为横向对艏向的耦合水动力加速度导数;$N_{\dot r}$ 为艏向水动力加速度导数。

D 是由于波浪漂移阻尼和层流表面摩擦产生引起的阻尼矩阵,定义为

$$D = \begin{bmatrix} -X_u & 0 & 0 \\ 0 & -Y_v & -Y_r \\ 0 & -N_v & -N_r \end{bmatrix} \quad (2.129)$$

式中:X_u 为纵向水动力速度导数;Y_v 为横向水动力速度导数;Y_r 为艏向对横向的耦合水动力速度导数;N_v 为横向对艏向的耦合水动力速度导数;N_r 为艏向水动力速度导数。

船舶在纵向、横向、艏向的非线性耦合低频运动方程可简化为

$$M\dot v + Dv = \tau + R^T(\psi)b + E_v \omega_v$$
$$\tau = KF_t \quad (2.130)$$

式中:b 为北向、东向和艏摇三个自由度上的环境干扰载荷;F_t 为控制输入;K 为描述推进器布置的控制矩阵;ω_v 为零均值高斯白噪声矢量;E_v 为三维对角矩阵,表示过程噪声的幅值。

(2) 船舶高频运动数学模型。船舶的高频运动实际上是对一阶波浪力的响应,在位置和艏向上可看作附加了阻尼项的二阶谐波振荡器:

$$h(s) = \frac{K_{\omega i} s}{s^2 + 2\zeta_i \omega_{oi} s + \omega_{oi}^2} \quad (2.131)$$

式中:$K_{\omega i}(i=1,2,3)$ 与波浪强度有关;$\zeta_i(i=1,2,3)$ 为相对阻尼系数;$\omega_{oi}(i=1,2,3)$ 为波浪谱中的主导频率,与波浪的有义波高有关。

式(2.131)的状态空间表述形式为

$$\begin{cases} \dot{\boldsymbol{\xi}}_h = \boldsymbol{A}_h \boldsymbol{\xi}_h + \boldsymbol{E}_h \boldsymbol{\omega}_h \\ \boldsymbol{\eta}_h = \boldsymbol{C}_h \boldsymbol{\xi}_h \end{cases} \tag{2.132}$$

式中:$\boldsymbol{\xi}_h = [\xi_x, \xi_y, \xi_\psi, x_h, y_h, \psi_h]^T$ 为船舶高频状态矢量;$\boldsymbol{\omega}_h$ 为零均值高斯白噪声;$\boldsymbol{\eta}_h$ 为三维矢量,分别表示高频运动纵荡、横荡位置和高频艏摇角度;系数矩阵表示为

$$\begin{cases} \boldsymbol{A}_h = \begin{bmatrix} \boldsymbol{0}_{3\times 3} & \boldsymbol{I} \\ \boldsymbol{A}_{21} & \boldsymbol{A}_{22} \end{bmatrix}, \boldsymbol{E}_h = \begin{bmatrix} \boldsymbol{0}_{3\times 3} \\ \boldsymbol{\Sigma} \end{bmatrix}, \boldsymbol{C}_h = \begin{bmatrix} \boldsymbol{0}_{3\times 3} & \boldsymbol{I} \end{bmatrix} \\ \boldsymbol{A}_{21} = -\operatorname{diag}\{\omega_{o1}^2 \quad \omega_{o2}^2 \quad \omega_{o3}^2\} \\ \boldsymbol{A}_{22} = -\operatorname{diag}\{2\zeta_1 \omega_{o1} \quad 2\zeta_2 \omega_{o2} \quad 2\zeta_3 \omega_{o3}\} \\ \boldsymbol{\Sigma} = \operatorname{diag}\{K_{\omega 1} \quad K_{\omega 2} \quad K_{\omega 3}\} \end{cases} \tag{2.133}$$

(3)测量模型。通常,动力定位系统中采用高精度卫星传感器对船舶位置进行实时测量,采用罗经对船舶艏向进行实时测量。位置及艏向测量模型方程为

$$y = \boldsymbol{\eta} + \boldsymbol{\eta}_h + \boldsymbol{\lambda} \tag{2.134}$$

式中:$\boldsymbol{\eta}$ 为船舶低频运动分量;$\boldsymbol{\eta}_h$ 为由一阶波浪力引起的船舶高频运动分量;$\boldsymbol{\lambda} \in R^3$ 为零均值高斯白噪声。

(4)非线性运动模型状态空间形式。上述模型构成了动力定位系统船舶非线性运动数学模型,将其写成状态空间形式。

系统状态方程:

$$\dot{x} = f(x) + \boldsymbol{B}_t \boldsymbol{c} + \boldsymbol{E}\boldsymbol{\omega} \tag{2.135}$$

测量方程:

$$y = \boldsymbol{H}x + \boldsymbol{\lambda} \tag{2.136}$$

式中:状态矢量 $\boldsymbol{x} = [\boldsymbol{\xi}_h^T, \boldsymbol{\eta}^T, \boldsymbol{b}^T, \boldsymbol{v}^T]^T \in R^{15}$;$\boldsymbol{c} \in R^3$ 为控制矢量;$\boldsymbol{\omega} = [\boldsymbol{\omega}_h^T, \boldsymbol{\omega}_b^T, \boldsymbol{\omega}_v^T]^T \in R^9$ 为系统噪声;$\boldsymbol{\lambda} \in R^3$ 为测量噪声。

非线性状态转移函数 $f(x)$ 为

$$f(x) = \begin{bmatrix} \boldsymbol{A}_h \boldsymbol{\xi}_h \\ R(\psi)v \\ -T_b^{-1}b \\ -M^{-1}Dv + M^{-1}R^T(\psi)b \end{bmatrix} \tag{2.137}$$

输入系数矩阵 $\boldsymbol{B}_t$ 为

$$B_t = \begin{bmatrix} 0_{6\times 3} \\ 0_{3\times 3} \\ 0_{3\times 3} \\ M^{-1} \end{bmatrix} \qquad (2.138)$$

观测矩阵 H 为

$$H = \begin{bmatrix} C_h & I_{3\times 3} & 0_{3\times 3} & 0_{3\times 3} \end{bmatrix} \qquad (2.139)$$

噪声系数矩阵 E 为

$$E = \begin{bmatrix} E_h & 0_{3\times 3} & E_b & M^{-1}E_v \end{bmatrix}^T \qquad (2.140)$$

2) 扩展卡尔曼滤波

卡尔曼滤波是由一系列递归公式组成的时域递推滤波算法,具有实时处理信息的能力。这一系列的公式以估计误差协方差最小为目标,可以有效地估计出系统的状态信息。卡尔曼滤波要求系统状态方程和观测方程都是线性的,而船舶动力定位系统状态观测是一个非线性问题,此时就需要运用扩展卡尔曼滤波算法来解决。

扩展卡尔曼滤波算法将非线性函数围绕滤波值展开成泰勒级数,略去二次以上的项,得到非线性系统线性化模型,再应用卡尔曼滤波基本方程,得到问题的解。

假设非线性连续系统为

$$\begin{cases} \dot{X}(t) = f[X(t)] + W(t) \\ Z(t) = h[X(t)] + V(t) \end{cases} \qquad (2.141)$$

将系统状态方程离散化,令 $X(t) = X(k)$,$X(t+\Delta t) = X(k+1)$。假设

$$\left.\frac{\partial f}{\partial X}\right|_{X=X(k)} = A[X(k)] \qquad (2.142)$$

则

$$X(k+1) = X(k) + f[X(k)]\Delta t + A[X(k)]f[X(k)]\frac{(\Delta t)^2}{2} + W(k) \qquad (2.143)$$

式中:$W(k)$ 表示离散化误差和动态系统不确定性的总和。设 $W(k)$ 为零均值高斯白噪声,$E[W(k)W^T(j)] = Q_k\delta_{kj}$。

将观测方程离散化可得

$$Z(k) = h[X(k)] + V(k) \qquad (2.144)$$

假设测量噪声 $V(k)$ 为零均值高斯白噪声,即 $E[V(k)V^T(j)] = R_k\delta_{kj}$。

围绕滤波值线性化,得到离散系统扩展卡尔曼滤波公式:

$$\begin{cases} \hat{X}(k+1\mid k) = \hat{X}(k\mid k) + f[(k\mid k)] \cdot \Delta t + A[\hat{X}(k\mid k)]f[\hat{X}(k\mid k)] \cdot \dfrac{(\Delta t)^2}{2} \\ P(k+1\mid k) = \Phi(k)P(k\mid k)\Phi^{\mathrm{T}}(k) + Q_k \\ K(k+1) = P(k+1\mid k)H^{\mathrm{T}}(k+1)[H(k+1)P(k+1\mid k)H^{\mathrm{T}}(k+1) + R_{k+1}]^{-1} \\ \hat{X}(k+1\mid k+1) = \hat{X}(k+1\mid k) + K(k+1)\{Z(k+1) - h[\hat{X}(k+1\mid k)]\} \\ P(k+1\mid k+1) = [I - K(k+1)H(k+1)]P(k+1\mid k) \end{cases}$$

(2.145)

式中:$\hat{X}(k+1\mid k)$ 表示一步预测值;$P(k+1\mid k)$ 表示预测误差方差阵;$K(k+1)$ 表示滤波增益矩阵;$\hat{X}(k+1\mid k+1)$ 表示滤波更新值;$P(k+1\mid k+1)$ 表示滤波误差方差阵;$A[\hat{X}(k\mid k)] = \dfrac{\partial f}{\partial X}\bigg|_{X=\hat{X}(k\mid k)}$;$\Phi(k)$ 为状态转移阵;$\Phi(k) = I + A[\hat{X}(k\mid k)] \cdot \Delta t$;$I$ 为单位阵;$H(k) = \dfrac{\partial h}{\partial X}\bigg|_{X=\hat{X}(k\mid k-1)}$。

4. 运动控制方法

动力定位控制器的主要功能,就是根据用户设定指令信息和船舶当前状态反馈,计算实时控制力,抵御外界环境干扰、消除控制误差,以达到精准、快速、抗扰的控制目的。

如图 2.32 所示,动力定位系统的控制器,通常采用逻辑层、制导层、控制层的三层架构体系设计。

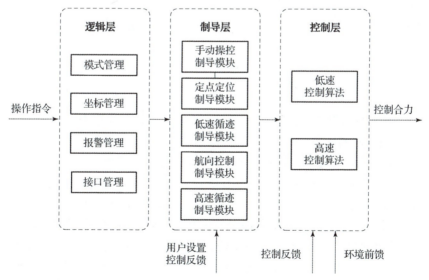

图 2.32　控制器设计框图

(1) 逻辑层:实现多种运动模式的模式管理(指令切换、制导切换、状态切换、控制切换)、坐标管理(经纬度系、大地坐标系、船体坐标系的相互转换)、报警管理(接口报警信息、接口状态、控制状态等的实时监测)、接口管理(标准输入/输出、接口隔离)。

(2) 制导层:根据船舶推进器状态、实船能力、用户设置,将用户在不同运动模式设置的目标指令进行有序时间化,计算合理的不同运动时刻的控制分指令(包括速度、艏向角速度、位置、艏向),主要包括低速动力定位(Dynamic Positioning,DP)制导策略和高速 LOS 制导策略。

(3) 控制层:利用控制分指令、反馈信息,结合特定控制算法,实现误差控制,输出控制力。低速控制策略针对横向、纵向、艏向的三自由度位置控制。高速策略针对纵向航速、艏向的二自由度控制。

运动控制方法是动力定位控制器的核心。目前,常用的控制方法包括 PID 控制、线性二次高斯问题的最优控制(Linear Quadratic Gaussian,LQG)、模型预测控制(Model Predictive Control,MPC)等。

1) PID 控制

早期的动力定位系统采用 PID 控制器设计。PID 控制器是一种线性控制器,它以设定值与实际输出值的偏差作为输入量,通过比例、微分、积分三部分线性组合构成控制量,并作用于被控对象。PID 控制的优点是控制器不基于模型、适用范围广、参数意义清晰、现场调试方便,是控制领域经典的控制算法。

在动力定位系统中,直接利用带有高频运动的位置和艏向信息,会导致推进系统不必要的磨损,所以 DP 都是采用状态估计的滤波输出作为控制系统的输入:

$$\begin{cases} \hat{e} = \hat{\eta} - \eta_d \\ \tau = -K_p \hat{e} - K_d \dot{\hat{e}} - K_i \int \hat{e} \end{cases} \quad (2.146)$$

式中:η_d 为船舶期望位置及艏向矢量;$\hat{\eta}$ 为船舶状态滤波输出;K_p、K_d、K_i 为比例、微分、积分控制系数。

在实际应用中,PID 衍生出很多工程应用的改进,如积分分离 PID、遇限削弱积分 PID、微分先行 PID、带死区 PID 等。

2) 最优控制

最优控制理论是对状态量和控制量进行最优化处理,根据特定的性能指标函数,实现被控对象的最优控制。在动力定位系统的控制应用中,首先需要明确被控对象的数学模型、状态空间方程、性能指标函数、约束条件,然后计算使得性能指标函数取极小值的控制条件。

最优控制理论中比较常用的分析方法是线性二次高斯问题的最优控制(LQG)。该方法针对约定的性能指标,能够获得精确的控制结果,受到广泛的应用。动力定位控制器最优控制力 $\boldsymbol{\tau}_{opt}$ 的计算包括以下步骤。

(1) 建立动力定位船舶的低速动力学模型,即

$$\begin{cases} \dot{\boldsymbol{\eta}} = \boldsymbol{R}(\psi)\boldsymbol{v}_s \\ \boldsymbol{M}\dot{\boldsymbol{v}}_s + \boldsymbol{D}\boldsymbol{v}_s = \boldsymbol{\tau}_{opt} \end{cases} \quad (2.147)$$

式中:$\boldsymbol{\eta} = [x, y, \psi]^T$ 为大地坐标系下船舶的运动位置及艏向状态矢量;$\boldsymbol{v}_s = [u, v, r]^T$ 为船体坐标系下船舶的运动速度及角速度状态矢量;$\boldsymbol{R}(\psi)$ 为大地坐标系和船体坐标系的坐标变换矩阵;$\boldsymbol{M}$ 为船舶惯性矩阵;$\boldsymbol{\tau}_{opt} = [\tau_{opt-x}, \tau_{opt-y}, \tau_{opt-n}]^T$ 为最优控制力。

(2) 将动力学模型转化为状态空间标准形式,即

$$\begin{cases} \dot{\boldsymbol{x}} = \boldsymbol{A}_s \boldsymbol{x} + \boldsymbol{B}_s \boldsymbol{\tau}_{opt} \\ \boldsymbol{\eta} = \boldsymbol{C}_s \boldsymbol{x} \end{cases} \quad (2.148)$$

式中:$\boldsymbol{x} = [n, e, \psi, u, v, r]^T$ 为船舶的运动状态矢量,n、e、ψ 分别表示船舶北向位置、东向位置、艏向,u、v、r 分别表示船舶纵向速度、横向速度、旋转角速度;系统矩阵 $\boldsymbol{A}_s = \begin{bmatrix} \boldsymbol{0}_{3\times3} & \boldsymbol{R}(\psi) \\ \boldsymbol{0}_{3\times3} & \boldsymbol{M}^{-1}\boldsymbol{D}(L_{leg}) \end{bmatrix}_{6\times6}$;输入矩阵 $\boldsymbol{B}_s = \begin{bmatrix} \boldsymbol{0}_{3\times3} \\ \boldsymbol{M}^{-1} \end{bmatrix}_{6\times3}$;输出矩阵 $\boldsymbol{C}_s = [\boldsymbol{I}_{3\times3} \quad \boldsymbol{0}_{3\times3}]_{3\times6}$。

(3) 设定最优化二次型指标,即

$$J(\boldsymbol{\tau}_{opt}) = \frac{1}{2}\int_0^\infty \left[(\boldsymbol{\eta} - \boldsymbol{\eta}_d)^T \boldsymbol{Q}(\boldsymbol{\eta} - \boldsymbol{\eta}_d) + \boldsymbol{\tau}_{opt}^T \boldsymbol{R} \boldsymbol{\tau}_{opt} \right] dt \quad (2.149)$$

式中:$\boldsymbol{Q}$ 为控制误差惩罚矩阵,$\boldsymbol{R}$ 为能量消耗惩罚矩阵,均可由用户调节;$\boldsymbol{\eta}_d = [x_d, y_d, \psi_d]^T$ 为用户设定的船舶位置及艏向指令。

(4) 使最优化指标 $J(\boldsymbol{\tau}_{opt})$ 取得极小值的船舶运动最优控制输入,计算公式为

$$\boldsymbol{\tau}_{opt}^*(t) = -\boldsymbol{R}^{-1}\boldsymbol{B}_s^T \boldsymbol{P} \boldsymbol{x} \quad (2.150)$$

式中:$\boldsymbol{P}$ 为黎卡提代数方程 $\boldsymbol{A}^T\boldsymbol{P} + \boldsymbol{P}\boldsymbol{A} - \boldsymbol{P}\boldsymbol{B}\boldsymbol{R}^{-1}\boldsymbol{B}^T\boldsymbol{P} + \boldsymbol{Q} = 0$ 的唯一正定解。

最终,动力定位控制系统的实时控制合力输出 $\boldsymbol{\tau}_{ctrl}$,不但包含了静水工况最优控制力 $\boldsymbol{\tau}_{opt}$,还以前馈方式对船舶风载荷 $\boldsymbol{\tau}_{wind}$、未知环境干扰载荷 $\boldsymbol{\tau}_{current}$ 进行补偿,即

$$\boldsymbol{\tau}_{ctrl} = -(\boldsymbol{\tau}_{wind} + \boldsymbol{\tau}_{current}) + \boldsymbol{\tau}_{opt} \quad (2.151)$$

3) 模型预测控制(绿色动力定位)

常规的动力定位系统,都是基于位置和艏向的偏差,采用适当控制算法来

实现"零误差"的控制目标,并不考虑燃油消耗、推进器磨损等因素。但当动力定位船舶处于高海况条件或进行诸如深水钻探等特殊作业时,此时的作业要求仅需要船舶在较大的区域范围内保持位置即可,无须实现"零偏差"定位。因此在确保船舶作业安全的前提下,可以将降低船舶的能耗作为新的控制目标。

绿色动力定位系统正是基于这一思想的产物,其目标是在一定的误差容忍范围内,降低燃料消耗,兼顾作业需求、能源消耗,控制船舶保持在作业区域内,因此也常将绿色动力定位系统称为"区域动力定位系统",如图 2.33 所示。

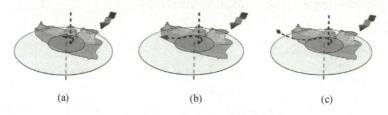

图 2.33　绿色动力定位控制原理

根据动力定位船舶所处的作业模式,设定工作区域(内圈)和操作区域(外圈),工作区域(内圈)表示能够充分满足船舶作业需求的位置区域,操作区域(外圈)表示保证船舶作业需求或安全条件的最大边界,超出操作区域(外圈)意味着不满足船舶作业需求或存在安全风险。

如图 2.34 所示,绿色动力定位控制器的控制逻辑,可以表述如下。

首先,判断当前动力定位系统状态,是否满足绿色动力定位启用条件,如是否打开该功能、当前是否为定点定位模式、是否已经超出操作区域(外圈)等。

如不满足绿色动力定位启用条件,则采用常规的最优控制;如满足启用条件,控制系统则通过"位置预测器"进行未来 P 个时刻的船舶运动状态预测。

当预测船舶位置不超出工作区域(内圈)时,绿色动力定位仅启用"环境补偿器",对测量或估计得到的环境干扰力予以补偿,对于船舶当前的位置偏差则不予矫正。环境干扰补偿器的设计是用于补偿平稳变化的环境干扰力,从而能够减轻推进器的推力变化幅度,主要适用于外界干扰比较平缓的情况下来维持船舶在工作区之内。通过这种补偿控制,可以降低燃料的使用量。

当预测船舶位置将要超出工作区域(内圈)甚至操作区域(外圈)时,绿色动力定位启用"模型预测控制器",并采用分段式惩罚设计,减小潜在的位置超调。模型预测控制器主要作用于环境干扰发生大变化时的情况,将船舶控制在限定操作范围内。

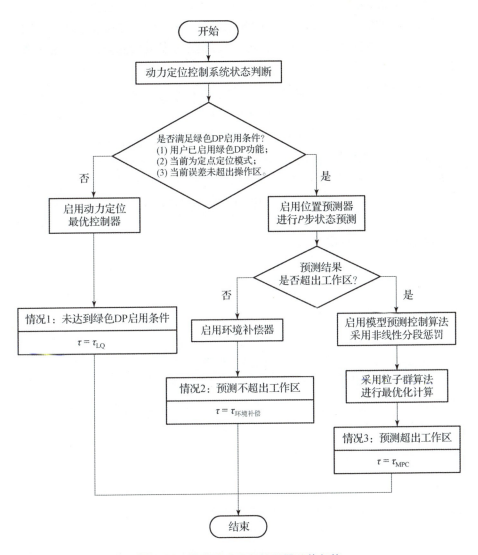

图 2.34 绿色动力定位控制器总体架构

5. 推力分配

推力分配的目标是在满足控制器三自由度控制指令的同时,综合考虑推进器功率消耗、推进器磨损等因素,实现最优化的推进器输出。推力分配是连接动力定位控制系统与推进系统的中间环节,其分配性能对船舶的控制精度有直接的影响。

1) 推力分配的数学模型

推力分配的数学本质是最优化问题,是建立控制器合力到推进器指令的映射过程,需要考虑功率约束、推进器转速或螺距约束、推力禁区约束等一系列限制。

推力分配将控制器指令 τ 转化为各推进器的控制输入 α_t 和 F_t,满足:

$$\tau = K(\alpha_t) F_t \qquad (2.152)$$

式中:$\tau = [\tau_X, \tau_Y, \tau_N]$ 表示控制器的三自由度控制指令;$F_t = [F_{t1}, F_{t2}, \cdots, F_{tm}]$ 表示各推进器的推力大小;$\alpha_t = [\alpha_1, \alpha_2, \cdots, \alpha_n]$ 表示各推进器的方位角;$K(\alpha_t) = [k_1, k_2, \cdots, k_n]$ 为推进器布置矩阵,每一台推进器对应一个列矢量,不同类型推进器对应的 k_i 形式也不同。一些典型的推进器对应的 k_i 可以表示为

$$主推: k_i = \begin{bmatrix} 1 \\ 0 \\ l_{yi} \end{bmatrix}; 侧推: k_i = \begin{bmatrix} 0 \\ 1 \\ l_{xi} \end{bmatrix};$$

$$全回转推进器: k_i = \begin{bmatrix} \cos(\alpha_i) \\ \sin(\alpha_i) \\ l_{xi}\sin(\alpha_i) - l_{yi}\cos(\alpha_i) \end{bmatrix}$$

式中:(l_{xi}, l_{yi}) 表示推进器在船体坐标系的位置。

推力分配数学模型中的目标函数是指所关心的优化目标与相关因素间的函数关系,其函数值可用于评价可行解的优劣程度。推力分配目标函数一般包括功率惩罚项、分配误差项以及推进器磨损项等,可用公式表示为

$$\mathrm{Min} J(\alpha, F_t) = W \sum_{i=1}^{n} F_{ti}^{3/2} + S^T Q S + (\alpha - \alpha_0)^T \Omega (\alpha - \alpha_0) \qquad (2.153)$$

式中:α, F_t 代表各推进器的方位角以及推力。等式右边的第一项代表推进系统的能量消耗,W 是用来调节推进系统能量消耗占总优化目标的权重。等式右边的第二项 $S = \tau - K(\alpha) F_t$ 是一个松弛变量,代表推进系统产生的纵向、横向力以及回转力矩与控制指令的偏差,Q 是一个正定对角矩阵,其对角元素值应选取得足够大,以保证松弛变量 S 接近于 0。等式右边的第三项主要将推进器方位角的变化幅值加入目标函数中,以减少推进器的磨损,其中 $\alpha_0 = (\alpha_{10}, \alpha_{20}, \cdots, \alpha_{n0})^T$ 表示上一时刻各推进器的方位角,$\alpha = (\alpha_1, \alpha_2, \cdots, \alpha_n)^T$ 表示当前时刻各个推进器的方位角,同样,Ω 也是一个正定对角矩阵,用来调节推进器方位角变化量占总优化目标的权重。

推力分配数学模型除了需要满足力的平衡方程,还需要考虑推进器推力与方位角的工作范围以及变化范围等推进器本身性能的限制,具体可表示为

$$\begin{cases} \text{s.t. } \tau = K(\alpha)F_t + S \\ F_{tmin} \leqslant F_t \leqslant F_{tmax} \\ \Delta F_{tmin} \leqslant F_t - F_{t0} \leqslant \Delta F_{tmax} \\ \alpha_{min} \leqslant \alpha \leqslant \alpha_{max} \\ \Delta\alpha_{min} \leqslant \alpha - \alpha_0 \leqslant \Delta\alpha_{max} \end{cases} \quad (2.154)$$

式中：α、F_t 代表当前时刻的方位角与推力大小；F_{tmin}、F_{tmax}、α_{min}、α_{max} 表示推进器推力及方位角的最小、最大范围。对于涵道推进器、螺旋桨等推进器，其方位角是固定不变的，但是对于全回转推进器来说，其方位角可以在 0°～360°任意变化；α_0, F_{t0} 代表推进器当前时刻的方位角与推力大小；ΔF_{tmin}、ΔF_{tmax}、$\Delta\alpha_{min}$、$\Delta\alpha_{max}$ 表示推进器推力及方位角的最小、最大变化范围。该限制的实际意义在于，推进器的变化幅度不能超出推进器本身的性能。

经过限制后的推进器变化范围如图 2.35 所示，图中的灰色区域代表当前时刻、推进器推力及其方位角的变化范围。

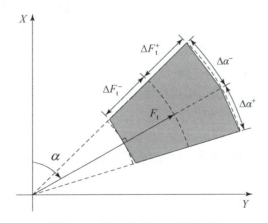

图 2.35 推力及方位角变化范围

2）求解方法

目前，有许多求解方法能够有效地求解推力分配问题，根据选用数学模型，可将推力分配算法分为线性分配和非线性分配两大类。

线性分配是指控制指令与推进器输入之间存在着线性的映射关系，不随时间、状态和输入的变化而变化。采用线性分配模型，可以避免复杂的非线性最优化求解，从而简化推力分配的计算难度。根据约束条件，线性分配又可分为无约束线性分配与有约束线性分配。

伪逆法是常见的无约束线性分配方法之一，采用该算法求解的推力分配问题通常不考虑推进器约束（如推进器饱和、推力方位角变化率等）的影响，且通常选用二次目标函数。伪逆法具有结构简单、计算速度快的特点,但同时由于模型中未考虑约束条件,在某些情况下其计算获得的结果往往会超出推进器的物理限制,需要考虑推进器饱和后的二次处理。

有约束线性分配仍然选用线性的分配模型,但分配过程中考虑了推进器约束的影响,二次规划算法就是最典型的有约束线性分配算法。二次规划算法的优化目标为寻优变量的 2 范数,通常可用有效集法或内点法求解。有效集法可将上一控制周期的最优解作为下一次优化的起点,该方法通常可以在一定程度上降低优化的迭代次数;内点法通常需要将可行域的中心点作为优化的起点,需要一定数量的迭代次数。二次规划算法受初值的影响较大,无法保证在有限的迭代次数内搜索到最优解,因此在计算实时性要求的前提下,使用二次规划也需要接受次优解。

对于推力分配问题而言,其分配模型通常情况下是非线性的,且具有二次目标函数和非凸约束集,此时为了达到期望的控制性能需要选用非线性推力分配算法。序列二次规划(Sequential Quadratic Programming,SQP)算法是目前在推力分配计算领域应用最广的非线性推力分配算法,其做法是将目标函数在工作点进行泰勒展开,引入辅助变量将非线性规划转化为线性约束的二次规划问题。该算法在每个控制周期仅做一次线性或二次的近似,当控制输入在两个控制周期间需要大范围变化时,很难满足期望的精度,且该算法优化时间较长,非凸的目标函数或约束条件也会使算法在计算过程中陷入局部最优,在实际应用过程中需要对上述缺陷进行相应的处理。

随着人工智能以及计算机技术的不断发展,越来越多的群智能算法开始应用于推力分配领域。这类算法一般是通过对生物群体觅食过程的模拟演化而来的,常见的有蚁群算法、粒子群算法、人工鱼群算法等。这类群智能算法不依赖于问题的特征函数和解的形式,适用于大多数优化问题。但是群智能算法带有很强的随机性,对于同一组控制指令,推进器输出往往是不同的,且算法的寻优精度与迭代次数有着很大的关系,在实际应用过程中需要充分考虑实时性的影响。

3)推力分配的模式

对于配置了全回转推进器的船舶,根据动力定位系统的使用工况,衍生出了不同的推力分配模式,主要包括可变模式、固定角模式、偏置力模式等。

可变模式是指系统能够自动改变全回转的方位角,使推力始终作用于最佳方向。该模式一般用于船舶所受的环境力较大且不经常改变方向的情况。为了减小连续改变角度而给全回转造成的磨损,需要对全回转的方位角的变化幅度进行限制。

固定角模式是指全回转推进器固定在某一方位角进行工作。该模式一般可分为手动固定角与环境固定角。在手动固定角模式下,用户可以自由地设定全回转推进器/舵的方位角;环境固定角则是系统根据外界环境力的方向,自动地对推进器方位角做出相应的调整。

偏置力模式适用于外界环境力较小且经常改变方向时。在该模式下,系统会自动地为对称布置的全回转推进器施加一对偏置力,使其工作在一个稳定的转速以及方位角,能够有效地避免全回转推进器的频繁转动。

2.3 潜艇操纵控制理论和方法

2.3.1 潜艇操纵性基本原理

1. 潜艇操纵运动概述

潜艇的水下运动一般可视为刚体在流体中的空间运动,由于刚体空间六自由度运动的复杂性,考虑潜艇在水下运动受控参数主要是航向、深度和纵倾等,因此可将潜艇的水下运动简化成水平面和垂直面两个平面的运动,这样就可以通过力学关系方便地建立潜艇的水平面、垂直面运动方程。简化潜艇运动的数学模型,以便更好地阐述潜艇运动的基本特征与操纵原理。

潜艇操纵控制是通过控制操纵装置保持或改变航速、航向、姿态和深度等运动状态,其操纵装置一般包括"车"(螺旋桨主机)、"舵"(方向舵、艏舵或围壳舵、艉舵)、"水"(各种水舱,包括主压载水舱、浮力调整水舱和纵倾平衡水舱等)、"气"(高、中、低压气)。在这些操纵控制装置中,"车"控制航速;方向舵控制潜艇的水平面运动;艏舵(或围壳舵)、艉舵、"水""气"等控制潜艇的垂直面运动。

潜艇的水平面操纵运动主要是通过操纵方向舵实现潜艇的航向控制,与水面船舶的航向操纵类似,基本原理可参考上一节,这里不再赘述。本节主要针对潜艇垂直面操纵运动性能展开讨论。

潜艇垂直面运动参数主要包括深度和纵倾,对不同运动参数而言,其运动稳定性存在差异,因此研究潜艇运动稳定性需明确具体运动参数。运动稳定性是指潜艇在做定常运动时,受到弱扰动后能回到初始运动状态的能力。根据保持初始状态是否需要借助操纵控制装置,运动稳定性可分为自动稳定性和控制稳定性。潜艇某个运动参数如纵倾受到扰动后,能自行回到初始的定常运动状态,则具有自动稳定性,如果需要通过操纵控制(如操舵或改变静载)才能保持初始运动状态,则称为控制稳定性。自动稳定性也称为固有稳定性,是潜艇自身的属性。

根据受到扰动后的最终航迹保持其初始定常运动状态的特性,潜艇运动稳定性可分为直线稳定性、方向稳定性和航线稳定性几种情况,如图 2.36 所示。

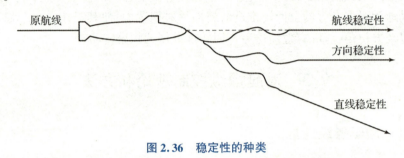

图 2.36 稳定性的种类

(1) 直线稳定性:受到扰动后潜艇沿另一方向做直线航行。
(2) 方向稳定性:受到扰动后潜艇仍沿原方向运动,但不与原航线重合。
(3) 航线稳定性:受到扰动后潜艇按原航线的延长线航行。

此外,还有定常回转运动的稳定性。

潜艇在水平面和水面船舶一样,只具有直线稳定性;而在垂直面则具有方向稳定性和直线稳定性。一般来说,潜艇要求具有良好的稳定性,否则要保持航向和深度必须频繁地操舵。这不仅对舵手或自动控制系统提出更高要求,且频繁操舵会带来增加航行阻力、舵装置磨损、影响潜艇隐身性等问题,但是如果稳定性过强,也给机动带来困难,因此稳定性的设计应该适度。

从物理学角度讨论系统运动稳定性,一般可能有三种情况。

(1) 当时间 $t \to \infty$,扰动运动 $\Delta x \to 0$,即运动恢复到初始状态,此时称运动是渐近稳定的。
(2) 当时间 $t \to \infty$,扰动运动 $\Delta x \to$ 常数或有界,运动是临界稳定的。
(3) 当时间 $t \to \infty$,扰动运动 $\Delta x \to \infty$,运动是不稳定的。

2. 潜艇垂直面的运动稳定性

讨论系统的运动稳定性,首先要建立扰动运动微分方程组。通常,由瞬时干扰引起的扰动运动,如雷、弹发射,误操舵等引起的潜艇扰动,称为自由扰动运动;由持续作用于潜艇、按一定规律变化的干扰力引起的扰动运动,如操一定舵角或变动一定静载等引起的扰动运动,称为强迫扰动运动。

潜艇垂直面运动参数包括垂向速度 w、纵倾角速度 q 和纵倾角 θ,操纵力来自艏舵(或围壳舵)δ_b 和艉舵 δ_s。建立的潜艇垂直面的扰动运动方程为

$$\begin{cases} (m - Z_{\dot{w}})\dot{w} - Z_{\dot{q}}\dot{q} - Z_w w - (mV + Z_q)q = Z_{\delta_s}\delta_s + Z_{\delta_b}\delta_b \\ (I - M_{\dot{q}})\dot{q} - M_{\dot{w}}\dot{w} - M_w w - M_q q - M_\theta \theta = M_{\delta_s}\delta_s + M_{\delta_b}\delta_b \end{cases} \quad (2.155)$$

式(2.155)无因次化后为

$$\begin{cases} (m' - Z'_{\dot{w}})\dot{w}' - Z'_{\dot{q}}\dot{q}' - Z'_w w' - (m' + Z'_q)q' = Z'_{\delta_s}\delta_s + Z'_{\delta_b}\delta_b \\ (I'_y - M'_{\dot{q}})\dot{q}' - M'_{\dot{w}}\dot{w}' - M'_w w' - M'_q q' - M'_\theta \theta = M'_{\delta_s}\delta_s + M'_{\delta_b}\delta_b \end{cases}$$

式(2.155)又称为强迫扰动运动方程,当令方程右端为0,则得到瞬时干扰作用下的自由扰动运动方程。强迫扰动运动方程研究潜艇对操纵的响应特性,即评价潜艇在垂直面的机动性能;自由扰动运动方程研究潜艇垂直面的自动稳定性。

一般来说,在采用线性系统理论讨论潜艇垂直面运动的稳定性时可以通过分析扰动运动方程组特征方程的根或采用古尔维茨(Goorwitz)稳定性判据进行。显然,当特征方程的根全部具有负实部时,运动是渐近稳定的。从潜艇深度是否具有自动稳定性看,只有深度是渐近稳定时,才是自动稳定的。当系统不具有渐近稳定性时,需要操舵才能保持深度,这属于控制稳定性。因此,在设计潜艇垂直面运动控制器时,要保证闭环系统特征方程的根全部具有负实部,以保证深度控制的渐近稳定性。

根据式(2.155)的无因次形式,消去纵倾角 θ 或攻角 $\alpha(w')$,写成单参数攻角 $\Delta\alpha(w')$ 或 $\Delta\theta$ 的扰动运动方程,式中略去增量符号 Δ:

$$\begin{cases} A_3\dddot{\alpha} + A_2\ddot{\alpha} + A_1\dot{\alpha} + A_0\alpha = 0 \\ A_3\dddot{\theta} + A_2\ddot{\theta} + A_1\dot{\theta} + A_0\theta = 0 \end{cases} \quad (2.156)$$

其中,

$$A_3 = (I'_y - M'_{\dot{q}})(m' - Z'_{\dot{w}}) - Z'_{\dot{q}} M'_{\dot{w}}$$
$$A_2 = -M'_q(m' - Z'_{\dot{w}}) - (I'_y - M'_{\dot{q}})Z'_w - M'_w Z'_{\dot{q}} - (m' + Z'_q)M'_{\dot{w}}$$
$$A_1 = M'_q Z'_w - M'_\theta(m' - Z'_{\dot{w}}) - M'_w(m' + Z'_q)$$
$$A_0 = M'_\theta Z'_w$$

显而易见,攻角、纵倾角的自由扰动运动方程式(2.156)是常系数三阶线性微分方程式,具有特征方程:

$$A_3\lambda^3 - A_2\lambda^2 - A_1\lambda - A_0 = 0 \quad (2.157)$$

特征方程式(2.157)的通解为

$$\begin{cases} \alpha(t) = C_1 e^{\lambda_1 t} + C_2 e^{\lambda_2 t} + C_3 e^{\lambda_3 t} \\ \theta(t) = D_1 e^{\lambda_1 t} + D_2 e^{\lambda_2 t} + D_3 e^{\lambda_3 t} \end{cases} \quad (2.158)$$

式中:C_i、$D_i(i=1,2,3)$ 为积分常数,由初始条件决定。

由式(2.158)可知,自由扰动运动 $\alpha(t)\theta(t)$ 的时间特性,取决于特征根

λ_i 的性质,三个特征根可能一个是负实数根,另外两个是一对具有负实部的共轭附属根,也可能是三个负实数根,此时系统是运动稳定的。当存在一个正实数根时,系统将发散,属于不稳定。因此,特征根实部的正负决定了运动是否自动稳定,而 λ_i 实部负值的大小决定了扰动运动衰减的快慢,特征根的形式(实数或复数)决定了扰动运动随时间变化的形式(周期性振荡或非周期运动)。

下面给出垂直面动稳定性衡准公式。

根据古尔维茨稳定性判据,攻角或纵倾角动稳定的充要条件是特征方程式(2.157)的系数满足

$$\begin{cases} A_3 > 0, A_2 > 0, A_1 > 0, A_0 > 0 \\ A_1 A_2 - A_0 A_3 > 0 \end{cases}$$

由于系数 M_q'、$M_{\dot w}'$、Z_w'、$Z_{\dot q}'$、M_θ' 都是负值,所以必然满足 $A_3, A_2, A_1, A_0 > 0$。于是,稳定与否归结为不等式 $A_1 A_2 - A_0 A_3 > 0$。将有关系数代入并整理可得直线自动稳定性判别式:

$$C_v + C_{vh} > 0 \tag{2.159}$$

其中:

$$\begin{cases} C_v = M_q' Z_w' - M_w'(m' + Z_q') \\ C_{vh} = \left[\dfrac{Z_w'(I_y' - M_{\dot q}')(m' - Z_{\dot w}')}{M_q'(m' - Z_{\dot w}') + (I_y' - M_{\dot q}') Z_w'} - (m' - Z_{\dot w}') \right] M_\theta' \end{cases}$$

通常把判别式(2.159)改写成

$$l_\alpha' < l_q' + k l_{FH}' \tag{2.160}$$

或

$$K_{vd} = \left(\dfrac{l_q'}{l_\alpha'} + k \dfrac{l_{FH}'}{l_\alpha'} \right) > 1 \tag{2.161}$$

式中:K_{vd} 为垂直面动稳定性系数;l_α' 为无因次水动力中心力臂 $l_\alpha' = -\dfrac{M_w'}{Z_w'}$;$l_q'$ 为无因次相对阻尼力臂,$l_q' = -\dfrac{M_q'}{m' + Z_q'}$;$l_{FH}'$ 为无因次扶正力矩相对力臂 $l_{FH}' = \dfrac{l_{FH}}{L} = \dfrac{M_\theta'}{Z_w'}$;$k$ 为常系数,$k = \dfrac{-Z_w'(I_y' - M_{\dot q}')(m' - Z_{\dot w}')}{(m' + Z_q')[M_q'(m' - Z_{\dot w}') + (I_y' - M_{\dot q}') Z_w']} + \dfrac{m' - Z_{\dot w}'}{m' + Z_q'}$。

根据潜艇操纵性原理可知,静扶正力矩以 $k l_{FH}'$ 形式和阻力力矩 l_q' 共同抵制倾覆力 l_α' 的作用,但扶正力矩的作用随航速增大而迅速降低,当 $k l_{FH}' = 0$ 时,式(2.158)仍要满足,即

$$K_{vd} = \dfrac{l_q'}{l_\alpha'} > 1 \tag{2.162}$$

式(2.162)表示潜艇在各航速下都是动稳定的,称为绝对稳定衡准公式。式中:l'_α 为攻角 α 引起的垂向水动力作用点 F 到潜艇重心 G 的距离,即倾覆力臂;l'_q 为 q 引起的垂向阻尼力的作用点 R 到艇重心的距离,即阻尼力臂,如图 2.37 所示,垂直面直线稳定性的绝对稳定条件就是倾覆力臂小于阻尼力臂。

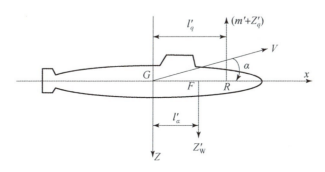

图 2.37　潜艇垂直面动稳定性作用力臂

C_v 可正可负,C_{vh} 括号[ ]中的前一项是正的,但后一项是负的,其代数和可正可负,同时 M'_θ 是负的,且与航速有关,因此,它们的乘积可正可负。所以 $C_v + C_{vh} > 0$ 并不是所有的潜艇在任何航速下都能满足的。如果 $C_v + C_{vh} > 0$,即 $l'_\alpha < l'_q + kl'_{FH}$,但不满足 $C_v > 0$,表示艇的直线自动稳定性随着航速增大而降低,至一定航速时会降低到不稳定,这时的稳定性称为条件稳定性。如果设计艇达不到绝对稳定性的要求,则至少要求在艇速范围内是条件稳定的,即不稳定的临界速度应大于艇的最大航速。

由于有纵倾扶正力矩的作用,当潜艇垂直面具有直线稳定性时,必然同时具有方向稳定性,但垂直面不具有深度的自动稳定性。

垂直面动稳定性是潜艇重要的操纵性能之一,对潜艇设计来说,应当满足动稳定性条件(2.159)。当垂直面稳定性不足时,可能发生操纵困难,而当垂直面稳定性过强时,可能会使潜艇对操舵的响应变慢,机动过程延长,在低速时尤其明显。此外,垂直面稳定性与航速相关,并涉及深度、纵倾运动状态的安全性,这一点与水平面有着根本的不同。

3. 潜艇水下定常回转运动稳定性

潜艇以角速度 r 做定常回转运动时,由于受到瞬时干扰使角速度发生变化,出现增量 Δr,在不操舵的情况下,如果 $t \to \infty$,$\Delta r \to 0$,则称该定常回转运动具有自动稳定性;否则,就不具有自动稳定性。

表征潜艇回转运动简化的非线性运动方程为

$$T_1T_2\ddot{r} + (T_1+T_2)\dot{r} + r + \alpha r^3 = K\delta + KT_3\dot{\delta} \qquad (2.163)$$

式中:α 为非线性项系数,可用自航船模螺线试验确定;其他参数可表示为

$$T_1T_2 = \left(\frac{L}{V}\right)^2 \frac{(I'_z - N'_r)(m' - Y'_v)}{C_H}$$

$$T_1 + T_2 = \left(\frac{L}{V}\right)^2 \frac{[-(I'_z - N'_r)Y'_v - N'_r(m' - Y'_v)]}{C_H}$$

$$T_3 = \left(\frac{L}{V}\right)\frac{(m' - Y'_v)N'_\delta}{Y'_\delta N'_v - Y'_v N'_\delta}$$

$$K = \left(\frac{L}{V}\right)\frac{Y'_\delta N'_v - Y'_v N'_\delta}{C_H}$$

$$C_H = N'_r Y'_v + N'_v(m' - Y'_r)$$

当 $\ddot{r} = \dot{r} = \dot{\delta} = 0$ 时,潜艇进入定常回转运动,则

$$r + \alpha r^3 = K\delta \qquad (2.164)$$

当角速度受到干扰,有增量 $\Delta r \to 0$ 时,则式(2.163)变为

$$T_1T_2(\ddot{r} + \Delta\ddot{r}) + (T_1+T_2)(\dot{r} + \Delta\dot{r}) + (r + \Delta r) + \alpha(r + \Delta r)^3 = K\delta + KT_3\dot{\delta} \qquad (2.165)$$

将式(2.165)减去式(2.163),并略去高阶项,得到角速度的自由扰动运动方程为

$$T_1T_2\Delta\ddot{r} + (T_1+T_2)\Delta\dot{r} + (1+3\alpha r^2)\Delta r = 0 \qquad (2.166)$$

根据稳定性判据可得到回转运动稳定的充要条件为

$$C'_H = C_H(1 + 3\alpha r^2) > 0 \qquad (2.167)$$

式中:C'_H 为回转稳定性衡准;C_H 为水平面直线运动稳定性衡准。显然,当回转速度 $r = 0$ 时,$C'_H = C_H$。

由此可见,对潜艇的定常回转运动($r \neq 0$),存在以下两种情况。

(1)当 $C_H > 0$,潜艇具有直线运动稳定性,由于该艇实际具有 $\alpha > 0$,根据式(2.167)可知,对于任何定常回转角速度 r,都有 $C'_H > C_H > 0$,具有定常回转运动的自动稳定性,可见艇的水平面回转运动比直线运动更稳定。

(2)当 $C_H < 0$,潜艇不具有直线稳定性时,这种艇实际具有 $\alpha < 0$,根据式(2.167),当 $|r| > 1/\sqrt{3|\alpha|}$ 时,有 $C'_H > 0$,定常回转运动是稳定的。

从以上分析可知,具有直线稳定性的潜艇,必然同时具有定常回转运动的稳定性。对于不具有直线稳定性的潜艇,将有一个临界回转角速度 $|r_{cr}| = 1/\sqrt{3|\alpha|}$,当 $|r| < |r_{cr}|$ 时,定常回转运动是不稳定的;当 $|r| > |r_{cr}|$ 时,定常回转运动是稳定的。由式(2.164)可以计算对应于 r_{cr} 的舵角,称为临界舵角 δ_{cr}。

对于不具有直线稳定性的潜艇,临界角速度和临界舵角是表征回转稳定性的重要参数,与航向操纵能力密切相关。

由于潜艇空间运动的稳定性略大于平面运动的稳定性,因此根据平面运动设计的操纵面,可以保证潜艇的空间运动。

4. 潜艇垂直面的深度机动性

潜艇垂直面运动也就是深度的改变和保持能力,称为深度机动性,主要是指潜艇对升降舵和静载的操纵响应特性。

在分析垂直面的深度机动性时,潜艇升降舵和静载的操纵变化作为作用于潜艇的强迫干扰力一般采用如下简化形式。

(1)突变规律,即阶跃操舵;
(2)线性规律;
(3)正弦规律。

下面以常用的操舵方式为例,分析潜艇垂直面的运动响应特点。

1)阶跃操舵强迫运动响应

对潜艇垂直面的机动性来说,主要关心过渡时间 t_s 和最大超调量 M_p 两个参数。过渡时间 t_s 是指运动响应达到稳态值的95%~98%时所需的时间,过渡时间短,表示潜艇对操纵的反应快。超调量 M_p 是响应值超过稳态值的最大值,通常采用最大过调量表示,其大小反映了潜艇动稳定的程度。

不同航速下阶跃操舵时的纵倾角 θ、深度 ζ 的时间特性曲线如图2.38所示。航速越高时,单位阶跃操舵产生的机动幅度越大,达到最终稳态的时间经历也越长。

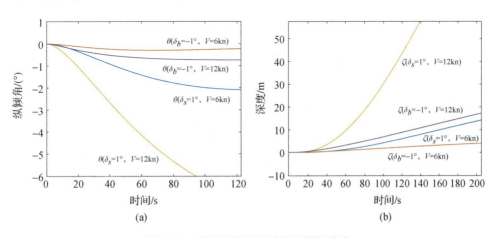

图2.38 潜艇垂直面运动阶跃操舵响应

2)梯形操舵运动响应

研究垂直面机动性,典型确定性操纵常用梯形操舵方式。

潜艇做无纵倾等速定深直航时,仅操艉舵下潜舵角(遵从线性规律),潜艇形成艏纵倾下潜,到达一定的纵倾角和深度后再回舵,艉舵回到初始舵角0°,纵倾逐渐归0,潜艇进入另一个深度做无纵倾直航。这种操舵方式为梯形操舵,即

$$\delta(t) = \begin{cases} \dot{\delta}_t, & t \leqslant t_1 \\ \delta_0, & t_1 < t \leqslant t_2 \\ \delta_0 - \dot{\delta}(t-t_2), & t_2 < t \leqslant t_3 \end{cases} \quad (2.168)$$

式中:$\dot{\delta} = \delta_0/t_0$ 为均匀转舵速度(°/s),一般取 3~5°/s,δ_0、t_0 分别为指令舵角和指令时间。

图 2.39 所示为潜艇对梯形操舵的运动响应,图中,梯形操舵运动响应的主要特征参数有 t_e、θ_{ov} 和 ζ_{ov}。

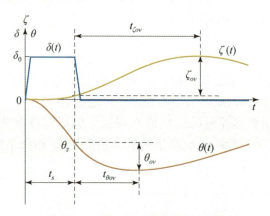

图 2.39 潜艇垂直面梯形操舵响应

(1)执行时间 t_e。从转舵开始到纵倾角达到目标纵倾 θ_z 所经历的时间 t_e,称为执行时间。在变深机动时,通常根据所要求变深快慢和海区深度、安全性要求等要素,给定变深要求的纵倾角,即指令纵倾角 θ_z,操纵要求一般为 3°~7°。当潜艇纵倾角达到指令值 θ_z 时,立即回舵,此时对应的时间为 t_e。t_e 表示了潜艇纵倾对于操纵艉舵的响应快慢,对潜艇机动性来说,要求 t_e 小,这样垂直面机动响应快。

(2)超越纵倾角 θ_{ov} 和超越深度 ζ_{ov}。θ_{ov} 和 ζ_{ov} 分别为反向操舵后,纵倾角和深度继续增大的幅度。影响超越纵倾角大小的主要因素如下:

①潜艇的稳定性程度。潜艇的动稳定性好,则 θ_{ov} 小。

②升降舵的舵效。舵效高、舵角大,则 θ_{ov} 大。
③航速。航速提高使 θ_{ov} 增大。

超越深度和超越纵倾角存在依存关系,$\zeta(t)$ 的变化滞后于 $\theta(t)$,且 $\zeta(t)$ 在数值上正比于 $\theta(t)$ 曲线和时间轴 t 之间所围的面积。ζ_{ov} 和 θ_{ov} 具有类似的规律,即使 θ_{ov} 不太大,但持续的时间长也会导致比较大的深度超越。因此,对于深度操纵,操舵量和回舵时机的使用不仅要考虑深度变化,还要考虑纵倾的变化情况。

2.3.2 潜艇操舵控制方法

在水下航行的潜艇,其运动特性本质上是一种六自由度运动,但由于航速相对较低,自身惯性大,体现出了与飞机、导弹等运载器不同的运动特性。例如,从总体设计角度考虑,潜艇在水下航行时的重心在浮心之下,横倾扶正力矩较大,故一般不对横倾进行额外的控制;又如,水下航行时的浮心在重心之上,故均衡良好的潜艇,在直航过程中,在纵倾扶正力矩的作用下将会自动回复为零纵倾状态。

在潜艇设计中,水下状态应使艇的重量与浮力保持平衡,即处于中性漂浮状态,这一特点类似于早年的飞艇而不是飞机。潜艇主要的水动力是当潜艇处于一定姿态航行时,由艇体本身提供的,而低阻力的短粗流线形艇体的水动力性能是不稳定的,因此潜艇必须配置稳定翼面和舵叶,以保证垂直面具有直线自动稳定性。而要改变潜艇的运动状态,也主要是依靠翼面较小的艏艉水平舵来控制其运动。因此,均衡良好的潜艇,其水下航向运动控制是通过实际航向、转艏速率、垂直舵角、指令航向等信号的解算而获得指令垂直舵角来驱动垂直舵动作而实现的;与此类似,深度和纵倾的运动控制通常是利用垂速、纵倾变化率、纵倾角、深度、艏艉水平舵角的解算而获得指令艏水平舵角和艉水平舵角,进而驱动艏艉水平舵动作而实现的。通常将采用自动控制理论,操纵舵叶运动,实现潜艇航向、深度和纵倾运动控制的控制模式称为自动操舵控制。

潜艇自动操舵控制理论是自动控制理论在潜艇操纵控制领域的具体应用,随着自动控制理论的发展,自动操舵控制理论也经历了基于经典控制理论的 PID 自动控制、基于现代线性控制理论的线性二次高斯问题的最优 (Linear Quadratic Gaussian, LQG) 控制、滑模控制、鲁棒控制和智能控制等的发展。目前,成熟应用于潜艇操纵控制系统中的主要有 PID 自动操舵控制和 LQG 控制理论,如俄罗斯"基洛"级潜艇的自动操舵算法采用的是 PID 控制算法,法国"梭鱼"级潜艇采用的算法为 LQG 控制算法,英国"机敏"级潜艇的垂直面运动控制为 LQG 算法,水平面航向运动控制采用的是自校正自适应控制算法。

1. 潜艇操舵 LQG 控制原理

潜艇自动操舵 LQG 控制算法的设计采用基于现代线性控制理论的线性二次最优控制器设计方法,目前大型潜艇运动方程线性和非线性水动力模型可通过经验公式估算、拘束模试验、CFD 数值仿真、参数辨识等途径获得,线性水动力模型还可通过直接对非线性水动力方程线性化得到。

1)潜艇操纵控制数学模型线性化

为进行控制器的设计,将潜艇六自由度非线性运动方程进行线性化。线性化过程如下。

把潜艇六自由度运动方程右边的所有加速度项都移到等式的左边,其他项移到等号的右边,并分别记各等式的右边为 f'_1、f'_2、f'_3、f'_4、f'_5、f'_6,可得

$$\begin{cases} \left(m - \dfrac{\rho}{2}L^3 X'_{\dot{u}}\right)\dot{u} = f'_1 \\ \left(m - \dfrac{\rho}{2}L^3 Y'_{\dot{v}}\right)\dot{v} - \dfrac{\rho}{2}L^4 Y'_{\dot{r}}\dot{r} - \dfrac{\rho}{2}L^4 Y'_{\dot{p}}\dot{p} = f'_2 \\ \left(m - \dfrac{\rho}{2}L^3 Z'_{\dot{w}}\right)\dot{w} - \dfrac{\rho}{2}L^4 Z'_{\dot{q}}\dot{q} = f'_3 \\ \left(I_x - \dfrac{\rho}{2}L^5 K'_{\dot{p}}\right)\dot{p} - \dfrac{\rho}{2}L^5 K'_{\dot{r}}\dot{r} - \dfrac{\rho}{2}L^4 K'_{\dot{v}}\dot{v} = f'_4 \\ \left(I_y - \dfrac{\rho}{2}L^5 M'_{\dot{q}}\right)\dot{q} - \dfrac{\rho}{2}L^4 M'_{\dot{w}}\dot{w} = f'_5 \\ \left(I_z - \dfrac{\rho}{2}L^5 N'_{\dot{r}}\right)\dot{r} - \dfrac{\rho}{2}L^5 N'_{\dot{p}}\dot{p} - \dfrac{\rho}{2}L^4 N'_{\dot{v}}\dot{v} = f'_6 \end{cases} \quad (2.169)$$

把 $\dot{u}$、$\dot{v}$、$\dot{w}$、$\dot{p}$、$\dot{q}$、$\dot{r}$ 当作未知量,解上述方程组可得

$$\begin{cases} \dot{u} = F_1 \\ \dot{v} = F_2 \\ \dot{w} = F_3 \\ \dot{p} = F_4 \\ \dot{q} = F_5 \\ \dot{r} = F_6 \end{cases} \quad (2.170)$$

式中:$F_1 \sim F_6$ 是关于 u、v、w、p、q、r、φ、ψ、ρ、m、L 和潜艇水动力系数的多项式。

为建立基于二次最优方法的控制律,首先必须采用线性化的潜艇状态空间

运动方程,线性化是在常值纵向速度分量和不存在外界干扰时,在坐标零点的邻域内进行的。

为建立线性模型,联立方程(2.170)和运动关系式(2.2),将它们的形式表示为

$$\dot{x} = F(x,\delta) \tag{2.171}$$

式中:$x = [u,v,w,p,q,r,\varphi,\theta,\psi,\xi,\eta,\zeta]^T$;$\delta = [\delta_r,\delta_b,\delta_s]^T$。

函数 F 的所有 n 个分量在其自变量范围内都是连续可微的。

利用泰勒公式展开式(2.171),忽略高阶项后,可得特定航速下的线性化状态空间形式的潜艇运动方程:

$$\dot{x}_{12\times 1} = A_{12\times 12} x_{12\times 1} + B_{12\times 3} \delta_{3\times 1} \tag{2.172}$$

式中:$A = \left(\dfrac{\partial F}{\partial x}\right)\bigg|_{u=u_0}$;$B = \left(\dfrac{\partial F}{\partial \delta}\right)\bigg|_{u=u_0}$。

在不同的航速下线性化后,潜艇线性状态空间方程可表示为

$$\dot{x}_{12\times 1} = A_{12\times 12}(V) x_{12\times 1} + B_{12\times 3}(V) \delta_{3\times 1} \tag{2.173}$$

式中:$A(V)$、$B(V)$ 是与航速有关的多项式矩阵。

与垂直面运动相关的状态变量主要包括垂向速度(w)、纵倾角速度(q)、纵倾(θ)、深度(ζ),因此可简化得到垂直面线性运动方程为

$$\begin{bmatrix} \dot{w} \\ \dot{q} \\ \dot{\theta} \\ \dot{\zeta} \end{bmatrix} = \begin{bmatrix} A_{v11} & A_{v12} & A_{v13} & 0 \\ A_{v21} & A_{v22} & A_{v23} & 0 \\ 0 & A_{v32} & 0 & 0 \\ A_{v41} & 0 & A_{v43} & 0 \end{bmatrix} \begin{bmatrix} w \\ q \\ \theta \\ \zeta \end{bmatrix} + \begin{bmatrix} B_{v11} & B_{v12} \\ B_{v21} & B_{v22} \\ 0 & 0 \\ 0 & 0 \end{bmatrix} \begin{bmatrix} \delta_b \\ \delta_s \end{bmatrix} \tag{2.174}$$

与水平面运动相关的状态变量主要包括横向速度(v)、偏航角速度(r)、航向角(ψ),同理由式(2.173)可简化得到水平面线性运动方程为

$$\begin{bmatrix} \dot{v} \\ \dot{r} \\ \dot{\psi} \end{bmatrix} = \begin{bmatrix} A_{11} & A_{12} & 0 \\ A_{21} & A_{22} & 0 \\ 0 & A_{32} & 0 \end{bmatrix} \begin{bmatrix} v \\ r \\ \psi \end{bmatrix} + \begin{bmatrix} B_1 \\ B_2 \\ 0 \end{bmatrix} \delta_r \tag{2.175}$$

基于计算流体动力学(Computational Fluid Dynamics,CFD)的线性水动力导数的估算方法,可利用流体仿真软件对式(2.174)、式(2.175)中涉及的线性水动力系数 Y_v、Y_r、Y_{δ_r}、N_v、N_r、N_{δ_r}、Z_w、Z_q、Z_{δ_s}、Z_{δ_b}、M_w、M_q、M_{δ_s}、M_{δ_b} 等进行计算,在此基础上结合 I_y、I_z 等估算值,形成水平面、垂直面线性运动方程。

2)潜艇运动 LQG 控制律设计

潜艇水下航行所处的随机环境中,既有对象噪声又有测量噪声,这就构成了一个标准的 LQG 问题。LQG 问题的解决可采用分离原理,将二次最优调节

器设计和卡尔曼滤波器的设计分开独立进行。

二次最优调节器问题可表述如下：

对于一个线性时不变(Linear Time – Invariant, LTI)系统，有

$$\dot{x} = Ax + Bu \tag{2.176}$$

寻找状态反馈控制增益矩阵，有

$$u = -Kx \tag{2.177}$$

使得性能指标

$$J = \int_0^\infty (x^\mathrm{T} Q x + u^\mathrm{T} R u) \mathrm{d}t \tag{2.178}$$

达到最小，其中，Q 为半正定实对角阵，R 为正定对角阵。

基于式(2.178)设计的二次最优控制律相当于比例微分控制，为了消除静态误差，需引入积分反馈进行控制。因此，可增设相应状态与指令的偏差积分信号作为系统的一种状态，由此即可消除静态误差，故引入如下状态：

$$\varepsilon = \int (\psi - \psi_z) \mathrm{d}t \tag{2.179}$$

根据操纵性性能指标的要求选取参数 Q 和 R 后，解黎卡提方程：

$$A^\mathrm{T} P + PA - PBR^{-1} B^\mathrm{T} P + Q = 0 \tag{2.180}$$

得状态反馈增益矩阵 $K = -R^{-1} B^\mathrm{T} P$，其中 $K = [k_1 \quad k_2 \quad k_3 \quad k_4]$，航向控制器可表示为

$$u = \delta r_z = -(k_1 v + k_2 r + k_3 (\psi - \psi_z)) \tag{2.181}$$

式中：δr_z 表示等效方向舵指令。

加权矩阵 R、Q 的选取原则为：如果想提高控制的快速响应特性，则可增大 Q 中相应元素的比重，如果想有效抑制控制量的幅值及其引起的能量消耗，则可提高 R 中相应元素的比重，Q 和 R 的选择相互制约，通过合理选择 Q、R 实现潜艇在快速性能和低噪性能之间的平衡。

式(2.181)的航向控制律本质上是一种 PD 控制律，为消除式(2.179)所示静态误差，可依照式(2.61)设计方法，引入积分常数为

$$k_4 = \frac{k_3}{20 k_2} \tag{2.182}$$

并采用积分分离方法，则航向控制器进一步修订为

$$u = \delta r_z = \begin{cases} -(k_1 v + k_2 r + k_3 (\psi - \psi_z)), & |\psi - \psi_z| > \varepsilon_{\mathrm{th}} \\ -(k_1 v + k_2 r + k_3 (\psi - \psi_z) + k_4 \int (\psi - \psi_z) \mathrm{d}t), & |\psi - \psi_z| \leq \varepsilon_{\mathrm{th}} \end{cases}$$

$$\tag{2.183}$$

为了便于垂直面控制器设计，式(2.174)表示为

$$\begin{bmatrix} \dot{w} \\ \dot{q} \\ \dot{\theta} \\ \dot{\zeta} \end{bmatrix} = \begin{bmatrix} A_{v11} & A_{v12} & A_{v13} & 0 \\ A_{v21} & A_{v22} & A_{v23} & 0 \\ 0 & A_{v32} & 0 & 0 \\ A_{v41} & 0 & A_{v43} & 0 \end{bmatrix} \begin{bmatrix} w \\ q \\ \theta \\ \zeta \end{bmatrix} + \begin{bmatrix} Bv_{11} & Bv_{12} \\ Bv_{21} & Bv_{22} \\ 0 & 0 \\ 0 & 0 \end{bmatrix} \begin{bmatrix} \delta_{\mathrm{s}} \\ \delta_{\mathrm{b}} \end{bmatrix} \quad (2.184)$$

在潜艇垂直面运动控制律的设计中,往往采用分离设计思想,即围壳舵-深度控制律和艉升降舵-纵倾控制律设计。

据此,可从式(2.184)中分离出与纵倾控制密切相关的状态及参数,优先设计艉升降舵-纵倾控制律。因此,由式(2.184)可得

$$\begin{bmatrix} \dot{w} \\ \dot{q} \\ \dot{\theta} \end{bmatrix} = \underbrace{\begin{bmatrix} A_{v11} & A_{v12} & A_{v13} \\ A_{v21} & A_{v22} & A_{v23} \\ 0 & A_{v32} & 0 \end{bmatrix}}_{\boldsymbol{A}_t} \begin{bmatrix} w \\ q \\ \theta \end{bmatrix} + \underbrace{\begin{bmatrix} B_{v11} \\ B_{v21} \\ 0 \end{bmatrix}}_{\boldsymbol{B}_t} \delta_{\mathrm{s}} \quad (2.185)$$

根据操纵性性能指标的要求选取参数 $\boldsymbol{Q}$ 和 $\boldsymbol{R}$ 后,解黎卡提方程:

$$\boldsymbol{A}_t^{\mathrm{T}} \boldsymbol{P} + \boldsymbol{P} \boldsymbol{A}_t - \boldsymbol{P} \boldsymbol{B}_t \boldsymbol{R}^{-1} \boldsymbol{B}_t^{\mathrm{T}} \boldsymbol{P} + \boldsymbol{Q} = 0 \quad (2.186)$$

得状态反馈增益矩阵 $\boldsymbol{M}_N = -\boldsymbol{R}^{-1} \boldsymbol{B}_t^{\mathrm{T}} \boldsymbol{P}$。则艉升降舵-纵倾线性二次型调节器 (Linear Quadratic Regulator, LQR) 控制律可表示为

$$\delta_{\mathrm{b}_z} = -(M_1 w + M_2 q + M_3 \theta) \quad (2.187)$$

由式(2.184)中深度变化率可知

$$w = \dot{\zeta} + u\theta \quad (2.188)$$

将式(2.188)代入式(2.187)可得

$$\delta_{\mathrm{s}_z} = -(M_1 \dot{\zeta} + M_2 q + (M_1 u + M_3)\theta) \quad (2.189)$$

由此可知,所设计的控制律本质上仍为 PD 控制律,为消除静态误差,与航向控制相仿,需在控制律中引入积分环节。所设计的控制律即为

$$\delta_{\mathrm{s}_z} = -\left(M_1 w + M_2 q + M_3 (\theta - \theta_z) + M_4 \int (\theta - \theta_z) \mathrm{d}t\right) \quad (2.190)$$

式中:$M_1 \sim M_4$ 为与航速相关的控制器参数;δ_{s_z} 为等升降舵指令。在潜艇垂直面运动控制中,一般指令纵倾 $\theta_z = 0°$。

将式(2.187)代入式(2.184),则可得深度控制律设计所需状态方程为

$$\begin{bmatrix} \dot{w} \\ \dot{q} \\ \dot{\theta} \\ \dot{\zeta} \end{bmatrix} = \begin{bmatrix} A_{v11} - B_{v11} M_1 & A_{v12} - B_{v11} M_2 & A_{v13} - B_{v11} M_3 & 0 \\ A_{v21} - B_{v21} M_1 & A_{v22} - B_{v21} M_2 & A_{v23} - B_{v21} M_3 & 0 \\ 0 & A_{v32} & 0 & 0 \\ A_{v41} & 0 & A_{v43} & 0 \end{bmatrix} \begin{bmatrix} w \\ q \\ \theta \\ \zeta \end{bmatrix} + \begin{bmatrix} Bv_{12} \\ Bv_{22} \\ 0 \\ 0 \end{bmatrix} \delta_{\mathrm{b}}$$

$$(2.191)$$

与艉升降舵—纵倾控制律设计过程相仿,设置适当的 $\boldsymbol{Q}$ 和 $\boldsymbol{R}$ 矩阵,可得围

壳舵—深度 LQR 控制律形式为

$$\delta_{b_z} = -(N_1 w + N_2 q + N_3 \theta + N_4 \zeta) \tag{2.192}$$

将式(2.188)代入式(2.192),可得

$$\delta_{b_z} = -(N_1 \dot{\zeta} + N_4 \zeta + N_2 q + (N_3 + N_1 u)\theta) \tag{2.193}$$

由此可知,所设计的围壳舵-深度控制律仍为 PD 控制律,为消除静态误差,需引入积分环节,并采用分离积分原则,则所设计的控制律可修正为

$$\delta_{b_z} = \begin{cases} -(N_1 w + N_2 q + N_3 (\theta - \theta_z) + N_4 (\zeta - \zeta_z), & |\zeta - \zeta_z| > \varepsilon_{th} \\ -(N_1 w + N_2 q + N_3 (\theta - \theta_z) + N_4 (\zeta - \zeta_z) + N_5 \int (\zeta - \zeta_z) \mathrm{d}t \\ + N_6 \int (\theta - \theta_z) \mathrm{d}t), & |\zeta - \zeta_z| \leq \varepsilon_{th} \end{cases} \tag{2.194}$$

式中:$N_1 \sim N_6$ 表示与航速相关的控制器参数;δ_{b_z} 表示舵舵指令;ε_{th} 为深度控制律切换阈值,一般可取 2。

$$N_5 = \frac{N_4}{20 N_1}, N_6 = \frac{N_3 + N_1 u}{20 N_2} \tag{2.195}$$

3) 潜艇运动渐近状态观测器设计

在二次最优调节器的设计过程中,假设所有状态变量都可以精确测量,但在实际环境中由于测量手段的限制和测量噪声的存在,需要设计一个状态观测器来估计式(2.183)、式(2.189)、式(2.194)中所需的状态变量。

潜艇水平面运动状态观测器形式为

$$\dot{z} = A_{3 \times 3} z + B_{3 \times 1} \delta_r + G_{3 \times 1} (\psi - Cz) \tag{2.196}$$

式中:$z = [\tilde{v}, \tilde{r}, \tilde{\psi}]^T$ 分别表示 v、r、ψ 的估计值;$G = [g_1, g_2, g_3]^T$ 表示观测器增益。

潜艇垂直面运动状态观测器形式为

$$\dot{\hat{x}} = A\hat{x} + B\delta + H(y - C\hat{x}) \tag{2.197}$$

式中:$\hat{x}^T = [\hat{w} \quad \hat{q} \quad \hat{\theta} \quad \hat{\zeta}]$ 分别表示 w、q、θ、ζ 的估计值;$\delta = [u_1 \quad u_2]^T = [\delta_s \quad \delta_b]^T$ 是艉升降舵舵角和围壳舵(艏舵)舵角;$y = [\theta, \zeta]^T$;

$$A = \begin{bmatrix} A_{v11} & A_{v12} & A_{v13} & 0 \\ A_{v21} & A_{v22} & A_{v23} & 0 \\ 0 & A_{v32} & 0 & 0 \\ A_{v41} & 0 & A_{v43} & 0 \end{bmatrix}, B = \begin{bmatrix} Bv_{11} & Bv_{12} \\ Bv_{21} & Bv_{22} \\ 0 & 0 \\ 0 & 0 \end{bmatrix}, H = \begin{bmatrix} 0 & g_1 \\ g_2 & 0 \\ g_3 & 0 \\ 0 & g_4 \end{bmatrix}, C = \begin{bmatrix} 0 & 0 & 1 & 0 \\ 0 & 0 & 0 & 1 \end{bmatrix}。$$

可采用极点配置方法设计观测器中的增益矩阵 H。

4) 仿真验证

为验证 LQG 控制律的控制性能和控制品质,对某型潜艇的水下运动控制进行了数学仿真,该型潜艇的主尺度及水动力参数参阅参考文献[39]。

(1) 水平面航向自动控制仿真。仿真条件为:初始航速 12kn,初始深度 60m,指令深度 60m,初始航向角为 0°,指令航向角为 30°。

航向、方向舵角变化曲线如图 2.40、图 2.41 所示。

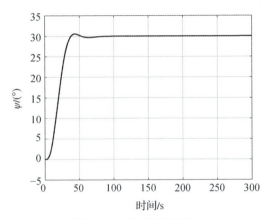

图 2.40 航向变化曲线

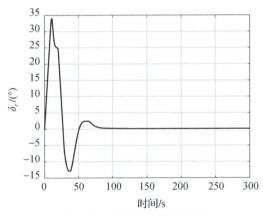

图 2.41 方向舵角变化曲线

由图 2.40 可知,基于 LQG 设计的航向自动控制律具有良好的动态特性,航向超调量仅为 0.6°(或 2%),航向无振荡,在航向控制过程中,最大舵角为 15°,满足潜艇操纵控制系统性能指标要求。图 2.40 和图 2.41 体现出所设计的航向控制律具有良好的控制性能和控制品质。

(2) 垂直面运动控制仿真。仿真条件为:初始航速 10kn,初始深度 60m,指令深度 30m,初始航向角为 30°,指令航向角为 30°;在深度稳定 3min 后,将指令深度变为 30m,进行二次变深控制。

深度、纵倾、围壳舵和艉升降舵舵角变化曲线如图 2.42~图 2.45 所示。

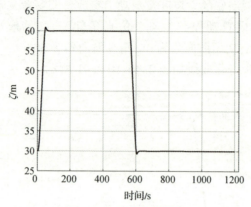

图 2.42　深度变化曲线

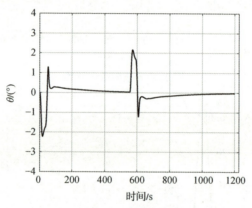

图 2.43　纵倾变化曲线

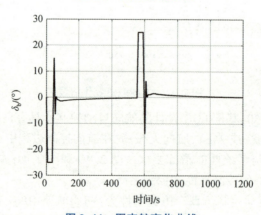

图 2.44　围壳舵变化曲线

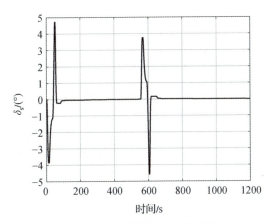

图 2.45　艉升降舵舵角变化曲线

2. 潜艇垂直面运动独立通道控制原理

1) 独立通道控制分析和设计原理

潜艇垂直面运动控制是典型的二输入二输出控制,属于典型的多输入多输出(Multiple Input Multiple Output,MIMO)控制,即在控制深度的同时,还需对纵倾进行控制,而经典控制理论仅仅能够处理单输入单输出(Single Input Single Output,SISO)控制,以往长期采用的潜艇垂直面运动 PID 控制就是采用围壳舵(艏舵)控制深度,而用艉升降舵控制纵倾,实现对潜艇垂直面运动的控制。

潜艇垂直面运动 PID 控制多采用齐格勒 - 尼克尔斯整定法、衰减曲线法等工程整定方法,按照工程经验公式对控制器参数进行整定。这种基于工程整定方法设计的潜艇垂直面运动控制方法均需要大量的试航试验完成调整和完善,给潜艇带来了大量的航行试验工作。为减少试航工作量,有必要基于系统数学模型,经过理论计算确定控制器的参数。基于此,多种基于经典控制理论的设计方法被开发用于潜艇垂直面运动控制。其中,独立通道分析和设计方法即为其中之一。

独立通道分析和设计(Individual Channel Analysis and Design,ICAD)是由奥雷利(O'Relly)和莱瑟德(Leithead)于 1991 年提出的多变量控制系统解耦控制思想[41-44],ICAD 是具有对角控制器的多变量控制系统的一种分析方法,其原理概述如下:

对于二维输入二维输出的潜艇深度控制系统,潜艇垂直面运动(深度、纵倾)和(围壳舵、艉舵)的输入/输出关系可描述为

$$\begin{pmatrix} \zeta \\ \theta \end{pmatrix} = \begin{pmatrix} g_{11}(s) & g_{12}(s) \\ g_{21}(s) & g_{22}(s) \end{pmatrix} \begin{pmatrix} \delta_b \\ \delta_s \end{pmatrix} \tag{2.198}$$

式中：$g_{ij}(i,j=1,2)$ 表示标量传递函数。

图 2.46 所示为潜艇垂直面独立通道控制的原理简图。

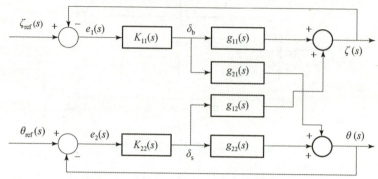

图 2.46　潜艇垂直面独立通道控制原理简图

图中，$\begin{cases} e_1(s) = \zeta_{ref}(s) - \zeta(s) \\ e_2(s) = \theta_{ref}(s) - \theta(s) \end{cases}$，则有对角形式的独立通道控制器如下：

$$\begin{pmatrix} \delta_b(s) \\ \delta_s(s) \end{pmatrix} = \begin{pmatrix} k_{11}(s) & 0 \\ 0 & k_{22}(s) \end{pmatrix} \begin{pmatrix} e_1(s) \\ e_2(s) \end{pmatrix} \tag{2.199}$$

潜艇垂直面独立通道控制系统等价于图 2.47 所示的控制系统。

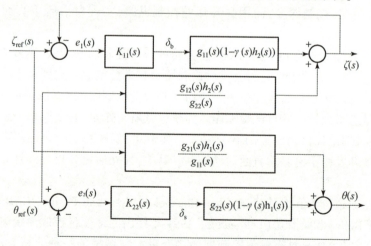

图 2.47　潜艇垂直面运动多变量控制系统的等价通道

由图 2.47 可以清楚地看出，各通道的开环输入/输出通道为

$$C_i(s) = k_{ii}(s) g_{ii}(s) [1 - \gamma(s) h_j(s)] \tag{2.200}$$

式中:$i,j=1,2$,且$i\neq j$,复值函数

$$\gamma(s) = \frac{g_{12}(s)g_{21}(s)}{g_{11}(s)g_{22}(s)} \tag{2.201}$$

为多变量结构函数(Multivariable Structural Function, MSF),其可以理解为两个通道间的耦合程度的度量。

函数$h_i(s)$为

$$h_i(s) = \frac{k_{ii}(s)g_{ii}(s)}{1+k_{ii}(s)g_{ii}(s)} \tag{2.202}$$

定义了控制器$k_{ii}(s)$在第j通道中的影响。

从式(2.198)~式(2.202),可知闭环系统的输出为

$$\begin{pmatrix} \zeta(s) \\ \theta(s) \end{pmatrix} = G_{cl}(s) \begin{pmatrix} \zeta_{ref}(s) \\ \theta_{ref}(s) \end{pmatrix} \tag{2.203}$$

式中:$G_{cl}(s)$为闭环矩阵传递函数,且有

$$G_{cl}(s) = (I+G(s)K(s))^{-1}G(s)K(s) \tag{2.204}$$

闭环系统还能够用相关的输入/输出来表示,因而有

$$\begin{cases} \zeta(s) = R_1(s)\zeta_{ref}(s) + P_1(s)Q_1(s)\theta_{ref}(s) \\ \theta(s) = R_2(s)\theta_{ref}(s) + P_2(s)Q_2(s)\zeta_{ref}(s) \end{cases} \tag{2.205}$$

其中,

$$R_i(s) = \frac{C_i(s)}{1+C_i(s)}, P_i(s) = \frac{1}{1+C_i(s)}, Q_i(s) = \frac{g_{ij}(s)h_j(s)}{g_{jj}(s)} \tag{2.206}$$

式(2.204)和式(2.205)描述的闭环系统有两个非常重要的优势:首先,利用零极点显式描述系统动态特性是可能的;其次,系统输入/输出关系可以用$R_i(s)$明显地给出,通道间的交叉耦合可以利用$P_i(s)Q_i(s)$进行合理的表述。因此,如果系统能够以式(2.200)的独立通道形式来加以描述,则经典控制理论就可用于控制器的设计。进而,可认为闭环系统的任一响应都是由一个通道的指令信号受另一通道指令信号的干扰而驱动的。因此,能够像定义SISO系统的性能指标一样设计控制器$k_{ii}(s)$以满足系统性能指标。其设计本质由开环系统的零极点决定。

多变量结构函数$\gamma(s)$显现了多变量反馈系统的关键动态特征,很明显,对于低交叉耦合程度的系统,其MSF在所有频率上的幅值均远远小于1,即可认为$C_i(s) = k_{ii}(s)g_{ii}(s)$。另外,多变量系统的结构可由多变量结构函数$\gamma(s)$决定。事实上,系统的开环矩阵传递函数$G(s)$的传输零点是$1-\gamma(s)$的零点(并

不是 $G(s)$ 的极点),如果系统没有右半平面极点(Right – Half Plane Point,RHPP),那么,系统的传输零点就是 $1-\gamma(s)$ 的零点。

一般而言,$g_{ij}(s)$ 的极点是已知的,而 $h_i(s)$ 的极点需作为控制器设计的一部分。另外,为了验证各个通道是否为非最小相位,必须对各通道的零点进行核查。

下面,不加证明地引入定理 2.1。

定理 2.1:闭环系统方程式(2.198)具有对角形式的控制器 $K(s) = \text{diag}[k_{11}(s) \quad k_{22}(s)]$,如果 k_{ii} 能够镇定化 $R_i(s)$,且指令输入 $r_i(s)$ 和 $r_j(s)$ 是有界的,则控制器 $k_{ii}(s)$ 也能够镇定化通道闭环输出 $y_i(s)(i,j=1,2,$ 且 $i \neq j)$。

ICAD 的另一个重要特点是,对于传递函数 $g_{ij}(s)$、$g_{ii}(s)$ 和 $h_i(s)$,并没有特定的特征被假定。控制器的设计和通道性能由通道的右半平面零点决定,该零点也是 $1-\gamma(s)h_i(s)$ 的零点。众所周知,右半平面零点对控制系统的性能和灵敏度有逆影响。因此,如果通道之一的带宽,如通道 2 的带宽高于通道 1 的带宽。那么,当高于一定频率范围(该频率范围包含通道 1 的重要动态特性)时,控制器 $k_{22}(s)$ 的增益将高于通道 1 的增益,即 $h_2(s)$ 在跨越通道 1 要求的带宽时接近为 1。因此,通道 1 的开环传递函数可简化为

$$C_1(s) = k_{11}(s)g_{11}(s)(1-\gamma(s)) \quad (2.207)$$

例如,在某型潜艇垂直面运动多变量解耦控制器的设计中,采用围壳舵 – 深度,艉舵 – 纵倾独立通道设计方案,以 6kn 航速为例,则有开环矩阵传递函数:

$$G(s) = \frac{1}{s^4 + 0.1024s^3 + 0.003192s^2 + 5.436e-005s}$$
$$\cdot \begin{pmatrix} -0.01912s^2 - 0.003295s - 4.768e-005 & s(0.0008641s + 2.507e-0061) \\ -0.01336s^2 + 0.001454s + 0.0001031 & s(-0.001169s - 4.406e-005) \end{pmatrix}$$
$$(2.208)$$

则

$$\gamma(s) = -0.51651 \frac{(s-0.1578)(s+0.04892)(s+0.002901)}{(s+0.1564)(s+0.03769)(s+0.01595)} \quad (2.209)$$

由此可知,当 $s \to \infty$ 时,$\gamma(s)$ 的幅值小于 1,即

$$(1 - \lim_{s \to \infty}\gamma(s)) > 0 \quad (2.210)$$

对于所有的频率值,$\gamma(s)$ 的奈奎斯特(Nyquist)图均在 (1,0) 点的左侧。由于 $\gamma(s)$ 并不包含右半平面极点(RHPP),且其奈奎斯特图并不包围 (1,0) 点,因此,$1-\gamma(s)$ 不包含右半平面零点(RHPZ)。所以,$h_i(s)$ 在高频段并不影响各个通道的结构,即 $\gamma(s)h_i(s)$ 围绕 (1,0) 点的次数与 $\gamma(s)$ 的次数一致。

对于潜艇垂直面运动控制系统而言,由式(2.206)可知,其传递函数 $g_{ii}(s)$ 是最小相位的,因此有

$$\gamma(s)h_i(s) = \frac{g_{ij}(s)g_{ji}(s)}{g_{ii}(s)g_{jj}(s)} \times \frac{k_{ii}(s)g_{ii}(s)}{1+k_{ii}(s)g_{ii}(s)} \tag{2.211}$$

没有 $\gamma(s)$ 的 RHPP 与 $h_i(s)$ 的 RHPZ 对消,即必定可以设计控制器 $k_{ii}(s)$ 使其镇定化 $g_{ii}(s)$。

在设计 $k_{11}(s)$ 和 $k_{22}(s)$ 时,可以使用 ICAD Matlab Toolbox 来简化控制过程。仍以上述某型潜艇为例,6kn 航速时的控制器为

$$\begin{cases} k_{11}(s) = -0.98 \dfrac{(s+0.32)(s+0.03)}{(s+0.76)(s+0.24)} \\ k_{22}(s) = -40 \dfrac{(s+0.34)(s+0.03)}{(s+0.05)(s+12)} \end{cases} \tag{2.212}$$

为了避免深度阶跃响应出现激烈变化,设计前置滤波器对指令深度进行前置滤波,前置滤波器为

$$G_R(s) = \frac{\omega_n^2}{s^2 + 2\xi\omega_n s + \omega_n^2} \tag{2.213}$$

式中:阻尼比为 $\xi=1$;ω_n 根据经验可设置为 $g_{11}(s)$ 的截止频率。

2) 仿真验证

为验证垂直面独立通道控制律的控制性能和控制品质,对某型潜艇的垂直面运动控制进行了半实物数学仿真。

仿真条件为:初始航速 16kn(前进四),初始深度 30m,初始指令深度 60m,深度稳定 3min 后重新设置指令深度为 30m。

深度、纵倾、围壳舵和艉舵变化曲线如图 2.48~图 2.51 所示。

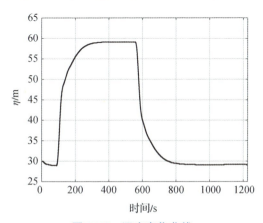

图 2.48 深度变化曲线

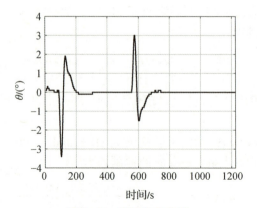

图 2.49　纵倾变化曲线

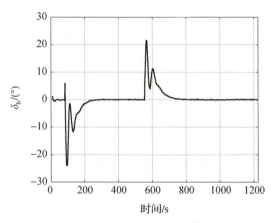

图 2.50　围壳舵变化曲线

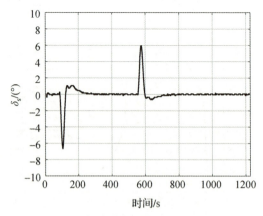

图 2.51　艉舵变化曲线

仿真结果表明,基于 ICAD 的潜艇垂直面运动多变量解耦控制算法,在保证控制性能指标的同时,具有打舵次数少、舵角变化平稳的特点,符合潜艇低噪声操纵控制的要求。

2.3.3 潜艇均衡控制方法

1. 概述

均衡是潜艇垂直面操纵的另一种重要手段,用来保证潜艇的装载满足重力浮力平衡条件,以保证潜艇垂直面的良好操纵性。

潜艇均衡工作通常可分为出海前备航时的预先均衡、出海时到指定海区的实际潜水均衡,以及海上航行过程中的补充均衡。本节介绍的均衡控制主要是指海上航行过程中的补充均衡。

潜艇在正常的定深航行时,由于鱼雷、水雷、导弹、食品淡水、高压气、蒸馏水等的消耗和代换,可弃固体载荷的变化,以及由于海水密度、温度的变化和潜水深度改变引起艇壳的压缩等,会造成在航行过程中产生浮力差和力矩差。然而,为了维持潜艇在水下处于良好的动平衡状态,保证水下航行安全,必须对潜艇的浮力差和力矩差及时进行补偿。

剩余浮力和剩余力矩的补偿作为潜艇的一种重要操纵手段,在现代潜艇上已实现自动控制,浮力调整水舱注排水操纵潜艇是利用剩余浮力操纵的实例,艏艉纵倾平衡水舱调水操纵潜艇是利用剩余力矩操纵的典型实例。现代潜艇的剩余浮力操纵和剩余力矩操纵统称为潜艇的均衡操纵。

现代潜艇的均衡操纵均基于潜艇操纵线性理论,其基本原理为:在潜艇有纵倾等速直线定深航行状态下,利用潜艇垂直面无因次力平衡和力矩平衡方程;通过纵倾角、围壳舵舵角和艉升降舵舵角,得到线性均衡公式,利用线性均衡公式的均值获得剩余浮力和剩余力矩的估计值,基于剩余浮力估计值进行浮力调整水舱的注排水操纵,基于剩余力矩估计值进行艏艉纵倾平衡水舱的调水操纵。

2. 潜艇线性均衡公式

潜艇在带纵倾做定深航行时,其平衡方程为

$$\begin{cases} Z'_w w' + Z'_{\delta_s}\delta_s + Z'_{\delta_b}\delta_b + Z'_0 + P' = 0 \\ M'_w w' + M'_{\delta_s}\delta_s + M'_{\delta_b}\delta_b + M'_0 + M'_p + M'_\theta \theta = 0 \end{cases} \quad (2.214)$$

式中:Z'_w 为无因次垂向力系数;M'_w 为无因次纵倾力矩系数;Z'_{δ_s}、Z'_{δ_b}、M'_{δ_s}、M'_{δ_b} 为对应围壳舵和艉升降舵舵角导数;M'_θ 为无因次扶正力矩系数;Z'_0 为无因次零升力;P' 为无因次剩余力;M'_0 为无因次零升力矩;M'_p 为无因次剩余力矩。

式(2.214)的物理含义是潜艇在水下航行时,对垂向运动受力分析的结果。这些力(力矩)主要包括:潜艇重力,浮力,航速,舵角,攻角产生的升力及力矩,纵倾转动运动生产的阻力矩等。

由于行进间均衡时,纵倾值为小量,由无因次垂速 $w' = w/V$ 和冲角定义 $\sin\alpha = w/V$ 可知,在有纵倾定深直航时,由于 $\alpha = \theta$,有 $w' = \sin\alpha \approx \alpha$。

由式(2.214)可推导出均衡艇的浮力差 P 和力矩差 M_p 如下:

$$\begin{cases} P = -\dfrac{1}{2}\rho L^2 V^2 (Z'_w \theta + Z'_{\delta_s}\delta_s + Z'_{\delta_b}\delta_b + Z'_0) \\ M_p = -\dfrac{1}{2}\rho L^3 V^2 [\Delta P' \cdot x'_v + M'_{\delta_s}\delta_s + M'_{\delta_b}\delta_b + M'_0 + (M'_w + M'_\theta)\theta] \end{cases} \quad (2.215)$$

式中:$\Delta p' \cdot x'_v$ 项是消除浮力差 $p' = \Delta p'$ 时,所引起的无因次附加力矩,其中 x'_v 为对应的无因次力臂。将式(2.215)写成标准实用形式,就是通常的线性均衡公式,即

$$\begin{cases} \Delta P_1 = a_1 \theta° + a_2 \delta°_b + a_3 \delta°_s & \text{(注排水量)} \\ \Delta P_2 = b_1 \theta° + b_2 \delta°_b + b_3 \delta°_s & \text{(艏艉移水量)} \end{cases} \quad (2.216)$$

式中:系数 a_i、$b_i(i=1,2,3)$ 对潜艇在一定的均衡航速时是个常数。按式(2.216)计算时,$\theta°$、$\delta°_b$、$\delta°_s$ 量纲为度(°),而式(2.215)中对应参数量纲为弧度(rad)。

均衡公式(2.216)表示,均衡前由于存在浮力差和力矩差,潜艇将升沉,为了保持潜艇的定深控制,就必须使艇体、艏艉舵保持某一角度(平衡角),由此产生的水动力和浮力差及力矩差相平衡。

3. 潜艇承载力计算

潜艇做有纵倾或无纵倾定深直航运动时,通过操纵车、舵承载负浮力的能力,称为潜艇的承载力。潜艇承载力可以概略表示潜艇动力抗沉的能力。潜艇承载力的预报可以更好地认识车、舵的抗沉操纵能力,尤其是在紧急情况的动力抗沉时,可以更好地判别损失浮力的量是否已超出潜艇车、舵的操纵能力,作为选择动力抗沉方案的依据。承载力计算结果可以为指挥员灵活使用车、舵、气进行应急操纵提供技术支持。

潜艇有纵倾等速定深直线运动的平衡方程为式(2.214)。当给定纵倾角 θ 时,未知参数为 P'、M'_p、δ_s、δ_b,此时 $w' = \alpha = 0$,因此可以改写为

$$\begin{cases} Z'_{\delta_s}\delta_s + Z'_{\delta_b}\delta_b + Z'_w \theta = -(Z'_0 + P') \\ M'_{\delta_s}\delta_s + M'_{\delta_b}\delta_b + (M'_w + M'_\theta)\theta = -(M'_0 + M'_p) \end{cases} \quad (2.217)$$

根据式(2.217),给定一组 P'、M_p',即可得到一定纵倾角下的平衡舵角 δ_s、δ_b,反之也一样。由此可绘制出图 2.52 所示的潜艇平衡舵角图线。

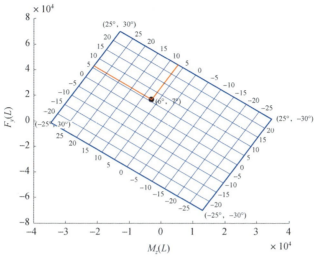

图 2.52　潜艇平衡舵角图线

由于艏、艉舵 δ_s、δ_b 有最大舵角的限制,允许纵倾角也有要求,如正常操纵时通常要求纵倾角不大于 10°。因此,在一定航速范围,潜艇用车、舵平衡剩余浮力 P 和力矩 M_p 的操纵能力是有限的。

由此可以绘制出潜艇的承载力图谱,采用图 2.53 所示的形式,一张图谱对应一个纵倾角,一般包含 3~4 个航速。图中矩形方框的 4 个角即对应艏、艉舵的最大舵角,处于方框内的剩余浮力和剩余力矩才是可操纵的。

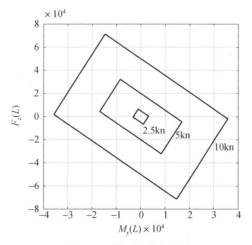

图 2.53　潜艇承载力图谱

现代潜艇操纵控制系统引入了基于均衡承载图的均衡管理系统,可以计算并直观显示潜艇航行过程中的剩余浮力和剩余力矩、典型航速下舵的承载力,以及平衡剩余浮力和力矩的时间,从而实现对潜艇均衡操纵的有效引导支持。

均衡承载图把运动控制与均衡状态紧密结合,可以直观有效显示车、舵操纵和潜艇静载平衡状态之间的关系,典型均衡承载形式如图 2.54 所示。

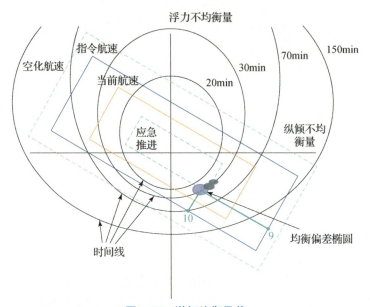

图 2.54　潜艇均衡承载

(1)图 2.54 中坐标系的横轴表示纵倾不均衡量,纵轴表示浮力不均衡量。

(2)图 2.54 中 4 个矩形框表示了 4 种典型航速下艏舵和艉舵的最大操纵能力,即当前纵倾下艇的承载力图谱。承载力矩形的大小和方向由艇做等速定深直航时的航速和纵倾角决定。面积最小的矩形框为应急推进航速所对应的承载力矩形框,一般还显示当前航速和指令航速所对应的承载力矩形框。最大的矩形框表示空化航速所对应的承载力矩形框。空化航速是螺旋桨会产生空泡的临界航速。

(3)图 2.54 中椭圆形阴影表示了潜艇剩余浮力和剩余力矩的状态与趋势,采用椭圆形是考虑了均衡计算过程中存在偏差,三个小椭圆阴影分别表示当前时刻、Δt 和 $2\Delta t$ 时间之前的不均衡量,可以看出不均衡量的变化趋势。从当前均衡偏差椭圆向指令航速承载力矩形框引两条垂线,与承载力矩形框长边的交点为艉舵舵角,与承载力矩形框短边的交点为艏舵舵角,表示的意思是,当艇速达到指令航速时,艏艉升降舵角操这两个舵角,可以平衡当前的浮力不均衡量和纵倾不均衡量。均衡偏差椭圆若在当前航速承载力矩形框内,则通过操艏艉舵可以平衡当前的浮力不均衡量和纵倾不均衡量。否则,必须进行均衡操纵或改变航速操纵。

(4) 根据当前浮力和纵倾均衡状态情况,图 2.54 中给出了进一步调整潜艇不均衡量的范围。图 2.54 中标注时间的 4 根椭圆形平衡周线,表示了消除当前不均衡量所需的时间,该线由均衡系统的操纵能力确定。

2.3.4 潜艇悬停控制方法

潜艇悬停是指潜艇经准确均衡后,在水下停车,通过专用悬停水舱注、排水,实现潜艇无航速下深度控制的操艇方式。

按战术要求"悬停"操作可分为两类。

(1) 悬停定深。通过对悬停装置的控制,使潜艇按要求的精度保持预定的下潜深度和姿态角的操作过程。

(2) 悬停变深。通过对悬停装置的控制,使潜艇按要求的过渡过程机动到新的指令深度,并稳定在该深度的操作过程。

1. 潜艇悬停运动数学模型

根据潜艇水下悬停情况和潜艇垂直面运动方程,悬停时潜艇的升、沉运动可作以下假设。

(1) 潜艇水下悬停时没有航速,不用舵。

(2) 潜艇水下悬停的升沉运动是垂直面的垂向运动,与水平运动无关,并伴随俯仰纵倾运动,遵从潜艇浮力基本方程。

(3) 水下悬停的升沉运动是个幅度有限、垂向速度甚小的缓慢运动,艇的姿态改变不影响浮力及浮心。因此,在甚小干扰作用下的纵倾和深度控制可以分别进行,交叉影响较小。

(4) 水下悬停运动仅有以下运动参数,其余垂直面运动参数可取 0,即
$$\dot{w} \neq 0, w \neq 0, \dot{q} \neq 0, q \neq 0$$
且有 $\dot{\theta} = q, \dot{\zeta} = w\cos\theta$,即垂向升沉速度等于 Z 向速度 w。

其中:θ 为纵倾角;ζ 为运动坐标系原点在固定坐标系中的垂向坐标;q 为纵倾角速度。

(5) 作用于水下悬停运动的潜艇力和力矩如下:

Z_0:初始不均衡量。

Z_1:艇体压缩引起的垂向力。

Z_2:海水密度变化引起的垂向力。

Z_3：悬停水舱的注、排水产生的控制力。

M_0：初始不平衡力矩。

M_3：由力 Z_3 产生的纵倾力矩。

（6）水下悬停潜艇的空间位置不予控制，允许随流水平漂移。根据潜艇水下悬停运动基本情况的假设，由垂直面操纵运动非线性方程式，经简化可得悬停运动数学模型为

$$\begin{cases} m\dot{w} = Z_{q|q|}q|q| + Z_{w|q|}w|q| + Z_{w|w|}w|w| + Z_0 + Z_1 + Z_2 + Z_3 \\ I_y\dot{q} = M_{q|q|}q|q| + M_{w|q|}W|q| + M_{w|w|}w|w| - mgh\cdot\theta + M_0 + M_3 \\ \dot{\theta} = q \\ \dot{\zeta} = w\cos\theta \end{cases} \quad (2.218)$$

对上述模型进行线性化，可以表达为

$$C_a\ddot{\zeta} + C_w\dot{\zeta} + C_\zeta(\zeta - \zeta_0) = Z_0 + P_3 \quad (2.219)$$

式中：C_a 为加速度惯性力系数，取决于潜艇质量和潜艇垂向运动附近质量；C_w 为速度阻尼系数，取决于潜艇湿面积和摩擦阻力系数；C_ζ 为位置恢复力系数，取决于海水密度场和艇体压缩性；ζ、ζ_0 为潜艇当前深度和初始深度。

悬停线性运动方程的解析解主要取决于方程的系数，当系数 C_a、C_w、C_ζ 为常数时，方程为二阶常系数非齐次线性微分方程，可以得到解析解。因此，只要得到这些系数的值，就可以准确描述潜艇的运动规律。

2. 潜艇干扰力(矩)数学模型

建立潜艇水下悬停时受到的干扰力(矩)模型，是研究潜艇悬停操纵控制规律的前提条件之一，需确定各种干扰的实用算法，建立工程应用的数学模型。工程上随航行深度变化的干扰主要有艇体压缩、海水密度变化和初始不均衡量三方面。

1）艇体压缩

艇体压缩主要是随着潜艇深度增加海水压缩消声瓦引起的浮力损失，干扰力形式如下：

$$Z_1 = \begin{cases} (\zeta - \zeta_0)\alpha, \zeta \leq \zeta^* \\ (\zeta^* - \zeta_0)\alpha, \zeta > \zeta^* \end{cases} \quad (2.220)$$

式中：ζ、ζ_0、α、ζ^* 分别表示深度、初始深度、深度变化 1m 的压缩量、消声瓦最大可压缩深度。

2）海水密度变化

海水温度、盐度对潜艇浮力的影响，都可归结为海水密度的变化。潜艇在

海水密度为 ρ_0 的深度均衡好后,上浮或下潜至密度为 ρ_1 的深度时,引起的浮力变化为

$$Z_2 = (\rho_1 - \rho_0)\nabla \qquad (2.221)$$

式中:∇ 表示潜艇水下状态排水量。

3) 初始不均衡量

一般情况下,潜艇进入悬停前航速为 6kn,减速至 3kn 以下,再进行补充均衡后,停车进入悬停状态。补充均衡后,航速由 3kn 降至零航速过程由于零升力和力矩引起的浮力变化,即为悬停控制的初始不均衡量。

3. 悬停操纵执行装置数学模型

悬停专用水舱及其排注水管路中设有流量计、流量调节阀,采用泵排、自流注水的方式进行排、注水。

潜艇悬停注排水过程的流速在悬停水舱内外压差保持恒定的条件下,取决于流量调节阀的阀门闭合情况。完全关闭时,流速为 0,完全打开时,流速稳定到最大值,在打开或闭合过程中,流速逐渐增大或逐渐减小。流速变化的这种过渡过程可以近似用线性响应特征描述。

引进阀门开启系数描述流量调节阀的闭合程度,规定水舱阀门全关时的阀门开启系数 $K_0 = 0$,全开时的阀门开启系数 $K_0 = 1$。则阀门从闭合到打开过程中阀门开启系数数学模型如下:

$$\begin{cases} K_0(t) = 0, & t \leq T_0 \\ K_0 = t/T_1, & T_0 < t \leq T_0 + T_1 \\ K_0 = 1, & t > T_0 + T_1 \end{cases} \qquad (2.222)$$

式中:T_0 为系统的响应延迟时间;T_1 为阀门打开过渡过程时间;T_2 为阀门关闭过渡过程时间。悬停阀门开启系数变化如图 2.55 所示。

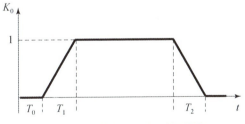

图 2.55 悬停阀门开闭过程特性

设阀门全开时的稳定流速为 Q_m,则阀门开启系数与流速的关系为 $Q(t) = Q_m K_0(t)$,流速对时间的积分得到流量值。

4. 悬停控制器数学模型

悬停控制系统由深度传感器、纵倾传感器、控制器、悬停水舱（无专用悬停水舱时可以均衡水舱代替）、排水泵、电液控制阀、水舱水量计量仪、流量计量仪、气压平衡系统、操纵台等主要部件组成。

悬停水舱中的初始存水量为容积的 1/2，当设置指令悬停深度后，自动气压平衡系统自动开、关充气阀和放气阀，控制悬水舱内的初始压力等于或小于舷外压力，深度传感器接收潜艇实际深度后，与指令深度进行比较，当出现偏差时，控制系统按确定的控制规律进行运算，并按规定程序输出控制指令，启动悬停水舱排（注）水机构进行排（注）水。与此同时，流量计量仪或水舱水量计量仪将当前存水量反馈回控制系统，参与控制规律运算，当实际深度达到指令深度后系统处于平衡状态。

在悬停过程中，如果纵倾角超过规定值时，将启动纵倾平衡系统向艏或向艉移水，保持潜艇姿态；当运算的排（注）水量大于悬停水舱允许的排（注）水量时，还要启动浮力调整系统进行辅助均衡。

潜艇悬停系统深度自动控制算法结构如下：

$$u = K_1(\zeta - \zeta_z) + K_2\dot{\zeta} + K_3\ddot{\zeta} \qquad (2.223)$$

其中：u、ζ、ζ_z、$\dot{\zeta}$、$\ddot{\zeta}$、K_1、K_2、K_3 分别为排注水指令、深度、指令深度、垂向速率、垂向加速度、比例系数、微分系数、加速度项系数。

纵倾控制的控制目标是通过艏艉调水控制把纵倾调整至零纵倾，因此，在悬停状态下出现一定纵倾时，可通过计算当前纵倾扶正力矩对移水量进行估算：

$$Q = K_4 mgh\sin\theta \qquad (2.224)$$

式中：Q、K_4、m、g、h、θ 分别为移水指令、控制器系数、潜艇排水量、重力加速度、稳心高、纵倾。

悬停控制系统的控制目标是用最少的排注水次数使深度满足一定的控制精度要求，考虑到在保证深度稳定精度的同时尽量满足排注水次数的要求，可参照滑模变结构控制中消除颤振的处理方法，采用带死区的滞回控制策略。

5. 仿真验证

1）正梯度场

设定密度梯度每米十万分之三条件下，初始深度 60m、初始浮力不均衡量 1000L、指令纵倾 0°、指令深度 60m 时仿真结果如图 2.56 和图 2.57 所示。

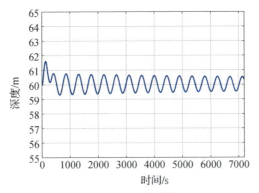

图 2.56 深度曲线

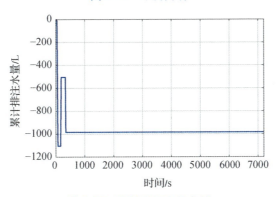

图 2.57 累计排注水量曲线

2)负梯度场

设定密度梯度每米十万分之三条件下,初始深度 60m、初始浮力不均衡量 1000L、指令深度 60m 时仿真结果如图 2.58 和图 2.59 所示。

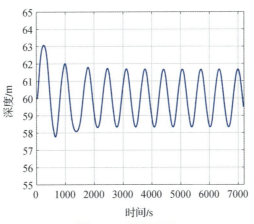

图 2.58 深度曲线

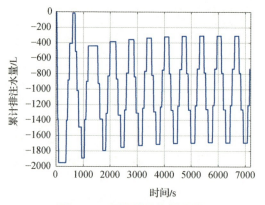

图 2.59 累计排注水量曲线

2.3.5 潜艇潜浮控制方法

潜浮系统主要由压载水舱、高压气瓶组、通海通气阀及潜浮控制台等组成，其功能是在潜浮控制台控制信号的作用下，使潜艇由水上巡航状态下潜至水下工作状态，或由水下工作状态上浮至水上巡航状态，以满足潜艇操纵性的要求。

潜浮系统设有正常下潜、应急下潜、正常上浮、应急上浮和短路吹除 5 种操作方式。

1. 下潜

正常下潜时，首先开启潜艇的艏、艉组压载水舱通海阀；然后开启艏、艉组压载水舱通气阀，潜艇由水上巡航状态下潜至半潜状态；最后开启舯组压载水舱通海阀和通气阀，使潜艇潜至水下状态。

应急下潜时，首先开启艏、舯、艉组压载水舱通海阀，然后同时开启艏、舯、艉组压载水舱通气阀，潜艇直接从水上巡航状态潜至水下工作状态。

主压载水舱注水下潜过程如图 2.60 所示。

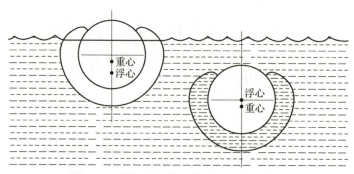

图 2.60 潜艇主压载水舱注水下潜示意图

潜艇正常下潜时,主要性能指标为压载水舱注满水的时间,其数学模型为

$$t = \frac{aV}{F\mu\sqrt{2gH}} \tag{2.225}$$

式中:t 为水舱注满水的时间(s);a 为常系数,随水舱类型而定,对于半壳体和双壳体潜艇,$a=1.5$,对于单壳体潜艇,$a=1.2$;V 为主压载水舱注水容积(m^3);F 为主压载水舱通海阀或流水孔有效面积(m^2);μ 为流量系数,通海阀 μ 取 0.5,流水孔 μ 取 0.55P;H 为舱外水线与主压载水舱内液位的高度差(m)。

2. 上浮

潜艇正常上浮由高、低压吹除系统共同完成。在正常上浮时,首先控制舯组水舱高压吹除阀柱的电液球阀开启,高压空气吹除舯组压载水舱,使艇从水下工作状态上浮至半潜状态;其次开启低压吹除系统压气机,使艇由潜势状态上浮至水上巡航状态。

应急上浮单独由高压吹除系统完成。操纵潜浮监控台上的"应急吹除"开关,开启各组高压吹除阀柱电液球阀,吹除全部压载水舱,使潜艇由水下航行状态直接上浮至水上巡航状态,应急吹除管路示意图如图 2.61 所示。

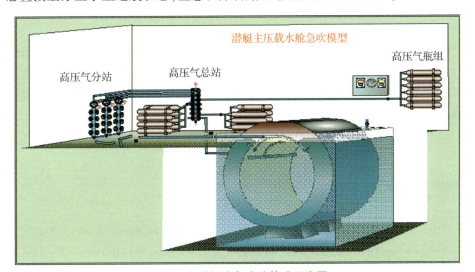

图 2.61 潜艇应急吹除管路示意图

短路吹除时,可以在潜浮控制台上根据需要选择压载水舱进行吹除。短路吹除不通过高压空气阀柱,而是利用高压空气瓶直接吹除压载水舱,吹除效率最高。

潜浮系统是潜艇生命力系统的重要组成单元,吹除压载水舱水量使艇上浮

主要由操作员按照上浮操纵条例执行。因潜艇水下航行时,高压气源是不可再生的宝贵资源,了解和掌握潜浮系统具有的上浮能力很重要。下面提供上浮操纵时所涉及的与吹除相关参数的估算方法[54]。

1) 吹除压载水舱所需气体压力 $P(\text{Pa})$

由液体压强原理可知:压载水舱通海阀排水口处的压力可表示为 $P = P_0 + \rho g H$,其中,P_0 为大气压力(Pa),H 为压载水舱通海阀排水口或流水孔至海平面的高度(m)。因此,吹除压载水舱所需气体压力应不低于 P。显然,P 值越高,排水速率越大。

2) 吹除压载水舱所需大气压下气体容积 $V_c(\text{m}^3)$

由气态方程可知:$V_c = PV/P_0$,其中,P 为压载水舱内气体压力(Pa),V 为压载水舱容积(m^3)。

3) 空气容积计算消耗量 $V'_c(\text{m}^3)$

考虑吹除效率,一般可用表达式 $V'_c = \mu \cdot V_c$ 进行描述,其中,μ 为吹除不均匀系数,一般取值为 1.5。

4) 空气质量消耗量 $m(\text{kg})$

由气体平衡状态方程可知:$m = P_0 V'_c / TR$,其中,T 为吹除压载水舱气体温度(K),R 为空气气体常数,一般取值为 $8.314 \text{J}/(\text{mol} \cdot \text{K}) = 287.1 \text{J}/(\text{kg} \cdot \text{K})$。

5) 吹除时间 $t(\text{min})$

吹除时间 t 主要取决于高压空气压力、压载水舱容积、排水口面积以及潜艇深度等参数。因在实际操作时是采用人工开环控制,故当潜浮系统设计并投入使用后,其吹除时间也就基本确定。在潜浮系统陆上模拟试验台架进行模拟试验时,可按式 $t = m/G_\text{机}$ 进行估算,其中,t 为吹除模拟压载水舱时间(min),$G_\text{机}$ 为压气机在大气压下的理论质量流量(kg/min)。

参考文献

[1] MOLLAND A E(eds). The Maritime Engineering Reference Book:A Guide to Ship Design Construction and Operation[M]. Woburn,MA:Butterworth – Heinemann,2008.

[2] BIRK L. Fundamentals of Ship Hydrodynamics:Fluid Mechanics,Ship Resistance and Propulsion[M]. Hoboken N J:JohnWiley & Sons Ltd,2019.

[3] YASUKAWA H, YOSHIMURA Y. Introduction of MMG Standard Method for Ship Maneuvering Predictions[J]. Journal of Marine Science and Technology,2015,20(1):37 – 52.

[4] 王科俊. 海洋运动体控制原理[M]. 哈尔滨:哈尔滨工程大学出版社,2005.

[5] 施生达. 潜艇操纵性[M]. 北京:国防工业出版社,2021.

[6] 边信黔,付明玉,王元慧. 船舶动力定位[M]. 北京:科学出版社,2011.

[7] 贾欣乐,杨盐生. 船舶运动数学模型:机理建模与辨识建模[M]. 大连:大连海事大学出版社,1999.

[8] 苏兴翘,高士奇,黄衍顺. 船舶操纵性[M]. 修订本. 北京:国防工业出版社,1989.

[9] 吴秀恒,张乐文,王仁康. 船舶操纵性与耐波性[M]. 北京:人民交通出版社,1988.

[10] 冯铁城,朱文蔚,顾树华. 船舶操纵与摇荡[M]. 修订本. 北京:国防工业出版社,1989.

[11] DUC DO K,PAN J,Control of Ships and Underwater Vehicles:Design for Underactuated and Nonlinear Marine Systems[M]. London:Springer – Verlag London Limited,2009:295 – 309.

[12] BERTRAM V. Practical Ship Hydrodynamics[M]. Woburn,MA:Butterworth – Heinemann,2000.

[13] 王新屏,张显库,关巍. 舵鳍联合非线性数学模型的建立及仿真[J]. 中国航海,2009,32(4):58 – 64.

[14] KOH K K,YASUKAWA H. Comparison Study of a Pusher – Barger System in Shallow Water,Medium Shallow Water and Deep Water Conditions[J]. Ocean Engineering, 2012, 46:9 – 17.

[15] 于萍. 舵鳍联合鲁棒控制系统研究[D]. 哈尔滨:哈尔滨工程大学,2001.

[16] 王新屏,张显库. 基于反馈线性化与闭环增益成形的减摇鳍控制[J]. 中国航海,2007,30(4):5 – 8.

[17] 胡坤,徐亦凡. X 舵潜艇空间运动仿真数学模型[J]. 计算机仿真,2005(4):50 – 52.

[18] KIM H,RANMUTHUGALA D,LEONG Z Q,et al. Six – DOF Simulations of an Underwater Vehicle Undergoing Straight Line and Steady Turning Manoeuvres[J]. Ocean Engineering,2018,150:102 – 112.

[19] v d KLUGT P G M. Rudder Roll Stabilization[D]. Delft:Delft University of Technology,1987.

[20] PARK P M. Rudder Roll Stabilization[D]. Monterey:Naval Postgraduate School,1986.

[21] PEREZ T. Ship Motion Control:Course Keeping and Roll Stabilisation Using

Rudder and Fins[M]. London:Springer – Verlag London Limited,2005.

[22] FOSSEN T I. Guidance and Control of Ocean Vehicles[M]. New York:JOHN WILEY & SONS,1994.

[23] FOSSEN T I. Handbook of Matine Craft Hydrodynamics and Motion Control: Vademecum de Navium Motu Contra Aquas et de Motu Gubernando[M]. Chichester:John Wiley & Sons Ltd,2011.

[24] FALTINSEN O M. Sea Loads On Ships and Offshore Structures[M]. Cambridge:Cambridge University Press,1990.

[25] FANNEMEL A V. Dynamic Positioning by Nonlinear Model Predictive Control[D]. Trondheim:Norwegian University of Science and Technology,2008.

[26] CHAPMAN D M F. Synthetic Ocean Waveforms For Testing Sonobuoy Suspensions[M]. Dartmouth:Canada Defence Research Estabilishment Atlantic,1990.

[27] KALLSTROM C G,ASTROM K J,THORELL N E,et al. Adaptive Autopilot for Tankers[J]. Automatica 1979,15(3):241 – 254.

[28] OGATA K. 现代控制工程[M]4 版. 卢伯英,于海勋,等译. 北京:电子工业出版社,2003.

[29] ÄSTRÖM K J,KÄLLSTRÖM C G. Identification of Ship Steering Dynamics[J]. Automatica,1976,12(1):9 – 22.

[30] NGUYEN H D. Design of Self – Tuning Control Systems For Ships[D]. Tokyo: Tokyo University of Mercantile Marine,1997.

[31] VAN AMERONGEN J. Adaptive Steering of Ships—A Model Reference Approach[J]. Automatica,1984,20(1):3 – 14.

[32] 方崇智,萧德云. 过程辨识[M]. 北京:清华大学出版社,1988.

[33] 李清泉. 自适应控制系统理论、设计与应用[M]. 北京:科学出版社,1990.

[34] 庞中华,崔红. 系统辨识与自适应控制 MATLAB 仿真[M]. 北京:北京航空航天大学出版社,2009:45 – 46.

[35] BREIVIK M,FOSSEN T I. Principles of Guidance – based Path Following in 2D and 3D[C]//Proceedings of the 44th IEEE Conference on Decision and Control, and the European Control Conference 2005 Seville,Spain,December 12 – 15, 2005:627 – 634.

[36] YAO W J,CAO M. Path Following Control in 3D Using a Vector Field[J]. Automatica,2020,117:108957.

[37] SHKEL A M,LUMELSKY V. Classification of the Dubins set[J]. Robotics and Autonomous Systems,2001,34(4):179 – 202.

[38] NIU H L,LU Y,SAVVARIS A,et al. Efficent Path Following Algorithm for Unmanned Surface Vehicle[C]//OCEANS 2016.

[39] GARCIA J,OVALLE D M,Periago F. Optimal Control Design for the Nonlinear Manoeuvrability of a Submarine[C/OL]. (2009 – 03 – 02)[2023 – 09 – 01]. http://www.dmae.upct.es/~fperiago/archivos_investigacion/submarine_paper.pdf.

[40] LICEAGA – CASTRO E,van der MOLEN G M. Submarine H$^\infty$ Depth Control Under Wave Disturbances[J]. IEEE TRANSACTIONS ON CONTROL SYSTEMS TECHNOLOGY,1995,3(3):338 – 346.

[41] O'Reilly J,Leithead W E. Multivariable Control by Individual Channel design[J]. International Journal of Control,1991,54(1):1 – 46.

[42] LEITHEAD W E,O'REILLY J. Performance Issues in the Individual Channel Design of 2 – input 2 – output Systems. Part 1:Structural Issues[J]. International Journal of Control,1991,54(1):47 – 82.

[43] LICEAGA – CASTRO E,LICEAGA – CASTRO J. Submarine Depth Control By Individual Channel Design[C]//Proceedings of the 37th IEEE Conference on Decision & ControlTampa, Florida USA. December 1998,3:3183 – 3188.

[44] Liceaga – Castro E,Liceaga – Castro J,Ugalde – Loo C,et al. Efficient Multivariable Submarine Depth – control System Design[J]. Ocean Engineering,2008,35(17/18):1747 – 1758.

[45] 中国国家标准化管理委员会. 船用自动操舵仪:GB/T 5743—2010[S]. 北京:中国标准出版社,2010.

[46] 中国国家标准化管理委员会. 船舶艏向控制系统:GB/T 35713—2017[S]. 北京:中国标准出版社,2017.

[47] 中国国家标准化管理委员会. 船舶与海上技术 船桥布置及相关设备 要求和指南:GB/T 35476—2017[S]. 北京:中国标准出版社,2017.

[48] 中国国家标准化管理委员会. 海上导航和无线电通信设备及系统 航迹控制系统 操作和性能要求、测试方法和要求的测试结果:GB/T 37417—2019[S]. 北京:中国标准出版社,2019.

[49] 中央军委装备发展部. 舰船液压舵机通用规范:GJB 2855A—2018[S]. 北京:国家军用标准出版社,2018.

[50] 中央军委装备发展部. 舰船自动操舵仪通用规范:GJB 2859A—2017[S]. 北京:国家军用标准出版社,2017.

[51] 中国国家标准化管理委员会. 海洋船舶液压舵机:GB/T 972—2008[S]. 北

京:中国标准出版社,2008.
[52] 操舵装置控制系统的机械、液压和电气独立性:IACS UI SC94(Rev. 2)[S]. IACS Int. 2016.
[53] 智能船舶规范(2023)[S].北京:中国船级社,2023.
[54] 王晓东,李维嘉,谢江辉,等.潜艇潜浮系统仿真研究初探[J].舰船科学技术,2004,26(1):14-19.

第 3 章　传感器组件

传感器组件是一种以一定的精度将被测量参数转换成与之有确定对应关系的某种物理量的检测装置,该装置一般由测量元件、转换元件和转换电路三部分组成。在船舶操纵控制系统中配置有各种传感器组件,它们用来精确测量船舶运动的各种参数,当船舶操纵控制系统获得这些参数后,便可按照一定的控制规律,人工或自动地控制船舶操纵执行装置,使船舶按期望的航向、深度和姿态航行。因此,传感器组件在船舶操纵控制系统中起重要作用。

在船舶操纵控制系统中主要运动参数有:水面舰船的航向、航速、位置、纵(横)倾角、舵角、主机转速等;潜艇的航向、航速、深度、纵(横)倾角、水舱液位、移(注、排)水流量以及主机转速等。测量这些参数的传感器组件主要为陀螺仪、计程仪、舵角反馈机构、深度传感器、倾角传感器、液位计、流量计等。本章将主要介绍船舶操舵和潜艇均衡控制参数传感器组件的工作原理与应用,并简述船舶动力定位系统中常用的传感器。有关陀螺仪和计程仪的工作原理与应用请参见本丛书的《陀螺技术与测速技术》分册,本章不作详述。

3.1　操舵控制参数测量

由船舶操舵控制基本原理可知(图 1.4),水面舰船操舵控制需要测量的主要参数为舰船的航向和舵角;对于潜艇(图 1.6),除航向和舵角参数外,还需测量深度和纵倾等参数。本节主要介绍舵角反馈机构、深度传感器和倾角传感器的用途、性能指标和一般测量方法。

3.1.1 舵角反馈机构

1. 用途

舵角反馈机构是操舵系统的重要测量部件,起到反馈实际舵角信号的作用。测量元器件一般采用线位移和角位移两种传感器,它将实际的机械转角转换为与之成比例的电信号后,反馈至操舵控制设备中进行指示并参与控制。舵角反馈机构安装在舵机舱,需作防水设计,图 3.1 所示为某舰船用舵角反馈机构外形,图 3.2 所示为舵角反馈机构安装部位示意图。

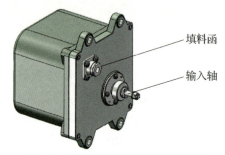

图 3.1 某舰船用舵角反馈机构外形

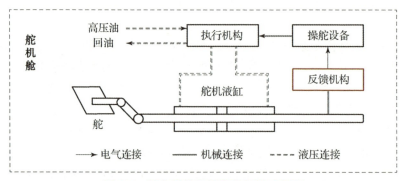

图 3.2 舵角反馈机构安装部位示意图

2. 主要技术性能

依据 GJB 2859A—2017《舰船自动操舵仪通用规范》的相关要求,舵角反馈机构的主要技术性能如下。

(1) 测量范围:方向舵不小于 ±35°,艏升降舵(围壳舵)不小于 ±25°,艉升降舵不小于 ±30°。

(2) 测量精度:不低于 ±0.15°。

3. 测量原理

由液压舵机基本工作原理可知:液压舵机转舵机构将液压泵供给的液压能转变为转动转舵机构连杆的机械能,以推动舵叶偏转,舵叶偏转的角度即为舵角,而舵机活塞杆是往复式直线运动(图3.2),通过检测其位移便可转化为舵角参数。测量位移的传感器有多种形式,如电位器式、电感式、电容式、自整角机、电涡流式、霍尔式等。以自整角机和电位器式传感器为例,典型的舵角反馈机构传动和测量工作原理如图3.3和图3.4所示。

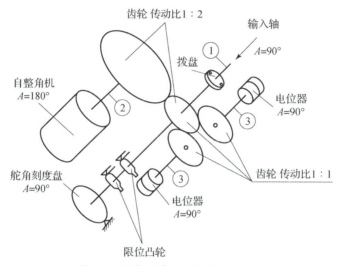

图 3.3 舵角反馈机构传动工作原理

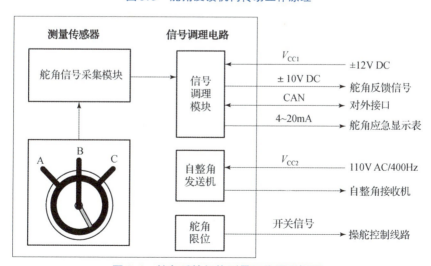

图 3.4 舵角反馈机构测量工作原理框图

舵角反馈机构测量原理为：传动装置与舵轴机械相连，并与舵叶同步转动。当舵叶转动时，实际的转舵角由反馈机构的输入轴①输入，一方面，通过减速器带动轴②转动，自整角发送机向操纵台的指针式舵角复示器的接收机发送舵角同步信号，显示实际舵角；另一方面，输入轴①通过齿轮带动轴③转动，固定在内部支架上的一对电位器采集模块将机械舵角变换为与之成比例的电信号。信号调理模块的作用是将舵角参数转换成各种信息输出形式，其中一路信号送至操纵台进行显示并参与运算和控制，另一路以 4～20mA 信号形式带动电流表指示实际舵角。为满足传统航海作业设备自整角接收舵角参数要求，在舵角反馈机构中设置了自整角机发送信息方式。

该舵角反馈机构还对舵角进行了限位设计。当舵叶转到机械限位前，对应的一对触点被凸轮断开，使执行机构控制信号断开，停止舵机转动，以保护舵装置。

3.1.2 深度传感器

1. 用途

深度传感器是潜艇操舵控制设备重要测量部件之一，主要用于测量潜艇所处的实际深度（距海平面）和深度变化速率，可远传至潜艇操纵控制系统主操纵台中，以数字和图形的方式显示潜艇的下潜深度和深度变化速率，作为深度控制和指示的信息源。

深度传感器外壳一般采用铸铝材料，为防水式结构，壁挂式安装，设有通海接口，图 3.5 所示为潜艇用深度传感器。

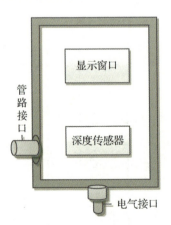

图 3.5　潜艇用深度传感器

2. 主要技术性能

依据 GJB 2859A—2017《舰船自动操舵仪通用规范》的相关要求,一般潜艇用深度传感器主要性能参数如下。

(1) 测量范围:$(0 \sim 1.15H_{\lim})$m,其中 $H_{\lim}$ 为潜艇极限下潜深度。
(2) 静态误差:不大于 $(0.2 + H_i \times 1\%)$m,其中 H_i 为实际深度。
(3) 灵敏度:不低于 0.05m。
(4) 跟踪速度:不低于 5m/s。

3. 基本工作原理

由液体压强基本原理可知,在深度为 ζ 的海水中,液体压强可表示为

$$P = \rho g \zeta \tag{3.1}$$

式中:P 为液体压强(Pa);ρ 为海水密度(kg/m³);g 为重力加速度,$g = 9.8$m/s²;ζ 为海水深度(m)。例如,100m 水深,$P \approx 1$MPa。

对于同种液体而言,液体密度是恒定的,因此液体的压强与液面的高度 ζ(距离海平面的高度)成正比例的线性关系。

压力传感器是一种能够测量物体压力的装置,其工作原理主要是利用膜片在受到压力作用下会发生形变的现象,膜片通过杠杆使得自由支撑的横梁发生偏转。横梁上贴有电阻应变片,用它来测定物理量。测量到的信号与压力大小成正比,它通过桥式电路和放大器输出,从而得出被测物体的压力值。压力传感器有多种类型,包括压阻式压力传感器、压电式压力传感器等。

在应用压力传感器对潜艇深度进行测量时,将潜艇通海管路与图 3.5 所示深度传感器管路接口相连。当潜艇深度发生变化时,通海管路中的压强也随之变化,内置于深度传感器的压力传感器感知其变化,从而达到连续测量潜艇下潜深度的目的。

本例选用一种压阻式压力传感器作为深度传感器的测量元器件,其主要技术参数如下:

(1) 量程:0~6MPa;
(2) 精度:0.05% FS(10~40℃);
(3) 分辨率:0.002% FS 等。

深度传感器主要由测量与转换元器件(压力传感器)、电源模块、微处理器、显示模块和通信接口单元等组成,其工作原理如图 3.6 所示。

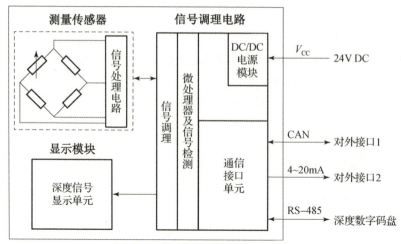

图 3.6　深度传感器工作原理框图

微处理器通过隔离串口,以 RS-485 方式接收压力传感器的输出信号,压力传感器信号以问答方式进行传输,软件每处理完一次数据后要重新向压力传感器发送请求命令,才能再次接收到压力信号;所接收到的压力信号经软件处理后,得到潜艇的下潜深度数据,并以数字方式进行显示,同时按照规定的通信协议通过 CAN 总线接口向主操纵台发送下潜深度信息。此外,通信接口单元还具有 4~20mA 和 RS-485 对外信息输出功能。

4. 使用注意事项

在观察和使用深度传感器时,应注意因安装位置造成的偏差和海水密度变化引起的误差影响。

1) 安装位置造成的偏差

当潜艇存在纵摇时,安装在同一水平面不同位置的深度传感器会产生测量偏差。在工程实践中,为避免纵摇造成的无效偏舵,潜艇操纵控制设备要控制的是摇摆中心所处的深度,所以要求深度传感器安装在潜艇重心附近,以便测量潜艇重心所处的深度,深度传感器发送给操纵台显示的也是潜艇重心所处的深度。而操作者一般都是在驾驶舱,在艇长指挥和艇员操纵潜艇时,习惯上以安装在驾驶舱的深度计为准,故从深度传感器传来的深度信号和指示值,除深度传感器本身的测量误差外,当潜艇有纵倾时,安装在重心位置的深度传感器与驾驶舱深度计检测值会产生偏差(图 3.7)。

其数值为

$$\Delta \zeta = L \sin \theta \tag{3.2}$$

式中:$\Delta \zeta$ 为深度偏差;L 为两深度计之间的距离;θ 为纵倾角。

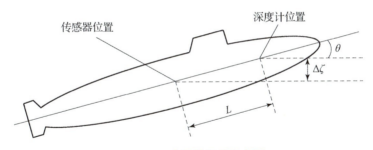

图 3.7 深度读数误差示意图

例如：$L=5.7\mathrm{m}$，$\theta=3°$时，$\Delta\zeta=0.3\mathrm{m}$，在进行深度数值比对时应予以关注。

2）海水密度变化引起的误差

由于深度传感器的测量原理是通过压力变换，而海水压力又与海水密度有关，一般深度传感器的调试和深度计类似，均以海水压力每增加 0.1MPa 深度增加 10m 为参考。当海水密度发生变化时，由其测量原理可知，深度测量值也会发生相应变化，因此在进行深度参数解算时，应进行海水密度补偿。

3.1.3 倾角传感器

1. 用途

潜用倾角传感器用来测量潜艇的实际纵倾角或横倾角，并变为电信号远传送至操纵控制设备，参与控制和显示，也是操纵控制设备的主要部件之一。倾角传感器为防水式结构，采用壁挂式安装形式，图 3.8 所示为某型潜艇用倾角传感器外形。

图 3.8 潜艇用倾角传感器

2. 主要技术性能

依据 GJB 2859A—2017《舰船自动操舵仪通用规范》的相关要求,一般潜艇用倾角传感器主要技术指标如下:

(1) 测量范围:±45°;
(2) 静态误差:不大于 $(0.1+\theta_i\times1\%)°$,其中 θ_i 为实际倾角;
(3) 灵敏度:不低于 0.05°;
(4) 线性度:不低于 1%。

3. 基本工作原理

倾角传感器是用来测量相对于水平面的倾角变化量,传统上的倾角传感器测量方法是采用单摆原理,从实现方式上又可分为固体摆式、液体摆式和气体摆式三种倾角传感器,这三种倾角传感器都是利用重力指向地心的作用原理,将传感器敏感器件对大地的姿态角,即与大地引力的夹角,转换成模拟或数字信号。

图 3.9 所示为固体摆原理示意图,固体摆在设计中一般采用力平衡式伺服系统,主要由摆锤、摆臂、支架等组成,其原理为当物体出现倾角时,摆锤受重力 G 和摆拉力 T 的作用,其合力为

$$F = G\sin\theta$$

式中:θ 为摆臂与垂直方向的夹角,即为倾角。

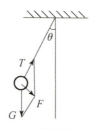

图 3.9 固体摆原理示意图

基于固体摆、液体摆和气体摆原理研制的倾角传感器,各有其特点。本例采用一种基于重力感应原理的双轴倾角传感作为潜用倾角传感器的测量元器件,其主要技术参数如下:

(1) 测量范围:−60°~60°;
(2) 测量轴数:双轴;
(3) 输出:数字信号;
(4) 绝对线性误差:不大于 40″;

(5)分辨率:2″。

潜用倾角传感器主要由倾角测量敏感元件、信号调理电路、本地显示电路、壁挂箱等组成,其工作原理框图如图3.10所示。

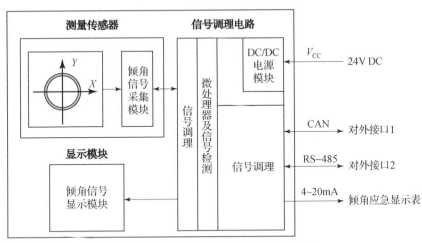

图 3.10　潜用倾角传感器工作原理框图

倾角信号采集模块通过RS-485接口向信号调理电路发送倾角信号,信号调理电路将接收到的倾角信号经软件处理后得到实际的倾角数据,以数字方式在显示模块上进行显示。同时,信号调理电路一方面按照规定的通信协议通过CAN总线接口向外发送倾角信息;另一方面则通过D/A转换模块将倾角数据转化成4~20mA电流信号送至主操纵台倾角表(纵倾应急显示表)进行显示。

3.2　潜艇均衡控制参数测量

潜艇在水下需进行注、排水和纵倾平衡移水等控制,以保持潜艇在水下航行时均衡良好。均衡控制需要测水舱液位,注、排水或移水流量等信息。本节将介绍水舱液位计和流量计的基本工作原理。

3.2.1　水舱液位测量

水舱液位计通常采用压差式变送器来进行水舱液位高度的测量,通过水舱液位高度转换为水舱水量。

为充分利用艇内有效空间,潜艇水舱外形往往存在不规则性,导致舱容与液位高度的关系(舱容曲线)是非线性。工程上一般按实际注水量刻记液位高度,并制成表格,采用查表法获取数据。常用的方法为:用人工方式向水舱注水,再按实际注水量刻出对应的液位,由此得到"舱容曲线表"$Q = f(H)$;当测出

液位 H 后,便可查表得知存水量;当液位高度处于表格中提供数据的中间值时,采用"插值法"读取。又因水舱中带有气压,一般采用差压式变送器测量液位,其测量工作原理示意图如图 3.11 所示。

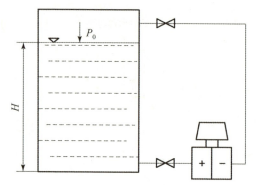

图 3.11 差压式变送器液位测量工作原理示意图

差压式变送器一腔连通水舱上部,可感受气压为 P_0,另一腔连通水舱底部,可感受气压与液位高度产生的压力之和为 $P_0 + kH$,水舱上、下压差为 kH,因解算系数 k 为常数,即可求出水舱液位 H。

差压式变送器的传感元器件主要分为电容式、扩散硅式和电感式三大类,其中前两类应用更为广泛。目前,在潜艇上水舱液位测量普遍选用电容式压力变送器,其外形如图 3.12 所示,水舱液位测量工作原理框图如图 3.13 所示。

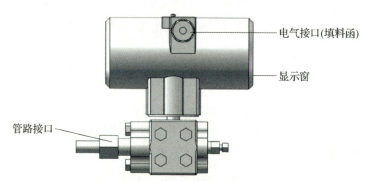

图 3.12 差压式变送器外形

差压式变送器由传感器和电子组件两部分组成,在传感器组件中有一个温度传感器和一个高精度的电容传感器,过程压力通过隔离膜片和灌充液传送到中央测量膜片。测量膜片的位移正比于差压的大小,而这个位移由它两侧的电容固定极板进行检测,温度传感器则用于消除温度变化对测量结果的影响。在静止状态下,测量膜片和两侧固定极板之间电容差为 0,否则就会产生电容差,并在解调器作用下将其转换成 4~20mA 电流信号。测量传感器的信号由信号

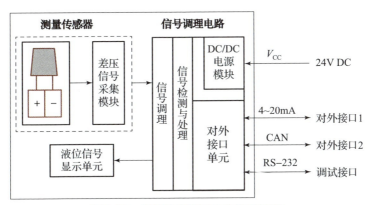

图 3.13 水舱液位测量工作原理框图

调理电路中的微处理器周期读取,并经综合运算处理后完成信号转换:一路经 D/A 转换后以 4~20mA 信号输出;另一路经数字通信接口用于调试。

3.2.2 流量测量

在潜艇上一般采用流量计来进行管路液体流量测量,目前使用的流量计一般分为涡轮流量计和电磁流量计两种,下面分别简述其基本工作原理。

涡轮流量计是常用的一种流量测量仪表,它具有重复性好、适应性强、量程比大等优点,目前应用范围非常广泛。涡轮流量计是利用置于流体中的叶轮感受流体平均速度的流量计,与流量成正比的叶轮转速通常由安装在管道外的检测装置检出,它由涡轮流量传感器和显示仪表组成。流经变送器的流体体积流量 qv 可表示为

$$qv = f/K \tag{3.3}$$

式中:f 为电信号的频率,它同叶轮转动频率有正比关系;K 为常数,也称仪表系数。

电磁流量计一般将传感器和转换器组合成一体型结构,用于测量电导率大于 $5\mu s/cm$ 的液体流量。测量时,转换器部分向传感器部分的线圈提供稳定的脉动直流励磁电流。传感器产生的流量信号经转换器放大、整流、抗干扰等处理后,输出与流量成线性关系的电信号。电磁流量计的测量原理为法拉第电磁感应定律,即导电液体在磁场中做切割磁力线运动时,导体中产生感应电压,其计算公式为

$$U = KBVD \tag{3.4}$$

式中:K 为仪表常数;B 为磁感应强度;V 为测量管截面内的平均流速;D 为测量管的内直径。

体积流量 qv 为流体的流速(V)与管道截面积($\pi D^2/4$)乘积，即 $qv = (\pi D^2/4)V$，由此可建立流量与感应电动势的关系。测量流量时，液体流过垂直于流动方向的磁场，导电性液体的流动感应出一个与平均流速（体积流量）成正比的电压，因此要求被测的流动液体具有最低限度的电导率。其感应电压信号通过两个与液体直接接触的电极检出，并通过电缆传送至放大器，然后转换成电信号输出。

本例采用的是电磁流量计，其外形如图 3.14 所示，水舱流量测量工作原理框图如图 3.15 所示。有关流量信号采集、处理及转换过程与上述液位测量相似，此处不再赘述。

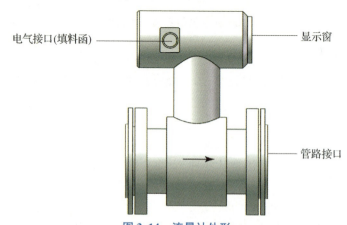

图 3.14　流量计外形

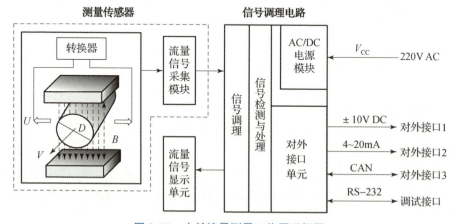

图 3.15　水舱流量测量工作原理框图

以上介绍了在船舶操舵和潜艇均衡控制设备中常用的几类传感器，在工程实践中既可以自行设计也可以选用市场上成熟先进的产品，抑或选择感应元器件、二次仪表自行设计等方式。具体到船舶操纵控制系统,对水舱液位和流量的测量一般结合具体的测量目的、测量对象、使用环境以及综合考虑传感器的量程、精度、稳定性等性能参数合理地选用市场化产品;而对舵角、倾角和潜深等参数的测量,则选择传感元器件,对转换元器件和转换电路进行设计,并在转换电路环节设计了通用化的"信号调整电路"功能模块;对检测参数信号输出形式,既要兼顾船舶航海作业设备观测使用习惯,又要适应操纵控制设备检测要求。

3.3 船舶动力定位控制相关参数测量

动力定位系统是一种以船舶位置和艏向精准控制为目标的自动控制系统,在海工作业、军用特种舰船等领域发挥着重要作用,主要由测量分系统、控制分系统和推进分系统等组成。其中,测量分系统负责为船舶的位置和艏向控制提供精准、可靠的实时测量信息,主要包括位置测量、艏向测量和环境测量等传感器。

3.3.1 位置测量

1. 卫星定位系统

卫星定位系统是基于卫星的全球无线电导航系统,能够摆脱天气、风浪条件、地域等限制,为动力定位船舶提供全天候、全球覆盖的定位信息。其基本原理是采用伪距测量及求解计算,获取接收机用户位置。美国的 GPS、俄罗斯的 GLONASS、欧盟的 Galileo 以及我国的北斗卫星导航系统均是世界上定位、通信服务能力较强的卫星导航定位系统。

2. 水声定位系统

水声定位系统是一种建立在超声波传播技术基础上的海上定位系统,为船舶提供局部区域的精确定位信息。一般来说,水声定位系统根据基线长度又分为长基线系统、短基线系统及超短基线系统。

长基线系统在海底布置基线阵列,动力定位船舶位于阵列范围内,测量得到布设的多个海底应答器与船身上的接收器之间的距离,从而求解得到船舶定位信息。其优势在于定位精度不受水深影响,工作范围大;劣势在于布设经济成本、时间成本较高,以及受工作频率限制。

短基线系统区别于长基线系统,基线阵列布置于船底,需罗经、垂直面参考系统配合作业,通过测量发射器与船底多个接收器的距离、方位来确定船舶位置信息。短基线系统的优势在于布设成本低、测距精度高;劣势在于对基线布置的几何形状有较高要求,对罗经、垂直面参考系统的精度具有依赖性,测量精度也受到水深影响。

超短基线系统是短基线系统的一个变种,由于可将基线阵列布置范围缩小,可应用在较小的载体上。其测量原理类似于短基线系统,具备短基线系统的优势及劣势。区别在于由于基线阵列尺寸过小,需使用相位差或相位比较法进行定位解算。

3. 张紧索位置测量系统

张紧索位置测量系统是一种基于张紧索放缆长度及方位测量,间接获取船舶位置的测量系统,多应用于短距离位置测量。

张紧索位置测量系统的核心元器件有张紧索、索位跟踪器和传感器万向机构、二维角度传感器等。张紧索是一根可以维持一定张力的钢索;索位跟踪器和传感器万向机构是连接钢索和二维角度传感器的部件;二维角度传感器通过将机械测量转为电信号进行处理得到方位信息。基于张紧索放缆长度及方位测量,构建几何模型,计算海底重锤相对于船舯的相对偏移量。

张紧索位置测量系统的优点是测量精度高、安装简便、可靠性高。其缺陷在于其精度受海流影响,在海流作用下张紧索由直线状态变为弯曲状态,此时二维角度传感器测出的方位角存在偏差,从而影响测量精度。

4. 微波定位系统

微波定位系统的应用场景为已知一个固定点,通过微波测距对移动的船舶进行定位,因此是一种相对定位系统。移动站相对于固定站的距离通过两站点间微波传输的编码中断时间的测量来获取。其优势在于精度高、设备便携及布设简便,且不受气象环境干扰。对于动力定位船舶来说,其相对位置测量范围可达10km,满足使用需求。

5. 激光定位系统

激光定位系统的核心原理为激光距离测量、方位测算和目标跟踪几项技术。激光定位系统工作时可跟踪某一目标的运动,这一被跟踪目标称为目标镜,是系统很重要的组成部分。工作时,将目标镜与被测要素接触,系统便会测量其中心点的三维坐标,通过求解被测要素与目标镜中心点坐标之间的关系来获得被测要素的信息。系统一般由计算机、控制箱、跟踪站和目标镜4部分组成。跟踪站可以检测目标镜在空间的运动方向和大小,并将这一信息发送给控制箱,在控制箱的控制下跟踪站做出响应,使激光束始终沿着目标镜的中心入射。这样,无论目标镜移动到哪里,系统都能对其进行跟踪。激光定位系统的优势在于测量精度高;劣势在于测量精度受天气条件影响,使用时需要注意定期清理擦拭传感器视窗。

3.3.2 艏向测量

艏向测量设备对于动力定位系统至关重要,其精度及分辨率都将影响整个系统的性能及艏向控制能力。常见的艏向测量设备有磁罗经和电罗经两种,现在又在发展以激光陀螺为传感器的新型导航设备。在动力定位系统中,主要以电罗经作为艏向测量设备,通常安装在中央控制室内。

电罗经又称陀螺罗经,它能自动、连续地提供船舶的航向信号,并通过航向发送装置将航向信号传递到船舶需要航向信号的各个部位,从而满足船舶导航需求,是船舶必不可少的精密导航设备。全套电罗经设备由主罗经、分罗经和附属仪器三部分组成,核心部件是主罗经内的陀螺球。

陀螺不旋转时,其轴线可以任意改变,当其高速旋转而又没有受到外力影响时,就不会改变轴线的方向,维持空间一定的指向,这种特性称为陀螺的定轴性;当旋转的陀螺受到某种外力作用时,会按一定的规律不断改变其轴线的空间指向,这种特性称为陀螺的进动性。电罗经正是应用了陀螺仪的定轴性和进动性,使其旋转轴线精确跟踪地球子午面,并且始终准确指向地理北极,无论船舶航行到哪里,都可以依此确定航向。

3.3.3 环境测量

1. 风传感器

动力定位系统采用风前馈技术,提前分配推力以抵消作用在船上的风载荷,故对风速、风向测量精度有较高要求。

根据测量精度、可靠性及耐久性等特点,目前应用于动力定位领域的风传感器主要有机械式风传感器和超声波式风传感器两种。

2. 海流计

某些动力定位船舶配备了海流计,对作用于船舶表面流的流速、流向进行测量。根据测量原理,海流计可分为机械式海流计、电磁式海流计、多普勒海流计和声波传播时间海流计。

绝大部分动力定位船舶并不配备海流计,在进行动力定位作业时,通过基于运动模型、测量模型的状态观测器对海流信息进行估计。

3. 姿态测量

运动参考单元(Motion Reference Unit,MRU)主要实现船舶纵摇、横摇、艏摇和垂荡等姿态测量。动力定位船一般仅需要测量纵摇和横摇,因为在其动力定位系统中仅需要对 GPS 天线、超短基线、张紧索进行纵、横摇补偿。

MRU 通过基于四元数的传感器数据算法进行运动姿态测量,实时输出以四元数、欧拉角表示的零漂移三维姿态数据。MRU 可以监测船舶在海中的运动姿态,从而实现用户对水上、水下等设备的运动数据采集,协助数据勘测、声纳成像补偿、姿态测量等。

参考文献

[1] 中央军委装备发展部. 舰船自动操舵仪通用规范:GJB 2859A—2017[S]. 北京:国家军用标准出版社,2017.

[2] 联合控制操舵仪使用说明书[Z]. 九江:天津航海仪器研究所九江分部,1996.

第4章 操纵执行装置

船舶操纵控制一般是通过操纵执行装置向船体施加作用力或力矩来实现的。以改变船舶航向为例,一般通过操舵仪控制转舵机构来转动舵叶,水流冲击舵面最终产生转船力矩,在该力矩的作用下船体转向至新的航行方向,或当潜艇需由水面航行状态下潜至水下工作状态时:首先开启压载水舱通海阀;其次开启通气阀等执行装置向水舱注水,增大潜艇重力,使之下潜至半潜状态;最后控制艉水平舵操纵执行装置转动舵叶产生流体动力和纵倾下潜力矩,使潜艇下潜至期望深度。由此可见,操纵执行装置作为船舶操纵控制系统的重要组成部分,是船舶进行各种操纵控制的基础保障。

由于操纵控制要求的差异,不同船舶的操纵执行装置各有不同。一般来说,水面舰船操纵执行装置包括舵机、减摇鳍(减摇水舱等)、侧推等;而潜艇操纵执行装置除舵机外,还包含通海阀、通气阀、均衡泵、流量调节阀等用于注/排水的泵、阀类设备。

本章主要介绍用于水面舰船和潜艇的操舵装置及其执行部件,其他操纵执行装置,读者可查阅相关文献资料。

4.1 操舵装置

操舵装置(转动舵的装置)是保证船舶水上(或水下)安全航行的重要设备,主要由舵机、舵传动装置和附属设备组成。在船上,习惯地将整个操舵装置简称为舵机,其作用是根据航行需要,通过操纵驱动舵面转动产生转舵力矩进而在水流作用下产生转船力矩,以保持或改变船舶的航向和深度,使船舶具有航行所需的操纵性。舵机技术性能事关船舶操纵稳定性和航行机动性,对船舶航行的经济性和安全性都极为重要。对于作战舰艇来说,还与隐身性、舰载机着舰以及武器打击命中率等息息相关。

本节介绍舵机类型与组成及其主要用途,以液压舵机为主线,简述其基本技术要求,对各类转舵机构及其控制系统、部件等做出说明。

4.1.1 舵机类型

操舵装置按动力来源不同,一般可分为人力机械操纵舵机、手动液压舵机(动力为人力,利用油液传递动力)、电动舵机和电动液压舵机(油泵机组将电动机电能转化为液压能,并依靠液压能进行转舵,也称电液舵机)等几种形式。

1. 人力机械操纵舵机

通过绳索(链条)或连杆,以及齿轮等直接将舵轮转动传递至舵轴,由人力直接操纵舵叶,实现转舵功能。人力机械操纵舵机设备简单,工作也比较可靠,但操舵精度较差,劳动强度大,能传递的转舵转矩较小(一般为 9.8 kN·m 以下),故主要用于非机动驳船或小型机动船,如快艇、游艇等。图 4.1 和图 4.2 所示分别为绳索(链条)传动人力机械操纵舵机和连杆传动人力机械操纵舵机装置。

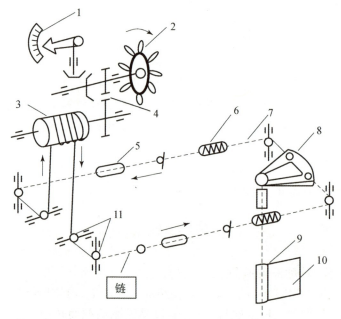

1—舵角指示器;2—操舵轮;3—鼓轮;4—减速齿轮;5—调节螺杆;6—缓冲器;7—链;8—舵扇;9—舵杆;10—舵叶;11—导向轮。

图 4.1 绳索(链条)传动人力机械操纵舵机

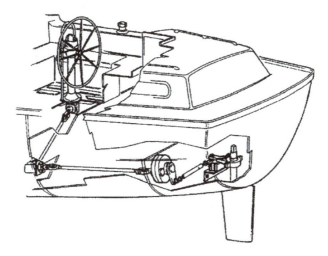

图 4.2　连杆传动人力机械操纵舵机

2. 手动液压舵机

由手动方式产生油压进行转舵操纵。一般采用活塞式压力泵，操纵舵轮旋转驱动压力泵，再通过油管将压力传递到操舵油缸推动舵柄使舵叶转动。手动液压舵机输出力矩较小，一般用于转舵力矩为 2.5~10kN·m 的小型船舶上，如渔船、驳船交通艇等小型机动船舶或无动力船舶。图 4.3 所示为手动液压舵机。

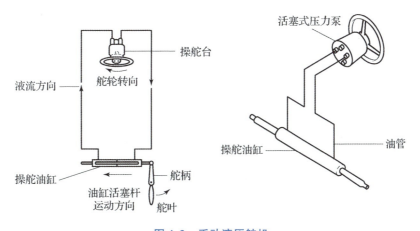

图 4.3　手动液压舵机

3. 电动舵机

利用电动机作动力,通过减速传动装置将力矩传送到扇形齿弧上。扇形齿弧直接与舵轴连接,两者一起转动。电动舵机运转平稳,电能靠电线传输,安装方便,但反应慢、效率低,体积、重量较大。电动舵机转舵力矩一般不大于160kN·m,主要用于中小型船舶。图4.4所示为传统电动舵机传动结构示意图。

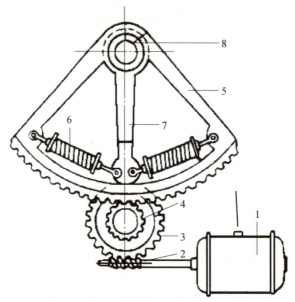

1—电机;2—蜗杆;3—蜗轮;4—主动齿轮;5—扇形齿轮;
6—缓冲弹簧;7—舵柄;8—舵轴。

图 4.4 传统电动舵机传动结构示意图

4. 电动液压舵机

电动液压舵机简称为电液舵机或液压舵机,是以油液作为传递能量的介质,由电机驱动油泵将电能转化为液压能,利用油液的不可压缩性及流量、压力和流向的可控性来实现转舵的舵机。由于液压系统具有功率密度高、动态响应快、输出扭矩大(15000kN·m以上)、易实现平稳且精确控制等优点,各类大中型船舶均广泛采用电动液压舵机,如集装箱船、滚装船、油船、冷藏船、化学品船、客船、渔船、打桩船、挖泥船和海军舰艇等。图4.5所示为某电动液压舵机外观。

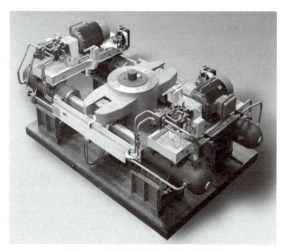

图 4.5 某电动液压舵机外观

4.1.2 液压舵机

1. 液压舵机基本技术要求

船舶操舵装置的性能对船舶航行安全极为重要。根据《国际海上人命安全公约》(International Convention for Safety of Life at Sea, SOLAS)的规定,我国《钢质海船入级规范》对船用舵机提出了基本技术要求,即舵机必须具有足够的转舵扭矩和转舵速度,并且在某一部分发生故障时,应能迅速采取替代措施,以确保操舵能力。《海洋船舶液压舵机》(CB/T972)、GJB 2855A—2018《舰船液压舵机通用规范》等也对电动液压舵机的功能、性能进行了详细的规定。

水面船舶液压舵机基本技术要求如下。

(1)必须具有一套主操舵装置和一套辅操舵装置,或主操舵装置有两套以上的动力设备。当其中一套失效时,另一套应能迅速投入工作。

主操舵装置应具有足够的强度,能在最深吃水、最大航速前进时将舵自一舷35°转至另一舷的35°,且自一舷35°转至另一舷30°所需时间不超过28s(舵机的平均转舵速度单机组状态不低于2.3°/s)。辅操舵装置应具有足够的强度,能在最深吃水和最大航速的1/2但不小于7kn前进时,将舵自一舷15°转至另一舷15°时间不超过60s。在主操舵装置有两台以上相同动力设备,符合下列条件时,也可不设辅操舵装置。

①当管系或一台动力设备发生单项故障时应能隔离缺陷,以使操舵能力能够保持或迅速恢复。

②当客船任意一台动力设备不工作时,或当货船所有动力设备都工作时,应能满足对主操舵装置的要求。

(2)主操舵装置应在驾驶室和舵机舱都设有控制器。当主操舵装置设置两台动力设备时,应设有两套独立的控制系统,且均能在驾驶室控制。如果采用液压遥控系统,除1万总吨以上的油轮(包括化学品船、液化气船)外,不必设置第二套独立的控制系统。

(3)对舵柄处舵杆直径大于230mm的船,应设有能在45s内向操舵装置提供动力的替代动力源。该替代动力源应为应急电源(独立动力源),其容量至少应能向一台动力设备及其控制系统和舵角指示器提供足够的能源。该独立动力源只准用于上述目的,对1万总吨以上的船舶,应至少可供工作30min;对其他船舶应可供工作不少于10min。

(4)操舵装置应设有有效的舵角限位器。应设限位开关或类似设备,使舵在到达舵角限位器时停住。

(5)对1万吨以上的油船、化学品船、液化石油气(Liquefied Petroleum Gas, LPG)船还有如下附加要求:当发生单项故障而丧失操舵能力时,应能在45s内重新获得操舵能力。为此,舵机可由两个均能满足主操舵装置要求的独立动力转舵系统组成,或至少有两个相同的动力转舵系统;其中任意系统中液压流体丧失时应能被发现,有缺陷的系统应能自动隔离,使其余动力转舵系统安全运行。

(6)能被隔断的、由于动力源或外力作用能产生压力的液压系统任何部分均应设置安全阀。安全阀开启压力应不小于1.25倍最大工作压力。安全阀能够排出的流量应不小于液压泵总流量的110%。在此情况下,压力的升高不应超过开启压力的10%,且不应超过设计压力值。

2. 液压舵机转舵机构

液压舵机转舵机构主要用来将油泵供给的液压能转变为转动舵杆的机械能,以推动舵叶偏转。根据动作方式的不同,水面船舶的转舵机构主要分为以下四类。

1)滑式转舵机构

滑式转舵机构可分为十字头式转舵机构和拨叉式转舵机构。十字头式转舵机构示意图如图4.6所示。拨叉式转舵机构示意图如图4.7所示。拨叉式和十字头式统称为滑式,两者受力情况及传动效率相近。当结构尺寸和工作油压一定时,转舵力矩随转舵角度的增大而增大,转矩特性与舵负荷具有良好的匹配特性,是其他各种转舵机构不能及的。

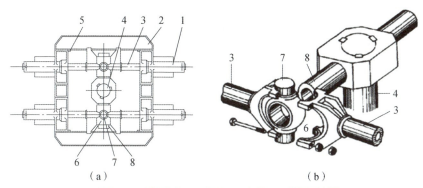

1—油缸；2—安装基座；3—撞杆；4—舵杆；5—行程限制器；
6—十字头轴承；7—十字头耳轴；8—舵柄。

图 4.6 十字头式转舵机构示意图

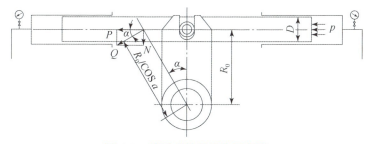

图 4.7 拨叉式转舵机构示意图

十字头式转舵机构由插入油缸中的撞杆，以及与舵柄相连接的十字形滑动接头等组成。通过十字形滑动接头将油缸撞杆的往复运动转变为舵的摆动。两撞杆用螺栓连接，形成两轴承，两轴承环抱着十字头两耳轴，舵柄横插在十字头轴承之中。当撞杆在油压作用下偏离中位时，十字头在随撞杆移动的同时，带动舵柄偏转，从而带动舵杆转动。当转舵扭矩较小时，采用双缸/单撞杆形式；当转舵扭矩较大时，采用四缸/双撞杆结构。

十字头式转舵机构具有扭矩特性良好、结构合理、工作可靠和制造维护方便等优点，在万吨级船舶上应用较广，在近代远洋船舶上占主要地位。

拨叉式转舵机构主要由单作用油缸、柱塞（撞杆）和叉形舵柄等组成，一般采用整根撞杆，撞杆中部有圆柱销，圆柱销外套滚轮（或方形滑块）。撞杆移动时，滚轮（或滑块）绕圆柱销转动并在舵柄的叉形端部中滑动，进而带动舵柄偏转和舵杆转动。与十字头式转舵机构相比，两个对向油缸中的柱塞可做成整体结构，可使机构长度较短，布置较为紧凑；结构也相对简单，制造安装较为方便。

2）滚轮式转舵机构

滚轮式转舵机构如图4.8所示。

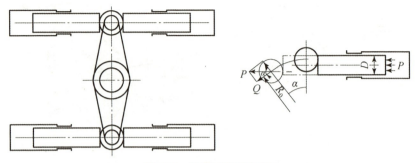

图 4.8 滚轮式转舵机构

滚轮式转舵机构的舵柄头部安装滚轮,通过滚轮与油缸撞杆接触。当油缸撞杆在油压的作用下移动时,带动滚轮旋转并推动舵柄转动。由于撞杆传到舵柄上的力始终垂直于撞杆(柱塞)断面,不会产生侧推力,因而结构简单、布置灵活,加工和安装要求也较低;但滚轮式结构所产生的转舵力矩随舵角的增大而减小,正好与水流对舵叶的压力负荷变化趋势相反;因此,工作油压需随舵角的增大而提高或者增大结构尺寸,这限制了滚轮式转舵机构在较大转矩舵机中的运用。

3) 摆缸式转舵机构

摆缸式转舵机构多采用两只双作用式活塞油缸,油缸与舵柄和支架均为铰接。转舵时,在压力油的作用下,一只油缸活塞杆伸出,而另一只油缸活塞杆缩回,一推一拉使舵柄偏转并带动舵杆转动,如图 4.9 所示。在油缸活塞做往复运动时,需绕端点有少许横向摆动,使进、出油管不能采用刚性连接,中间需增加一段高压软管。摆缸式转舵机构与滚轮式转舵机构类似,产生的转舵力矩随舵角的增大而减小;但由于采用了双作用活塞,提高了油缸的利用率,与其他形式转舵机构相比,结构轻巧、外形尺寸小、布置灵活,在中、小转舵力矩船舶中运用广泛。

4) 回转式转舵机构

回转式舵机采用转叶式油缸或弧形柱塞式油缸(图 4.10),通过联轴器将油缸输出回转轴与舵杆直接连接,利用油压差直接使舵杆产生回转,实现往复转舵。

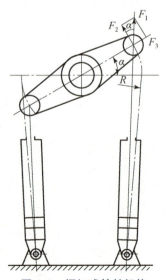

图 4.9 摆缸式转舵机构

(a) 转叶式　　　　　　　(b) 弧形柱塞式

图 4.10　回转式转舵机构

回转式转舵机构转轴直接与舵杆连接,使整个机组重量轻、尺寸小,安装也比较方便,但回转油缸的密封困难、加工难度大,在很大程度上限制了它的应用和发展。

通过对上述四类转舵机构进行分析,其转舵机构扭矩特性曲线如图 4.11 所示。

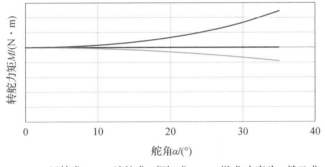

图 4.11　各类转舵机构扭矩变化特性曲线

从图 4.11 中转舵扭矩 M 随舵角 α 变化的特性曲线可以看出,滑式转舵机构(十字头式和拨叉式)其 $M=f(\alpha)$ 曲线与负载的转舵力矩特性匹配较好,两者都随 α 的增加而增大。滚轮式转舵机构和摆缸式转舵机构的转舵扭矩随 α 的增加而减小,因此当舵角增大时,需提高工作油压来补偿。回转式圆弧形柱塞式和转叶油缸式舵机,在工作油压一定时,输出转矩为常数,不随舵角的变化而改变。

绝大多数海洋运输船都是单桨单舵。为改善船舶航行操控性和机动性,也有不少水面船舶采用双桨双舵,甚至四桨双舵。对于双舵船,较多的是采用一套舵机,同时带动分布两舷的两个舵杆,故其转舵机构也有所不同。图 4.12 和图 4.13 所示为两种典型的双舵转舵机构。

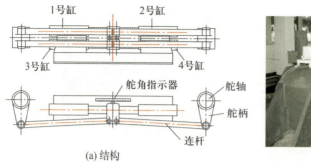

(a) 结构　　　　　　　　　　　　(b) 外形

图 4.12　四缸双舵转舵机构

图 4.13　四缸双舵转舵机构

图 4.12 中，舵机转舵机构采用 4 只柱塞式油缸上下两层布置，1 号缸和 2 号缸、3 号缸和 4 号缸成对使用，通过撞杆(含一体化叉块)和连杆、舵柄，可以进行单、双缸转舵，在舵机液压源的作用下，实现船舶左、右舷同步转舵。

图 4.13 是另一种双舵转舵机构。该转舵机构与摆缸式转舵机构类似，通过双头舵柄、连杆和两只油缸的一推一拉实现左右舷同步转舵。

对于潜器来说，考虑耐水压密封，一般采用舵传动轴穿过耐压壳体，艇外通过连杆和曲柄实现舵叶偏转，如图 4.14 所示。

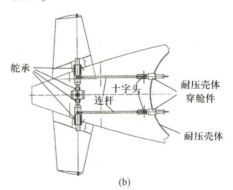

(a)　　　　　　　　　　　　　(b)

图 4.14　潜器转舵机构示意图

4.1.3 液压舵机控制系统

目前,无论民用船舶还是军用舰艇,其液压舵机主要分为阀控型和泵控型两种形式。阀控型液压舵机一般是指通过电磁阀、比例阀或伺服阀等液压控制阀去控制液压油的方向、流量,使舵机油缸往复运动完成操舵功能的舵机;泵控型液压舵机则是指通过控制双向变量泵,以控制输出液压油的方向、流量,从而驱动舵机油缸往复运动完成打舵功能的舵机。阀控型液压舵机系统相对简单、造价较低,开关阀控制换向的液压冲击较大,系统发热和功率损失较大,故一般适用小吨位船舶;泵控型液压舵机虽具有较高的效率,满足大型船舶的使用要求,但系统配置及控制较为复杂,使用维护难度较大。

近年来,随着伺服电机及其控制技术的快速发展,采用伺服电机驱动定量液压泵,通过改变电机速度和方向以改变输出液压油的流量和方向,使执行油缸往复运动的直驱式容积控制舵机应运而生。有资料表明,采用直驱式容积控制电液伺服系统的操舵装置,可使操舵装置的空间占用减小至传统液压操舵装置体积的 1/8 以下,质量减小至原来的 1/2 甚至更少,综合效率可由 30% 左右提高至 60% 以上,平均稳态空气噪声降低 10dB 以上。

1. 阀控型液压舵机系统

阀控型液压舵机一般是指采用电机带动单向液压泵输出压力油,再通过电磁换向阀、电液换向阀、比例方向阀或伺服阀等液压阀,控制进出转舵油缸油液的方向和流量,进而控制转舵的方向和速度,完成打舵功能的电动液压舵机。根据液压系统流量的不同,控制阀的通径也有所不同。控制阀通径不大于 10mm 的,可采用电磁换向阀、直动式比例阀或动圈式伺服阀;控制阀通径超过 10mm 的,一般采用二级及以上的多级阀,包括电液换向阀、电液比例阀、喷嘴挡板伺服阀或射流管伺服阀。此外,根据控制精度、操舵噪声等要求的不同,控制阀的类型也会各不相同。对于操舵性能(控制精度、操舵噪声等)要求不高的,可选择开关型的电磁阀或电液换向阀;对于操舵性能要求较高的,可选择具有线性功能的比例阀或伺服阀。

典型阀控型液压舵机系统原理如图 4.15 所示。

该阀控舵机系统的操舵为电磁换向阀,转舵机构为摆缸式,采用两套独立的液压动力源,由各自电机驱动和电磁换向阀控制,可任意一台单机组工作,另一台备用;也可双机组同时工作,转舵速度可提高约 1 倍。

以图 4.15 中左机组工作为例,电机旋转带动液压泵 1 向外供油,经单向阀 3 至电磁换向阀 4。不操舵时,液压油经电磁换向阀 4 中位、节流阀 9 和回油滤

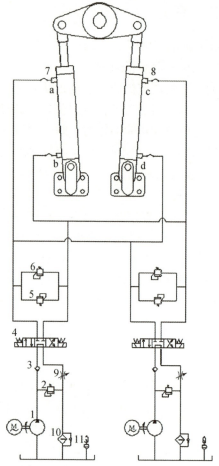

1—液压泵;2—溢流阀;3—单向阀;4—电磁换向阀;5,6—溢流阀;7,8—油缸;
9—节流(调速)阀;10—回油过滤器;11—液位继电器。

图 4.15　典型阀控型液压舵机系统原理

油器 10 回油箱,油缸 7 和 8 的油路由电磁换向阀 4 的工作油口锁闭而稳舵;此时,系统设置的溢流阀 5、6 可起双向保护作用,防止舵叶受浪冲击导致油压过高。当电磁换向阀 4 左线圈通电,推动阀芯至左位,液压油经电磁换向阀 4 左位同时进入油缸 7 的 a 腔和油缸 8 的 d 腔,推动油缸 7 活塞缩回和油缸 8 活塞伸出,经舵柄带动舵轴逆时针旋转进行转舵,此时油缸 7 的 b 腔和油缸 8 的 c 腔排出的液压油经电磁换向阀 4、节流(调速)阀 9 和回油滤油器 10 回油箱。同理,当电磁换向阀 4 右线圈通电,可实现反向操舵功能。系统设置溢流阀 2 限制最高系统压力;设置节流(调速)阀 9 调节系统流量,即转舵速度。某阀控舵机外形如图 4.16 所示。

图 4.16 某阀控舵机外形

阀控型液压舵机系统比较简单,造价相对较低,一般故障为阀失效,处理起来比较简单(更换阀)。系统若采用电磁换向阀或电液换向阀换向,会导致液压冲击较大。此外,阀控型舵机在停止转舵时,主泵仍以最大流量排油,故油液发热较多,存在较大功率损失,经济性较差。但是,随着系统的改进设计,阀控型舵机的适用功率范围也正在不断增大,最大公称扭矩已达到 1200kN·m,能胜任一般万吨级海船的需要,图 4.17 所示为某大扭矩阀控型液压舵机系统原理。

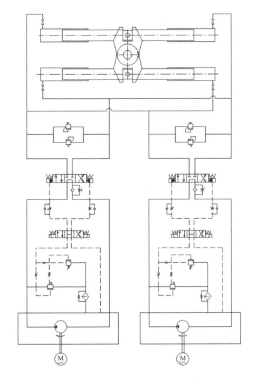

图 4.17 某阀控型液压舵机系统原理

图 4.17 中,采用两套独立的液压阀控制回路为舵机执行机构的 4 个液压缸提供液压油,两套液压回路互为备用,也可以同时工作。由于操舵流量较大,操舵控制阀为电液换向阀,故需提供控制油(一般需 1MPa 左右)。本舵机操舵电液换向阀主阀采用 M 型机能(中位时,两工作油口关闭,进油口与回油口连通),其先导级控制阀采用 H 型机能(中位时,两工作油口均与进油口和回油口连通),配合使用先导溢流阀,不仅较好地解决了所需控制油压问题,还避免了主油路采用背压阀造成的功率损耗。与采用辅泵提供控制油或主泵回油管上增设背压阀相比,不仅简化了系统设备和减少了功率损耗,还有助于提高可靠性和维修性。

图 4.17 中,不操舵(稳舵)时,先导电磁换向阀在中位(H 型机能),主油路通过操舵电液换向阀主阀直通油箱进行排油卸荷,同时先导溢流阀远程控制口直通油箱,其溢流阀主阀即开启卸荷,此时主泵卸荷压力仅为 150～300kPa(这时主油路是开式)。当需要转舵时,先导电磁换向阀偏移中位,溢流阀主阀即因远控油口关闭而升压至设定压力。由于升压过程需要一定时间,还可减轻主油路的液压冲击。

该型舵机执行机构为拨叉式转舵机构,外形如图 4.18 所示。

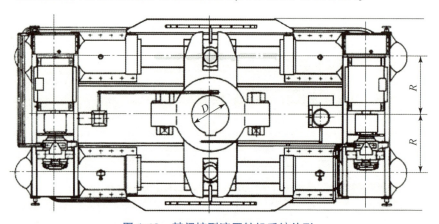

图 4.18 某阀控型液压舵机系统外形

若阀控型舵机的操舵控制阀采用具有开度可调和方向可变的比例方向阀或伺服阀,则可对转舵速度进行实时控制和调节,从而提高操舵控制精度和减少操舵冲击噪声。目前,阀控型舵机较多是采用具有线性功能的比例阀或伺服阀。

2. 泵控型舵机液压系统

泵控型液压舵机一般是指采用双向变量泵,通过控制其变量机构,以控制输出油驱动舵机油缸完成打舵功能的舵机。控制油泵变量机构的方法主要有以下几种。

（1）采用电动伺服缸或液压伺服油缸拉动浮动杆来进行油泵变量机构的控制与反馈。

（2）采用电磁阀来进行油泵变量机构的控制。

（3）采用伺服阀或比例阀和位移传感器来进行油泵变量机构的控制与反馈。

泵控型液压舵机属容积式控制系统，可根据操舵舵速需要，控制液压泵的流量输出，特别是在稳舵时可控制主泵流量为零，不存在较大的溢流损失，经济性较好，适用较大转矩舵机。图4.19所示为典型泵控型舵机液压系统原理（未含变量部分）。

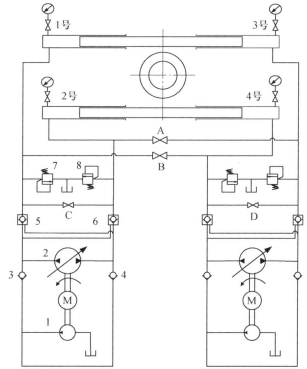

1—辅油泵；2—主油泵；3,4—补油液压单向阀；5,6—液控单向阀；
7,8—安全溢流阀；A,B,C,D—截止阀；1号,2号,3号,4号—工作油缸。

图 4.19　典型泵控型舵机液压系统原理

图4.19中，左机组工作时，主油泵2在电机拖动下旋转。不操舵时，主油泵2变量机构处于0°，此时主油泵2左、右油口均不向外排油或吸油，4个工作油缸在液控单向阀5、6的锁闭下，使舵稳定在当前舵角。当通过浮动杆或控制阀使主油泵2变量机构向某一方向偏转，即可控制变量泵油口（假定为左油口）

向外输出压力油,此时输出压力油流量的大小与变量机构的偏转角度成正比;压力油经液控单向阀 5 和管路进入 1 号工作油缸和 4 号工作油缸,经转舵机构推动舵杆及舵叶顺时针转舵,转舵速度与压力油的流量成正比;与此同时,转舵机构撞杆将 2 号工作油缸和 3 号工作油缸排出,经油管、液控单向阀 6 进入主油泵 2 的吸油口(右油口),形成液压油闭式循环。当控制变量机构至 0°,即停止转舵并将舵保持在当前舵角。同理,改变主油泵 2 变量机构向另一个方向偏转,可实现逆时针转舵,控制变量机构的偏转角度,可调节转舵速度。

因闭式循环油路存在泄漏,需不断补充油液以改善主泵的吸入性能,故每一机组应设置一台辅油泵 1,在通过补油液压单向阀 3 或 4 向主油路低压腔进行补油的同时,对主油泵 2 进行冷却。

右机组工作与左机组工作原理相同。左、右双机组同时工作,可两台主泵同时输出压力油,转舵速度可提高 1 倍。某一当工作油缸(如 2 号或 4 号)有损坏时,可通过开启和关闭相应截止阀(开启截止阀 A、D 和关闭截止阀 C、B)来进行隔离,实行双缸单撞杆操舵,此时 2 号和 4 号工作油缸中的撞杆做跟随运动。

早期泵控型舵机较多采用伺服油缸拉动浮动杆来进行变量机构的控制与反馈,以三点式浮动杆追随机构为例,其舵机及其伺服遥控系统工作原理如图 4.20 和图 4.21 所示。

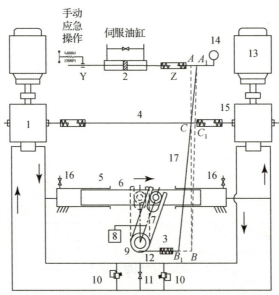

1—主油泵;2—伺服油缸;3—储能弹簧;4—变量泵控制杆;5—转舵油缸;6—撞杆;7—舵柄;
8—舵角指示器的发送器;9—舵杆;10—安全阀;11—旁通阀;12—反馈杆;13—电动机;
14—反馈机构;15—调节螺母;16—放气阀;17—浮动杆。

图 4.20 采用浮动杆进行变量机构控制的泵控液压系统原理示意图

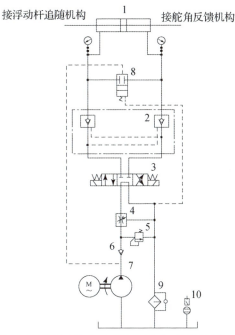

1—伺服油缸;2—油路闭锁阀;3—电磁换向阀;4—溢流节流阀;5—安全阀;
6—单向阀;7—油泵;8—液控旁通阀;9—滤油器;10—油箱。

图 4.21　泵控型舵机伺服遥控系统工作原理

图 4.20 中,通过机械杠杆 17 将变量泵变量机构拉杆(C 点)、伺服油缸活塞杆(A 点)和舵柄(B 点)连接起来,形成三点式泵控追随反馈机构。以向右操舵为例,操舵变量追随工作过程如下。

(1)当伺服活塞在遥控系统的作用下,活塞杆向右移动,拖动 A 点向右运动至 A_1 点,此时,杠杆以 B 点为支点,并绕 B 点转动,使变量机构 C 点向右运动至 C_1 点。

(2)在 C 移向 C_1 时,使变量泵变量机构偏转,油泵即向外供油,压力油进入转舵油缸使油缸撞杆向右运动,并带动舵柄及舵柱右向转动,与此同时,带动 B 点向左运动。

(3)当 B 点向左移动到 B_1 点,拉动杠杆绕 A_1 点转动,使变量机构从 C_1 点向 C 点回移,当 C_1 点回移到 C 点时,油泵变量机构回到零位,舵停止动作。

通过上述浮动杆追随反馈,完成一个向右操舵过程。操舵舵角的大小与遥控系统伺服活塞的控制位置,即 A_1 点保持对应位置关系,即 $AA_1/BB_1 = AC/BC$。

为解决因 C 点偏离中位的距离受泵变量机构最大位移限制,而不能大舵角操舵动作一次性完成等问题,在反馈杆上安装储能弹簧(可双向压缩)。当 A 点将 C 点带到最大偏移位置后,浮动杆会以 C 点为支点而继续偏转压缩弹簧,使 A 点得以一次到达所要求的大操舵角;随着舵叶偏转,储能弹簧首先放松,并在其恢复原状后,才会将 B 点拉到与 A 点相应的位置,以停止转舵;在储能弹簧完全放松以前,B 点不动,C 点停留在最大偏移位置(使泵在较长时间内保持 Q_{max}),加快转舵速度。

由于浮动杆机构固有的控制精度不高、安装调试难度大等缺点,现在泵控型舵机较少采用浮动杆机构,而是普遍采用电磁阀、比例阀或伺服阀等控制元件,直接控制变量泵的变量机构,图 4.22 所示为采用电磁球阀,对变量泵进行控制的某型泵控舵机液压系统。

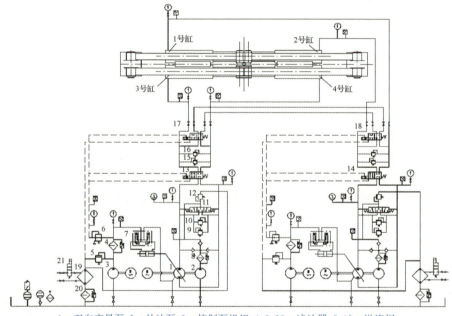

1—双向变量泵;2—补油泵;3—控制泵机组;4,8,20—滤油器;5,12—溢流阀;
6—减压阀;7—电磁球阀;9,10,15,16—安全阀;11—冲洗阀;
13,14,17,18—电液换向阀;19—冷却器;21—冷却水阀。

图 4.22 采用电磁球阀进行变量机构控制的泵控液压系统原理

图 4.22 中,该舵机为 4 缸双层、双舵同步转舵机构,有左、右两套完全独立的液压泵机组;通过控制电液换向阀 13、14 可以选择左机组工作、右机组工作或左右机组同时工作;通过控制电液换向阀 17、18 可以选择是上层 1 号、2 号缸工作,还是下层 3 号、4 号缸工作,或是上下两层 4 缸均参加工作。采用开关型电磁球阀 7 对双向变量泵 1 的变量斜盘进行开关控制,由专门的控制泵机组 3

为电磁球阀和其他电液阀提供液压动力油源。以左机组和双层4缸操舵为例，其操舵过程如下：

(1)不操舵时，电液换向阀17和18线圈失电，阀处于右位状态；电液换向阀13和14线圈也不得电，阀处于右位，将操舵油缸油路关闭，使舵角锁定在当前位置；此时，安全阀15、16可限制油缸最高压力，以保护舵机及其传动装置。

(2)当选择左机组操舵时，先启动左控制泵机组3，电磁球阀7的两个电磁铁均失电，在控制油压的作用下，双向变量泵1的变量斜盘处于零位，变量泵两个油口均不向外排油；电液换向阀13线圈得电，阀芯切换至左位，接通操舵油路，做好操舵准备。

(3)给电磁球阀7的某个电磁铁(如左)施加控制电(操舵控制信号)，变量油缸的左腔即卸除压力油，在右腔压力油的作用下，变量活塞运动到左端最大行程，此时变量泵左油口即以最大排量向外供油，通过电液换向阀13、17和18，分别进入1号缸和3号缸，推动油缸撞杆向右运动，经连杆和舵柄带动舵轴舵叶进行转舵。

(4)到达期望转舵舵角时，断除电磁球阀7的电磁铁控制电，变量油缸的左腔即接通压力油，在左腔压力油的作用下，变量活塞运动到零位，此时变量泵左油口即停止向外供油，舵停止转舵并保持在当前舵角。

同理，通过给电磁球阀7的右电磁铁施加控制电，可以完成另一个方向的操舵。右机组工作与左机组工作原理相同。左右机组同时工作(即双机组工况)，左右机组均启动，通过同时控制两台泵机组的电磁球阀，转舵流量可增大1倍，从而转舵速度提高1倍。

采用电磁球阀进行变量机构控制的泵控型液压舵机，具有可靠性高、维护简单和经济性较好的优点，但存在操舵精度不高和操舵噪声较大等不足。为改善操控性能，较多泵控型舵机采用比例阀或伺服阀等具有线性特性的液压阀来控制变量机构，通过在变量机构上安装位移传感器，对变量机构的位置进行闭环控制，从而对主泵输出操舵流量，即转舵速度进行实时控制。通过对转舵过程中转舵速度的实时控制，可大大提高操舵控制精度，降低操舵振动与噪声。图4.23所示为某型采用比例阀控制变量的泵控型舵机液压原理。

图4.23中，机组采用通轴泵，由一台电机驱动主泵、补油泵和控制泵，变量控制阀采用比例方向阀，并通过短路阀来确定比例阀是否介入工作，或比例阀故障后使主泵自动归零。此外，本舵机还配置了一台应急泵组，通过手动操纵换向阀可隔离泵控机组，进行手动应急操舵。

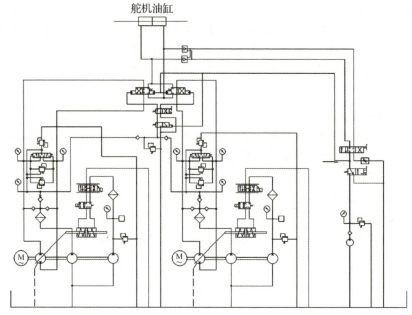

图 4.23 某型采用比例阀控制变量的泵控型舵机液压原理

3. 直驱式容积控制舵机系统

传统的容积调速电液伺服系统采用"异步电动机+伺服变量泵"控制方式,在工作过程中异步电动机始终处于运转状态,其振动较大,并伴随有较大的噪声,这不仅影响本系统的工作性能及疲劳寿命,系统组成和工作原理也比较复杂,同时对油液的清洁度要求也较高,故其可靠性较普通定量泵系统低。

随着伺服电机及其控制技术的进步,一种采用直驱式容积控制(Direct Drive Volume Control,DDVC)技术的舵机应运而生。直驱式容积控制技术是指采用"变频(伺服)电动机+双向定量液压泵"的控制方式,通过控制电机的转向和转速,以控制液压泵输出液流的方向和流量去直接推动执行机构运动的一种电液伺服控制技术。直驱式容积控制舵机系统采用变频(伺服)电机驱动双向定量泵,由双向定量泵输出的高压油直接推动液压缸运动,通过控制电机的转向、转速大小和运转时间,进而改变双向定量泵的转动方向和流量,直接驱动转舵油缸进行操舵。

直驱式容积控制系统和传统液压系统的最大不同就是直驱式容积控制系统使用可以调速的电动机,其电动机作为驱动元件的同时也是控制元件,能够按照控制信号进行调速、变向、变转矩及限转矩驱动,最大特点是去掉了传统液压控制系统中的电液伺服阀和变量泵的排量控制机构,采用类似于泵控的直驱容积控制方式,与传统液压系统相比,具有节能高效、操作控制简单、抗污染能力强、运行噪声小等优点。图 4.24 所示为直驱式容积控制电液伺服舵机系统原理简图。

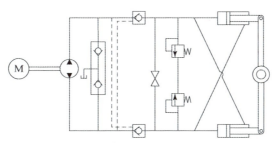

图 4.24　直驱式容积控制电液伺服舵机系统原理简图

由图 4.24 可见,液压泵与液压缸构成闭式回路。交流伺服电动机驱动液压定量泵产生液压动力,通过推挽式液压缸推动舵杆转动。舵杆的启动和停止、变向和变速都是由交流伺服电动机按照控制指令来实现的。并联在闭式回路中的两个单向阀主要起到补油阀作用,当系统闭式回路中出现流量不足时,由单向阀补油至低压管路中。串联在主回路中的由两个液控单向阀组成的液压锁,当舵角达到指定位置,液压泵停止工作时,防止液压缸在波浪拍击舵叶时发生返流现象。并联在闭式回路中的两个溢流阀超载时溢流,起安全保护作用。此外,操舵过程出现超载时,也可通过交流伺服电动机的限转矩保护,达到安全防护作用。图 4.25 所示为直驱式容积控制电液伺服船舶舵机系统控制原理。直驱式容积控制系统元件少,易建立准确的数学模型,控制系统可根据液压系统数学模型,采用先进的控制算法进行控制,从而较好地控制整个舵机液压系统。

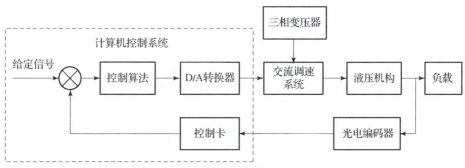

图 4.25　直驱式容积控制电液伺服船舶舵机系统控制原理

某型直驱式容积控制舵机装置如图 4.26 所示。

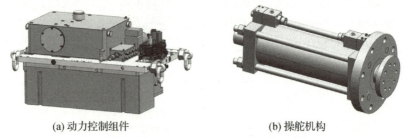

(a) 动力控制组件　　　　　　　(b) 操舵机构

图 4.26　某型直驱式容积控制舵机装置

4.2　舵机液压系统建模及系统选型分析

本节从控制角度对泵控式舵机液压系统进行建模,分析舵机液压系统动态特性,以便明确舵机液压系统背后的数学原理和控制特性,并从舵机系统和船舶操纵控制匹配角度阐述船舶操纵控制系统中执行机构的选用原则。

4.2.1　泵控舵机液压系统的建模

为阐述舵机液压系统的控制原理,本节以日本三菱重工的一型拨叉式液压伺服舵机 YDFT(YOOWON – MITSUBISHI Electro – Hydraulic Steering Gears)为例进行建模分析,该舵机是一种两台并联主泵、4 个柱塞油缸的拨叉式泵控舵机。该系列舵机的结构如图 4.27 所示,其液压系统原理如图 4.28 所示。

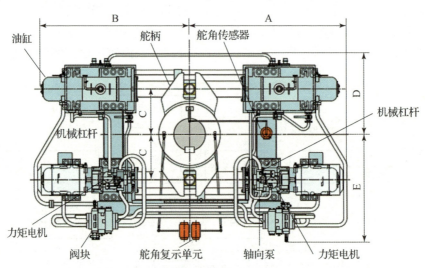

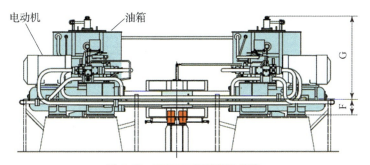

图 4.27　YDFT 系列舵机结构

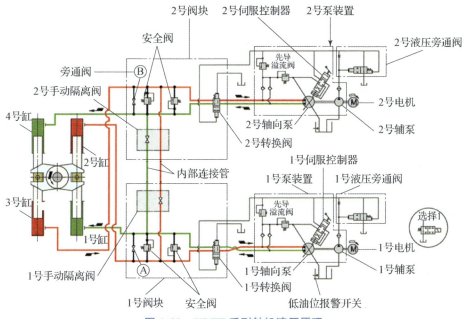

图 4.28　YDFT 系列舵机液压原理

由图 4.28 可知,忽略舵机液压系统中的安全阀、手动隔离阀等元件,则拨叉式泵控舵机主液压系统简图可用图 4.29 表示。

泵控液压位置控制系统由轴向柱塞变量泵、泵控液压缸、比例阀、阀控变量机构、泵斜盘位移传感器、盘位控制器、位置控制器及一些辅助机构等组成。泵控舵机系统原理如图 4.30 所示。

泵控液压位置控制系统存在大小两个闭合回路:一个阀控小回路;一个泵控大回路。控制轴向柱塞变量泵斜盘角度的变量机构实质相当于一个小型推力液压缸,阀控变量机构即是比例阀控液压缸。

小回路使变量泵斜盘倾角 $\alpha(x)$ 控制着 Q_B,即油缸活塞速度。

泵控系统原理如图 4.31 所示。

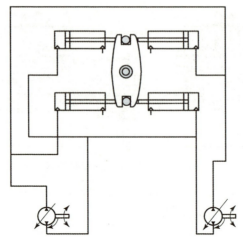

图 4.29　拨叉式泵控舵机主液压控制系统简图

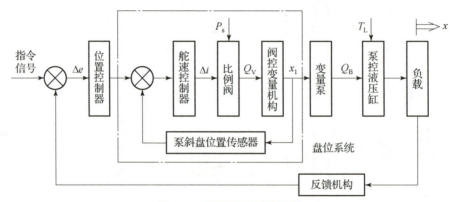

图 4.30　泵控舵机系统原理

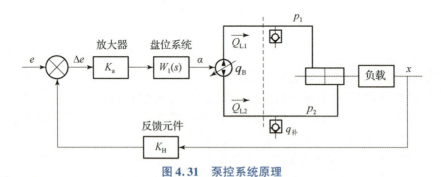

图 4.31　泵控系统原理

液压泵的流量特性如下。

泵出口端流量：

$$Q_{L1} = K_{q_B}\alpha - L_B p_L - L_{B0} p_1 \tag{4.1}$$

式中：α 为变量泵倾斜盘倾角；p_L 为液压泵出口端压力；p_1 为油缸高压端压力；K_{qB} 为变量泵的流量系数，结构常数；L_B 为变量泵的漏损系数；L_{B0} 为泵的外漏系数；满足条件 $\dfrac{dp_1}{dt} = \dfrac{dp_L}{dt}$。

泵进口端流量：

$$Q_{L2} = -(K_{qB}\alpha - L_B p_L) - L_{B0} p_2 \tag{4.2}$$

式中：p_2 为油缸回油管压力，$\dfrac{dp_2}{dt} = 0$。

由连续性原理：

$$Q_{L1} = A_1 \frac{dx}{dt} + \frac{V_0}{\beta} \frac{dp_1}{dt} \tag{4.3}$$

式中：A_1 为油缸有效作用面积；$\dfrac{dx}{dt}$ 为油缸位移速率；V_0 为高压油路或低压油路油液的体积，为整个泵-缸回路中油液总体积的 1/2；β 为油液的容积弹性系数。

$$Q_{L2} = -A_1 \frac{dx}{dt} - q_{\text{补}} \tag{4.4}$$

式中：$q_{\text{补}}$ 为系统低压补油流量。

将油路当作闭合的液体系统，则可得

$$q_{\text{补}} = \frac{V_0}{\beta} \frac{dp_1}{dt} + L_{B0}(p_1 + p_2) \tag{4.5}$$

即补充流量等于所有外漏流量和高压腔压缩流量之总和。

将上面公式联立，且 $p_L = p_1 - p_2$，整理后可得

$$K_{qB}x = A_1 \frac{dx}{dt} + \frac{V_0}{\beta} \frac{dp_L}{dt} + K_{m1} p_L \tag{4.6}$$

其中，

$$K_{m1} = L_B + L_{B0} \tag{4.7}$$

液压缸活塞杆上的力平衡特性为

$$A_1 p_L = M\ddot{x} + B\dot{x} + C_M x + M_f \tag{4.8}$$

式中：M 为油缸活塞杆及负载体系的总质量；B 为液压缸活塞和负载上的黏性阻力系数；C_M 为负载上的弹性力系数；M_f 为摩擦阻力和常值干扰力。

整理上述各式可得

$$\frac{K_{qB}}{A_1} X_1(s) = \left(\frac{V_0 M}{\beta A_1^2} s^3 + \left(\frac{V_0 B}{A_1^2} + \frac{M K_{m1}}{A_1^2}\right) s^2 + \left(1 + \frac{V_0 C_M}{\beta A_1^2} + \frac{B K_{m1}}{A_1^2}\right) s + \frac{C_M K_{m1}}{A_1^2}\right)$$
$$X(s) + \frac{M_f(s)}{A_1^2}\left(K_{m1} + \frac{V_0}{\beta} s\right) \tag{4.9}$$

系统在输入信号 α 和干扰力 M_f 作用下的总输出为

$$X(s) = \frac{\dfrac{K_{qB}}{A_1}\alpha(s) - \dfrac{M_f(s)}{A_1^2}\left(K_{ml} + \dfrac{V_0}{\beta}s\right)}{\dfrac{V_0 M}{\beta A_1^2}s^3 + \left(\dfrac{V_0 B}{A_1^2} + \dfrac{MK_{ml}}{A_1^2}\right)s^2 + \left(1 + \dfrac{V_0 C_M}{\beta A_1^2} + \dfrac{BK_{ml}}{A_1^2}\right)s + \dfrac{C_M K_{ml}}{A_1^2}} \quad (4.10)$$

变量泵变量斜盘的位置控制为比例阀控形式,其系统方块图如图 4.32 所示。

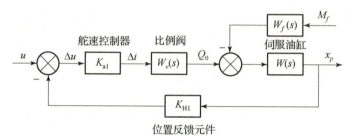

图 4.32 盘位系统方块图

比例阀阀芯位移与输入电流方程为

$$m_f \frac{d^2 X_v}{dt^2} = -C_f \frac{dX_v}{dt} - K_{fw} X_v + K_v I_c \quad (4.11)$$

比例阀负载流量方程为

$$Q_L = K_q X_v - K_c P_L \quad (4.12)$$

变量油缸连续性方程为

$$Q_L = A_p \frac{dX_p}{dt} + C_{tp} P_L + \frac{V_t}{4\beta_e} \frac{dP_L}{dt} \quad (4.13)$$

变量油缸的力平衡方程如下:

$$A_p P_L = m_t \frac{d x_p}{dt^2} + B_p \frac{dx_p}{dt} + K x_p + F_L \quad (4.14)$$

$$W_v(s) = \frac{Q_L(s)}{\Delta I(s)} = \frac{K_q K_v}{\dfrac{s^2}{\omega_0^2} + \dfrac{2\xi_v}{\omega_0}s + 1} \approx K_Q \quad (4.15)$$

$$W(s) = \frac{X_p(s)}{Q_L(s)} = \frac{K_q/A_p}{\left(s + \dfrac{K_{ce}K}{A_p^2}\right)\left(\dfrac{s^2}{\omega_{sf}^2} + \dfrac{2\xi_{sf}}{\omega_{sf}}s + 1\right)} \quad (4.16)$$

一般比例阀的固有频率 ω_0 范围为 12~50 Hz(根据选型不同而有较大差

异),高频响闭环比例阀的最高频响应可达 100Hz,盘位系统的固有频率为 ω_{sf} = 5~20Hz,均远远高于船舶航向操纵控制系统的截止频率,故由式(4.15)可知,比例阀可简化为一比例环节,盘位系统可简化为一个惯性环节。

由式(4.15)和式(4.16)可知,小闭环的闭环传递函数为

$$W(s) = \frac{X_p(s)}{I(s)} = \frac{K_p}{(\tau_p s + 1)\left(\dfrac{s^2}{\omega_p^2} + \dfrac{2\xi_p}{\omega_p}s + 1\right)} \quad (4.17)$$

图 4.33 所示为一组舵机盘位系统实测响应曲线和模型辨识曲线的对照。

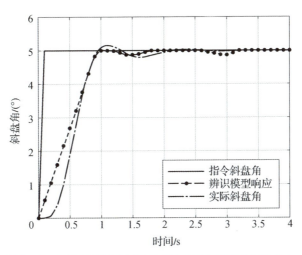

图 4.33 盘位系统实测响应曲线与模型辨识曲线的对照

辨识模型为

$$G(s) = \frac{0.9982}{(0.3376s + 1)(0.0362s^2 + 0.1391s + 1)} \quad (4.18)$$

可表明所分析的模型具有合理性。

式(4.17)中的极点分别为 $s_{1,2} = -\xi_p \omega_p \pm \omega_p \sqrt{1-\xi_p^2}$,$s_3 = -1/\tau_p$,其中闭环主导极点为 $s_{1,2}$,盘位系统的主要性能由该系统的共轭复极点主导,闭环极点 s_3 称为标准二阶系统的额外极点,其主要作用是增加系统响应的上升时间。

当系统负载弹性力系数 $C_M = 0$(一般机械系统均可这样认为),且 $BK_{m1} \ll A_1^2$ 时,式(4.10)简化为典型特性:

$$X(s) = \frac{\dfrac{K_{qB}}{A_1}\alpha(s) - \dfrac{M_f(s)}{A_1^2}\left(K_{m1} + \dfrac{V_0}{\beta}s\right)}{s\left(\dfrac{s^2}{\omega_h^2} + \dfrac{2\xi}{\omega_h}s + 1\right)} \quad (4.19)$$

液压油缸与管路体系的液压谐振频率为

$$\omega_h = \sqrt{\frac{\beta A_1^2}{MV_0}} \quad (4.20)$$

液压刚度为

$$K_0 = \frac{\beta A_1^2}{V_0} \quad (4.21)$$

阻尼系数为

$$\xi = \frac{1}{(2A_1)^2}\left(\frac{2BV_0}{\beta} + 2MK_{m1}\right)\omega_h = \frac{BV_0 + M\beta K_{m1}}{A_1\sqrt{4\beta MV_0}} = \frac{\omega_h}{2}\left(\frac{B}{K_0} + \frac{K_{m1}M}{A_1^2}\right) \quad (4.22)$$

则由式(4.13)和式(4.14),依据系统图画出系统方块图如图4.34所示。

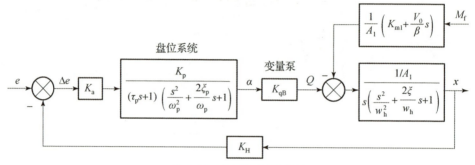

图 4.34 泵控系统方块图

系统开环传递函数为

$$GH = \frac{K_a K_{qB}\left(\frac{1}{A_1}\right) K_H K_p}{s(\tau_p s + 1)\left(\frac{s^2}{\omega_p^2} + \frac{2\xi_p}{\omega_p}s + 1\right)\left(\frac{s^2}{\omega_h^2} + \frac{2\xi}{\omega_h}s + 1\right)} \quad (4.23)$$

系统的开环增益 $K_v = K_p K_a K_H K_{qB}\left(\frac{1}{A_1}\right)$。

泵控舵机系统中,$\omega_h < \omega_p < \frac{1}{\tau_p}$,所以,系统的稳定性主要由大回路的积分加振荡环节确定。

稳定性判据为 $K_v < 2\xi\omega_h$。

即

$$K_p K_a K_H K_{qB}\left(\frac{1}{A_1}\right) < \left(\frac{B}{M} + K_0 \frac{K_{m1}}{A_1^2}\right) \quad (4.24)$$

当 $K_H = 1$ 时,系统闭环传递函数为

$$\mathrm{Gcl} = \frac{G}{1+GH} = \frac{1}{\dfrac{1}{K_a K_{qB}\left(\dfrac{1}{A_1}\right)K_p} s(\tau_p s+1)\left(\dfrac{s^2}{\omega_p^2}+\dfrac{2\xi_p}{\omega_p}s+1\right)\left(\dfrac{s^2}{\omega_h^2}+\dfrac{2\xi}{\omega_h}s+1\right)+1} \quad (4.25)$$

将式(4.25)整理后可得

$$\mathrm{Gcl} = \frac{1}{Ks(\tau_p s+1)\left(\dfrac{s^2}{\omega_p^2}+\dfrac{2\xi_p}{\omega_p}s+1\right)\left(\dfrac{s^2}{\omega_h^2}+\dfrac{2\xi}{\omega_h}s+1\right)+1} \quad (4.26)$$

其中：

$$K = \frac{1}{K_p K_a K_{qB}\left(\dfrac{1}{A_1}\right)} \quad (4.27)$$

由式(4.27)可知，舵机闭环传递函数可依据频率适当简化，如在大舵角运行情况下，该式可简化为一阶惯性环节：

$$\mathrm{Gcl} = \frac{1}{Ks+1} \quad (4.28)$$

而当舵机在小角度运行，即比例阀和斜盘均未饱和的情况下，忽略死区，则舵机闭环传递函数可简化为二阶传递函数：

$$\mathrm{Gcl} = \frac{1}{K\tau_p s^2+Ks+1} \quad (4.29)$$

式(4.28)和式(4.29)即为船舶运动特性与舵机特性匹配分析设计的基础模型。

4.2.2 船舶航向控制系统对舵机性能指标要求分析

一般大型船舶和军用舰船所用舵机的最大舵角为±35°，相关舵机标准规定，为防止过冲，损坏舵机，在舵机最大满舵前1.5°应停舵，故其最大有效舵角为±33°，因此，在船舶舵机匹配性分析中可假设最大有效舵角为33°。

为了尽可能使舵机恶化影响最小化，可作如下两种操纵模式假设。

(1) 舵角"大幅变化"模式。在该模式下，舵机特性受舵角限制和舵速限制支配。

(2) 舵角"小幅改变"模式。在该模式下，舵机的舵角限制几乎不受影响，而舵机的相位延迟才是必须关注的关键。

1. 舵角"大幅变化"模式下的舵机性能指标分析

假设舵机指令信号为一正弦信号，该信号可由舵机完全跟随而不变形：

$$\delta = \delta_{\max}\sin(\omega t) \tag{4.30}$$

则所需舵速为

$$\dot{\delta} = \delta_{\max}\omega\cos(\omega t) \tag{4.31}$$

由此可得该信号的最大频率为

$$\omega_{\max} = \dot{\delta}_{\max}/\delta_{\max} \tag{4.32}$$

由船舶航向闭环系统的动态特性可知,在船舶航向闭环控制系统最大频率处,艏摇运动幅值最大,则

$$\dot{\delta}_{\max} = \delta_{\max}\omega_n \tag{4.33}$$

而实际上,最大舵角由操纵人员决定,如高航速时的最大舵角应小于低航速时的最大舵角。另外,最大艏摇运动也并不是由最大舵角产生的,因此,必有一小于最大舵角的有效舵角,该性能特点降低了对最大舵速的要求,因此,舵机的最大舵速可修正为

$$\dot{\delta}_{\max} \geqslant \delta_{\text{eff}}\omega_n \tag{4.34}$$

式(4.34)即为舵机的一个性能指标要求。

舵机性能指标中还应包含的指标如下:

(1) 无超调;

(2) 无振荡;

(3) 上升时间 t_r(在舵机指标中,上升时间 t_r 是指从稳态值的 0% 上升到 90% 所需要的时间);

(4) 舵机时间常数 τ_δ;

(5) 相位滞后;

(6) 最大舵角偏差 $e_{\max}$。

如图 4.35 所示,上升时间 t_r 可表示为

$$t_r \approx 0.9\delta_{\text{eff}}/\dot{\delta}_{\max} \leqslant 0.9/\omega_n \tag{4.35}$$

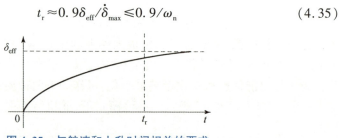

图 4.35　与舵速和上升时间相关的要求

舵机时间常数 τ_δ 是将舵机忽略死区和饱和等因素后等效为一阶惯性环节的时域指标(图 4.36):

$$H_{\text{steeringmachine}} = \frac{1}{s\tau_\delta + 1} \tag{4.36}$$

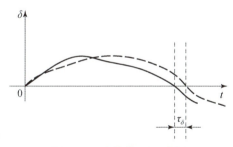

图 4.36 允许的延迟时间

控制工程中的一个首要原则为：在 s 平面内，如果一个极点距虚轴的距离相比主导极点离虚轴的距离大于 5 倍，则该极点可被忽略。遵循该原则，有

$$\begin{cases} \dfrac{1}{\tau_\delta} \geqslant 5\omega_n \\ \tau_\delta \leqslant \dfrac{0.2}{\omega_n} \end{cases} \tag{4.37}$$

由 τ_δ 和 ω_n 可推导出舵机允许的相位滞后指标如下：

$$\varphi \leqslant 360 \frac{\tau_\delta}{T_n} = 360 \frac{\tau_\delta}{2\pi/\omega_n} = 360 \frac{0.2/\omega_n}{2\pi/\omega_n} = \frac{36}{\pi} \approx 11° \tag{4.38}$$

允许的最大舵角偏差指标计算公式为

$$e_{max} = \delta_g - \delta_w = \dot{\delta}_w \tau_\delta \leqslant \dot{\delta}_{max} \tau_\delta = 0.2\delta_{eff} \tag{4.39}$$

假设最大有效舵角为 33°，可由船舶艏向无阻尼自然频率值求得在船舶航速的最大舵速要求应为 $\dot{\delta}_{max} \geqslant \delta_{eff}\omega_n$。

从船舶操纵控制的角度而言，最大舵速可以按照现行标准设置为 4.7°/s。

如前所述，舵机允许的相位滞后指标为 $\varphi \leqslant 11°$。

允许的最大舵角偏差指标为 $e_{max} = 0.2\delta_{eff} = 6.6°$。

2. 舵角"小幅改变"模式下的舵机性能指标分析

式(4.29)描述了舵角小幅改变的动态特性，由式(4.29)可得

$$\begin{aligned} H_{steeringmachine} &= Gcl \\ &= \frac{1}{K\tau_p s^2 + Ks + 1} \\ &= \frac{1/K\tau_p}{s^2 + 1/\tau_p s + 1/K\tau_p} \\ &= \frac{\omega_0^2}{s^2 + 2z_0\omega_0 s + \omega_0^2} \end{aligned} \tag{4.40}$$

式中：$\omega_0^2 = K\tau_p$；$2z_0\omega_0 = 1/\tau_p$。

由于小舵角模式下舵机为二阶控制系统，故小舵角模式下的舵机性能指标主要如下：

(1) 自然频率 ω_0；

(2) 超调量；

(3) 调整时间（输出信号到达指令信号 2% 误差带内所需时间）；

(4) -3dB 处的相位滞后；

(5) 带宽。

由控制系统理论可知，若舵机自然频率 ω_0 至少是船舶航向闭环控制系统的自然频率 ω_n 的 10 倍以上时，则舵机引入的两个极点可忽略，即

$$\omega_0 \geqslant 10\omega_n \tag{4.41}$$

由于舵机不能有超调，故其相对阻尼比 z_0 应为

$$z_0 \geqslant 1 \tag{4.42}$$

调整时间为

$$T_s = 4/z_0\omega_0 \leqslant 0.4/\omega_n \tag{4.43}$$

式（4.43）将舵机调节时间与船舶航向闭环控制系统的自然频率联系起来。

由二阶控制系统的带宽定义可知，舵机带宽为

$$B = 0.64\omega_0 \geqslant 6.4\omega_n \tag{4.44}$$

舵机在 -3dB 处的相位滞后为

$$\varphi = -2\arctan(B/\omega_0) \leqslant -65° \tag{4.45}$$

将最高航速的无阻尼自然频率代入式（4.41）、式（4.43）和式（4.44），可求得船舶为保持直航而使得舵机在"小角度"运行工况下的下述性能指标要求如下：

(1) 自然频率 $\omega_0 \geqslant 10\omega_n$；

(2) 调整时间 $T_s \leqslant 0.4/\omega_n$；

(3) 舵机带宽 $B \geqslant 6.4\omega_n$。

舵机的控制特性与船舶操纵控制系统的匹配性是系统设计中必须考虑的重要内容，从控制系统分析角度来看，阀控液压舵机与泵控液压舵机都可根据运行工况的不同而简化为一阶惯性环节和二阶过阻尼振荡环节，在操控系统设计中，可利用前述分析中总结的相关性能指标对舵机进行选型。

4.3　动力定位推进装置

动力定位推进装置用于为船舶定位提供所需的力和力矩，主要包括主推进器、舵装置、涵道式推进器、全回转推进器、喷水推进器、直翼桨推进器等。

4.3.1 主推进器

动力定位船舶主推进器一般采用敞式螺旋桨,它具有结构简单、效率高等优点,因而在动力定位船舶上的使用非常广泛。

图 4.37 所示为常见的主推进器。

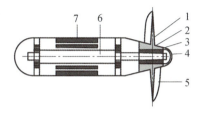

(a) 实物图　　　　　　　　　　(b) 主要结构组成

1—桨叶叶片;2—桨叶凸缘;3—螺旋桨毂;4—螺旋桨壳体;
5—螺旋桨桨叶;6—螺旋桨轴;7—推进器发动机。

图 4.37　主推进器

螺旋桨对推力的控制可以通过调速或调距两种方法实现。通过改变螺距来调节推力大小的称为定速调距桨,通过改变转速来调节推力大小的称为定距调速桨。由于调距桨在船舶不同航行状态下,主机的功率都可以得到充分的利用,因此调距桨在传统船舶推进中得到了广泛的应用。在动力定位工况下,主推进器主要考虑的是低速航行状态甚至是系柱状态下的推进效率,因此调速桨比调距桨更具优势,同时,随着电力推进及其控制技术的发展,调速桨在动力定位中的应用得到了飞速发展。

4.3.2 舵装置

舵是用来保持或改变船舶在水中运动方向的专用设备。舵主要由舵叶和舵杆组成,舵叶是产生水压力的部分,舵杆用于转动舵叶,保证舵叶具有足够的强度。舵装置如图 4.38 所示。

舵通常与螺旋桨组成一个整体作为船舶的推进装置,称为桨舵装置。在桨舵装置中,舵能够充分利用螺旋桨的尾流,提高自身的水动力性能。舵的作用原理是当水流以某冲角冲至舵叶上时产生流体动力,该作用力通过舵杆传递给船体,从而迫使船舶转向,达到调整航向的目的。舵具有以下两大功能。

(1) 航向稳定性:保持船舶预定航向的能力。
(2) 回转性:改变船舶运动方向的能力。

 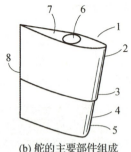

(a) 常见的舵桨组合安装实物图　　(b) 舵的主要部件组成

1—平衡舵叶;2—上舵叶段;3—上舵叶段前缘;4—下舵叶段;
5—下舵叶段前缘;6—舵筒;7—上顶板;8—后缘。

图 4.38　舵装置

4.3.3　涵道式推进器

涵道式推进器(图 4.39),通常也称为槽道式推进器、侧推,它有一根固定的旋转轴,与船舶的纵轴成 90°,嵌入在船体中,因此涵道推进器能够产生横向推力,极大地改善船舶低速航行时的操纵性能。

 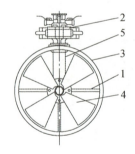

(a) 实物图　　　　　　　(b) 主要结构组成

1—加强筋;2—油马达;3—疏油管;4—螺旋桨;5—轴外管。

图 4.39　涵道式推进器

涵道式推进器的主要优势是安装简单。为了有效地进行偏航控制,涵道式推进器通常安装在船艏或船艉。涵道推进器在静水工况具有良好的推进性能,但在有流情况下,有效推力会急剧下降。涵道的布置也会对推进器性能造成很大的影响。如果涵道太长,摩擦力就会变大;如果涵道太短,则很容易形成湍流,引起水头损失。由于船体对其附近的来流和喷流的影响十分复杂,因此至今尚无公认的较为理想的涵道推进器有效推力理论计算方法。

4.3.4 全回转推进器

全回转推进器是可以自由转动、能够产生 360°全方位推力的推进器,也称为 Z 型推进器,典型产品如图 4.40 所示。

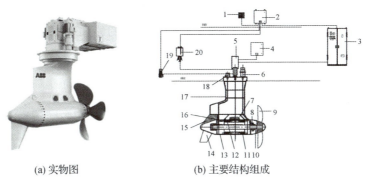

(a) 实物图　　　　　　(b) 主要结构组成

1—主控台;2—中控箱;3—主变频器;4—机旁控制柜;5—辅助装置;6—转舵结构;7—冷却装置;
8—轴承结构;9—螺旋桨;10—主轴密封结构;11—吊舱壳体;12—主推进电机;13—排污管路和检测机构;
14—整流鳍;15—尾部导流板;16—主电缆;17—法兰结构;18—舵角反馈装置;19—排污泵;20—润滑系统。

图 4.40　全回转推进器

在动力定位船舶中,全回转推进器取得了广泛应用。全回转推进器能够产生任意方向的推力,辅助船舶完成许多特殊操作;全回转推进器的安装可使艉部形状区域简单化,减小船舶的阻力;推进器发生故障时,不需要进坞维修,仅需从机舱吊出即可修理,简化了维修的程序。

4.3.5 喷水推进器

喷水推进器一般安装在船艇,同螺旋桨一样都是船用推进设备,其工作原理类似于航空喷气推进器的原理,都是靠反作用力获得前进动力。水流从船底部吸入管道,经过水泵泵叶做功增加能量后,再流经导叶体在喷口以一定的速度喷离船尾,由喷口水流产生的反作用力推动船舶向前运动。喷水推进器如图 4.41 所示。

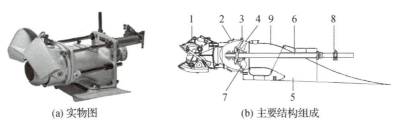

(a) 实物图　　　　　　(b) 主要结构组成

1—转向装置;2—扩散器;3—安装底板;4—壳体;5—流道;
6—叶轮轴;7—叶轮;8—中间轴承;9—弯头。

图 4.41　喷水推进器

喷水推进器主要由进水管、喷水推进泵、传动轴系、控制单元以及操舵和倒航装置等组成。喷口后部是操舵(喷口转动)和倒航装置部分,操舵装置是一个喷口转动电液伺服系统,它主要由导流腔体、操舵液压缸、传动机构以及电控单元等部分组成,其作用是保持或改变船舶的航向。倒航装置(俗称倒车装置)主要由倒车斗和倒航液压缸等组成,它的主要作用是使船舶倒行,这也是采用喷水推进器作为推进装置的船舶较采用螺旋桨推进的船舶一大优点,操作灵活,即原地就可开始后退行驶。

4.3.6 直翼桨推进器

直翼桨推进器是由一组从船体垂直伸向水中并绕垂直于船体的中心轴线做圆周运动的定型直叶片组成,叶片在绕中心轴做圆周运动的同时,按一定规律绕自身的轴线摆动。通过改变叶片的摆动规律,可实现360°范围内快速并连续地改变推力方向和大小。

图4.42(a)所示为直翼桨推进器实物图。直翼桨的工作原理如图4.42(b)所示:直翼桨在旋转箱体进行公转的同时,每一个直翼桨叶片按照一定规律绕自身轴线自转摆动,保证每个叶片的法向在任意时刻都指向直翼桨的动态螺距点(N点),借助每片桨叶与流体的相对运动实现全向发力,并且能够通过螺距点的变化实现360°范围内推力大小和方向的快速改变。

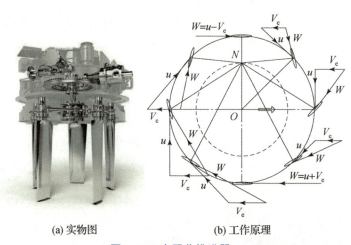

(a) 实物图　　　　　　(b) 工作原理

图4.42 直翼桨推进器

直翼桨推进器垂直桨叶弦长上的压力分布均匀,因此不会出现普通螺旋桨的浅吃水通气现象,只要浸没水中就会产生推力。相比于涵道推进器以及全回转推进器,直翼桨推进器具有操纵性能优良、响应速度快、抗风浪能力强等特点。将直翼桨推进器应用于动力定位系统,无论是正常状态还是应急运行状态,均能保证精确操纵和快速响应,这一点对在恶劣天气状态下工作的海洋工程装备及高操纵性要求的动力定位系统是至关重要的。

4.4 执行器

执行器一般是指船舶航行操纵控制的直接执行元件,它接收操纵控制设备的电信号,经功率放大输出液压压力、流量,或者机械位移、力或力矩。船舶航行操纵控制主要配套使用的执行器有用于液压操纵装置(如舵机、减摇鳍等)的各种控制阀及阀组,也有用于水、气路控制的阀门遥控装置等,下面分别介绍运用较为广泛的各型执行器。

4.4.1 电磁球阀

电磁球阀是一种以电磁铁的推力为驱动力推动钢球来实现油路通断的电磁换向阀。目前,大量运用于水面舰船操舵控制的是 CQF 系列电磁球阀。CQF 系列电磁球阀图形符号如图 4.43 所示,由 2 个两位三通常开式电磁球阀组合而成,并配置应急手操柄,具有抗污染能力强、响应速度快和无泄漏等显著特点,是开关型泵控液压操舵系统先导控制的理想阀件。

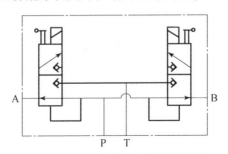

图 4.43　CQF 系列电磁球阀图形符号

CQF 系列电磁球阀结构如图 4.44 所示。2 个两位三通电磁球阀并排安装在底板上,并通过底板实现油路的沟通和板式安装。当两个电磁线圈 4 均断电时,P 口来的压力油作用在钢球 7 上,钢球 7 向上推动衔铁 3 并压在上球座 6 上,使工作油口 A(和 B)与回油口 T 封闭,并与压力油口 P 沟通,压力油同时输出至工作油口 A 和 B。当右边电磁线圈 4 通电时,衔铁 3 在电磁力的作用下,经衔铁推杆向下推动钢球 7 离开上球座 6 压住下球座 8,使工作油口 B 断开与压力油口 P 的连接,与回油口 T 连通泄压。相反,当左边电磁线圈 4 通电时,则为工作油口 A 泄压。

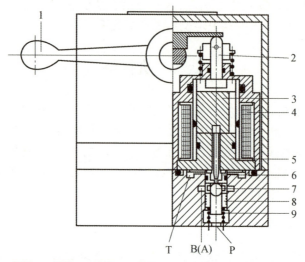

1—手柄；2—压杆；3—衔铁；4—线圈；5—铁芯；6—上球座；7—钢球；8—下球座；9—弹簧。

图 4.44　CQF 系列电磁球阀结构

按压手柄 1 的左部（或右部），相当于左边（或右边）电磁线圈通电，同样可实现对油口 A（或 B）的泄压控制。

4.4.2　比例方向控制阀

比例方向控制阀是指采用比例电磁铁作为驱动部件，可以根据输入电信号，按比例连续控制工作油液流量和方向的液压控制阀。

根据控制方式的不同，比例方向控制阀可分为直动型比例方向控制阀和先导型比例方向控制阀。直动型比例方向控制阀是以比例电磁铁直接推动换向阀芯，控制液流方向和按比例控制流量，受电磁铁驱动力限制，故其通径和工作流量均较小，适用于小流量系统。先导型比例方向控制阀则是以直动型比例方向控制阀作为先导级，通过先导级输出的油液压力去控制主阀芯的开口，实现液流方向控制和流量的按比例控制。由于采用了液压功率放大，故先导型比例方向控制阀的通径和工作流量较大，适用于大流量系统的方向流量控制。对于舵机液压系统而言，直动型比例方向控制阀一般用作泵控型舵机的变量泵斜盘控制阀或小流量阀控型舵机控制阀；流量稍大的阀控型舵机则多采用先导型比例方向控制阀，直接控制操舵液流的方向和流量，即操舵方向和转舵速度。

以下介绍几种用于液压舵机的典型比例方向控制阀。

1. 直动型比例方向控制阀

直动型比例方向控制阀分为不带阀芯位移传感器和带阀芯位移传感器两

种。比较而言,不带阀芯位移传感器的直动型比例方向阀的控制精度和稳定性较差;而带有阀芯位移传感器的直动型比例方向控制阀通过比例放大器可对阀芯位置进行实时闭环控制,故其控制滞环、灵敏度及零位漂移等性能指标均大为提高。某公司不带阀芯位移传感器和带阀芯位移传感器的直动型比例方向控制阀性能差异如表4.1所示。

表4.1 直动型比例方向控制阀性能差异

项目		不带阀芯位移传感器		带阀芯位移传感器	
通径/mm		6	10	6	10
公称流量($\Delta P = 10$bar)/(L/min)		7、15、26	30、60	8、16、32	25、50、75
最大允许流量/(L/min)		42	75	80	180
滞环/%		≤5		≤0.1	
反向间隔/%		≤1		≤0.05	
灵敏度/%		≤0.5		≤0.05	
零漂	%/10K	—		0.15	
	%/100bar			0.1	

直动型比例方向控制阀图形符号(中位各油路封闭机能)如图4.45所示,其结构如图4.46所示。

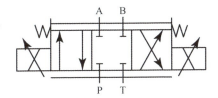

图4.45 直动型比例方向控制阀图形符号

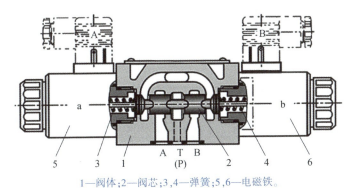

1—阀体;2—阀芯;3,4—弹簧;5,6—电磁铁。
图4.46 直动型比例方向控制阀结构图

图 4.46 中,当电磁铁 5 和 6 均不带电时,对中弹簧 3 和 4 将阀芯 2 保持在中位。当电磁铁 5 得电后,产生推力直接推动阀芯 2 向右运动,运动的位移与输入电磁铁的信号成比例;此时,P 口与 B 口及 A 口与 T 口通过阀芯 2 与阀体 1 之间形成的节流口连通,节流特性为渐进式。当电磁铁 5 失电,电磁阀芯 2 被对中弹簧 4 重新推回中位。同理,当电磁铁 6 得电后,节流连通口则为 P 口与 A 口及 B 口与 T 口通过阀芯 2 与阀体 1 之间形成的节流口。

带阀芯位移传感器的直动型比例方向控制阀结构如图 4.47 所示。图 4.47 中,阀芯位移传感器(Linear Variable Differential Transformer,LVDT)安装在左侧比例电磁铁上,并与其衔铁相连接,可精确、快速测量阀芯位移,通过比例放大器实现阀芯位置闭环,从而大幅度提高比例方向阀的各项性能。

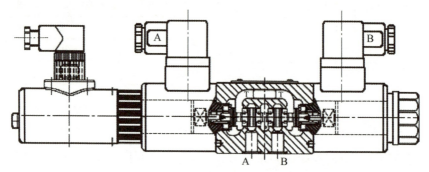

图 4.47 带位移传感器的直动型比例方向控制阀结构

2. 先导型比例方向控制阀

先导型比例方向控制阀按反馈形式可分为力反馈型、位移反馈型和电反馈型。力反馈型和位移反馈型先导型比例方向控制阀相对性能较差,目前在液压舵机上的应用越来越少。由于采用阀芯位移传感器对阀芯进行位置闭环,电反馈型先导型比例方向控制阀性能较好,也有利于系统故障诊断,是当前阀控液压舵机系统主要控制执行元件。先导型电液比例方向控制阀(中位各油路封闭机能)图形符号如图 4.48 所示。

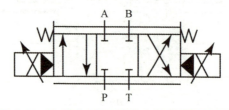

图 4.48 先导型电液比例方向控制阀图形符号

1) 力反馈型先导型比例方向控制阀

力反馈型先导型比例方向控制阀一般是指先导级采用力控制型比例电磁铁,并由反馈杆将主阀芯的位移以弹性变形力的形式反馈,实现主阀芯位置闭环控制的电液比例阀,其典型结构如图 4.49 所示。

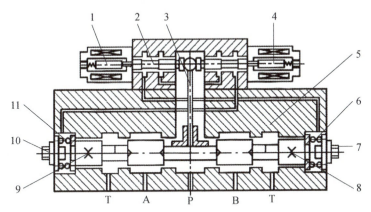

1,4—比例电磁铁;2—先导阀芯;3—反馈杆;5—功率阀;6,11—对中弹簧;
7,10—调节螺钉;8,9—节流孔。

图 4.49 力反馈型先导型比例方向控制阀结构

图 4.49 中,当电液比例方向控制阀的先导级左侧比例电磁铁 1 接收到控制电流时,比例电磁铁 1 产生并输出和输入电流成比例的电磁力,该力作用在先导阀芯 2 上,克服反馈杆 3 的弹性变形力、滑阀副的摩擦力等推动先导阀芯向右移动,P 口的压力油经过先导阀的阀口进入阀芯的右控制腔,并经节流孔 8 回油,功率阀左侧控制腔经节流孔 9 与回油口 T 相通,由此在功率阀芯两控制腔形成压力差,在压力差的作用下推动功率阀芯向左移动并带动反馈杆 3 的下端部一起移动。先导阀芯 2 在反馈杆 3 的作用下向零位方向运动,当反馈杆 3 的弹性力和电磁力相平衡时,先导阀芯 2 停止运动,此时功率阀两控制腔的压力相等,功率阀芯受力平衡停止运动,使主阀芯的左侧阀口保持相应的开口量,其开口面积大小与输入电流成比例关系,控制液流从压力油口 P 至 A 口输出,从 B 口至 T 口流回,此时液流流量与主阀开口面积,以及控制电流成正比。同理,当电液比例方向阀的先导级右侧比例电磁铁 4 输入控制电流时,反向控制液流从压力油口 P 至 B 口输出,从 A 口至 T 口流回。

2) 位移反馈型先导型比例方向控制阀

位移反馈型先导型比例方向控制阀一般是指先导级采用行程控制型比例电磁铁,并由机械杠杆将主阀芯位移以一定的比例反馈到先导阀,实现主阀芯位置闭环控制的电液比例阀。位移反馈型先导型比例方向控制阀的典型结构如图 4.50 所示。

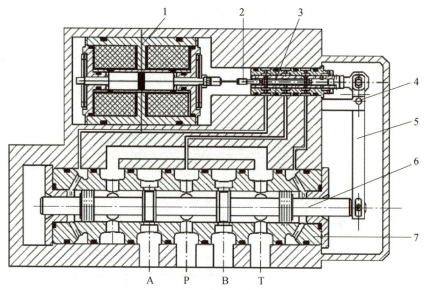

1—比例电磁铁;2—先导阀芯;3—先导阀套;4—支座转轴;5—反馈杠杆;
6—主阀芯;7—主阀套。

图 4.50　位移反馈型先导型比例方向控制阀结构原理

图 4.50 中,先导比例电磁铁 1 为行程控制型比例电磁铁,接入控制信号后,比例电磁铁衔铁产生与信号大小成比例的线性位移,位移方向由通电线圈决定。

当先导比例电磁铁 1 左线圈通电时,衔铁向左产生与电流成比例的位移,拉动先导阀芯 2 向左移动开启先导阀口,使先导压力油通过内部流道进入主阀控制腔 a,同时主阀控制腔 b 通过内部流道和先导阀芯阀套间的开口与回油相通,在 a、b 腔压力差的作用下主阀芯 6 离开中位向右运动,并带动反馈杠杆 5 绕支座转轴 4 逆时针旋转,从而推动与之相连的先导阀套 3 向左做移动,使先导阀芯 2 和先导阀套 3 之间的开口减小直至关闭,主阀芯 6 即停止运动,此时主阀芯 6 与主阀套 7 之间 P 与 B、A 与 T 保持相应的开口,此开口面积与比例电磁铁的电流大小成比例,控制压力油从 P 口至 B 口输出,从 A 口至 T 口流回,此时输出流量与主阀开口面积,以及控制电流成正比。同理,当先导比例电磁铁 1 右线圈通电时,可控制压力油从 P 口至 A 口输出,从 B 口至 T 口流回的流量,其输出流量与控制电流成正比。

3) 电反馈型先导型比例方向控制阀

电反馈型先导型比例方向控制阀采用位移传感器对主阀芯位移进行测量,并通过比例放大器对阀芯位移进行实时闭环控制,其液压原理和结构如图 4.51 和图 4.52 所示。

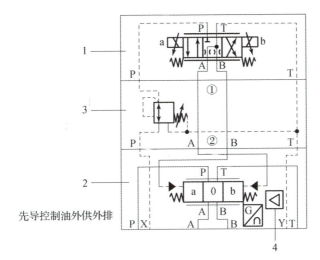

先导控制油外供外排

1—先导控制阀;2—主阀;3—减压阀;4—集成式放大器。

图 4.51　电反馈型先导型比例方向控制阀液压原理

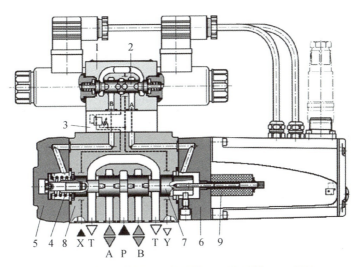

1—先导控制阀;2—阀芯;3—减压阀;4—对中弹簧;5、6—端盖;
7—主阀芯;8—阀体;9—感应位移传感器。

图 4.52　电反馈型先导型比例方向控制阀结构

图 4.52 中,无控制信号输入时,主阀芯 7 在对中弹簧 4 的作用下保持在中位,端盖 5、6 内的两个控制腔通油箱回油。主阀芯 7 通过位移传感器 9 与相应比例放大器相连,主阀芯 7 位置随着指令值在比例放大器加法点产生的差动电压变化而变化。通过比例放大器得到指令值和实际值比较后的控制偏差,产生

电流至先导阀比例电磁铁1。电流在比例电磁铁内产生感应电磁力，经推杆推动先导阀芯，使控制口开启，液流通过控制阀口进入主阀芯控制腔，使主阀芯7运动。与此同时，位移传感器9感应到主阀芯7运动，直至感应的实际值与指令值相等；在放大器闭环控制下，主阀芯7保持在当前位置。

与力反馈和位移反馈型电液比例方向控制阀相比，电反馈型先导型比例方向控制阀具有更好的动静态性能，即频响更快，滞环、重复精度等更高。此外，采用电反馈型电液比例方向控制阀，还可以实时监测主阀芯的运动状态，为舵机系统故障诊断或自动隔离提高重要基础。

4.4.3 伺服阀

伺服阀也称为电液伺服阀，是一种接收模拟量电控制信号，输出随电控制信号大小及极性变化，且快速响应的流量或（和）压力的液压控制阀。伺服阀和比例阀都是通过调节输入的电信号模拟量，从而无级调节液压阀的输出量（如压力、流量、方向），两者的差别并没有严格的规定，只是伺服阀具有更好动、静态特性，如表4.2所示。当然，随着比例阀的性能越来越好，高频响、高性能比例阀的性能已逐渐靠近伺服阀。

表4.2 比例阀、伺服阀差异对比

项目	比例阀	伺服阀
驱动装置	比例电磁铁	力马达或力矩马达
中位死区	有	无
频率响应	几十赫	可高达200Hz
分辨率	低	高
滞环	大	小
线性度	一般	好
结构及加工难度	较为简单，易加工	复杂，加工难度大
油液精度要求	较低	高
价格	便宜	较高

根据控制的流量大小，以及伺服阀的结构形式，用于操舵控制的伺服阀主要分为动圈式电液伺服阀、喷嘴挡板式电液伺服阀和射流管式电液伺服阀，下面分别予以介绍。

1. 动圈式电液伺服阀

动圈式电液伺服阀是一种采用动圈式力马达的滑阀式两级电液伺服阀,其结构示意图如图 4.53 所示。动圈式电液伺服阀控制级采用半桥差动活塞结构,包括磁钢、动圈、控制阀芯、主阀芯、阀套、调零螺钉、锁紧螺母及阀体等,由磁钢在气隙中产生固定磁场。

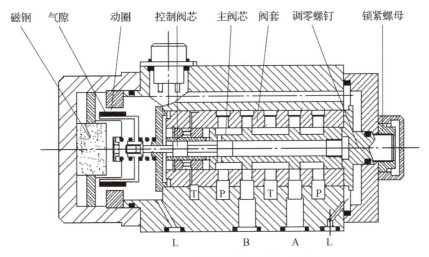

图 4.53　动圈式电液伺服阀结构示意图

当给气隙中的动圈绕组施加电流时,便产生电磁力,推动控制阀芯产生与控制电流成比例的位移。由于控制阀芯与主阀芯组成半桥液压放大器,进行两级直接位置反馈,主阀能跟随控制阀芯运动,产生与控制电流成正比的位移。伺服阀主阀芯台肩控制棱边与阀套相应棱边的轴向尺寸是按零搭接精密配合的,所以输出流量的方向和大小取决于主阀芯位移的方向和大小,于是输出流量在负载压力恒定的条件下与控制电流的大小成正比。

动圈式电液伺服阀具有性能稳定、频率响应好、可靠性高和调整维护简便的优点,一般额定流量不大,适用于小型阀控型舵机,或作为泵控型舵机的变量控制阀。

2. 喷嘴挡板式电液伺服阀

喷嘴挡板式电液伺服阀是运用最广泛的伺服阀,其典型结构和原理如图 4.54 所示。

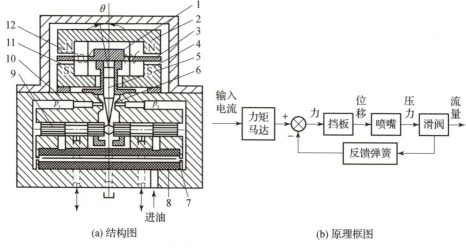

(a) 结构图　　　　　　　　　(b) 原理框图

1—永久磁铁；2,4—导磁体；3—衔铁；5—挡板；6—喷嘴；7—固定节流孔；
8—过滤器；9—滑阀；10—弹簧管；11—阀座；12—线圈。

图 4.54　喷嘴挡板电液伺服阀

喷嘴挡板式力反馈电液伺服阀由力矩马达、喷嘴挡板式液压前置放大级和四边滑阀功率放大级三部分组成。衔铁 3 与挡板 5 连接在一起，由固定在阀座 11 上的弹簧管 10 支撑。挡板 5 下端为一球头，嵌放在滑阀 9 的凹槽内，永久磁铁 1 和导磁体 2、4 形成一个固定磁场，当线圈 12 中没有电流通过时，导磁体 2、4 和衔铁 3 间四个气隙中的极化磁通相同，衔铁 3 处于中间位置。挡板 5 处于两个喷嘴的中间，主阀芯两侧压力相等，因而主阀芯也保持在中位。

当有控制电流通入线圈 12 时，一组对角方向气隙中的磁通增加，另一组对角方向气隙中的磁通减小，于是衔铁 3 就在磁力作用下克服弹簧管 10 的弹性反作用力而偏转一角度，并偏转到磁力所产生的转矩与弹性反作用力所产生的反转矩平衡时为止。同时，挡板 5 因随衔铁 3 偏转而发生挠曲，改变了它与两个喷嘴 6 间的间隙，一个间隙减小，另一个间隙增大。通入伺服阀的压力油经过滤器 8、两个对称的固定节流孔 7 和左右喷嘴 6 流出，通向回油管。当挡板 5 挠曲，出现上述喷嘴一挡板的两个间隙不相等情况时，两喷嘴后侧的压力就不相等，它们作用在滑阀 9 的左、右端面上，使滑阀 9 向相应方向移动一段距离，压力油就通过滑阀 9 上的一个阀口输向液压执行机构，由液压执行机构回来的油则经滑阀 9 上的另一个阀口通向回油管。滑阀 9 移动时，挡板 5 下端球头跟着移动。在衔铁挡板组件上产生了一个转矩，使衔铁 3 向相应方向偏转，并使挡板 5 在两喷嘴 6 间的偏移量减少，起到反馈作用。反馈作用的结果是使滑阀 9 两端的压差减小。当滑阀 9 上的液压作用力和挡板 5 下端球头因移动而产生的弹性反作用力达到平衡时,滑阀 9 便不再移动,并一直使其阀口保持在这一开度上。

通入线圈 12 的控制电流越大,使衔铁 3 偏转的转矩、挡板 5 挠曲变形、滑阀 9 两端的压差以及滑阀 9 的偏移量就越大,伺服阀输出的流量也越大。由于滑阀 9 的位移、喷嘴 6 与挡板 5 之间的间隙、衔铁 3 的转角都依次和输入电流成正比,因此阀的输出流量也和电流成正比。输入电流反向时,输出流量也反向。

双喷嘴挡板式电液伺服阀具有线性度好、动态响应快、压力灵敏度高、阀芯基本处于浮动、不易卡阻、温度和压力零漂小等优点,其缺点是抗污染能力差、内泄漏及功率损失较大,流量大时阀的频宽不高。

3. 射流管式电液伺服阀

射流管式电液伺服阀结构原理如图 4.55 所示。射流管式电液伺服阀主要由力矩马达、柔性供压管、射流管、射流接收器、反馈弹簧和滤油器等组成。

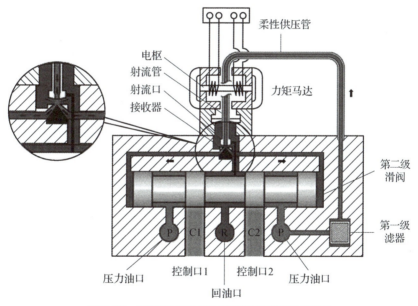

图 4.55 射流管式电液伺服阀结构原理(零位)

高压油流经与力矩马达相连的射流管,上进下出,到达接收器。与主阀芯相连分别有一个节流孔。当伺服阀在零位时,射流管在接收器的中间,阀芯两端压力相等。

当力矩马达输入电流时,电磁力矩使得衔铁和与其相连的射流管偏转一定角度。正负电流使得射流管向左或者向右偏转。射流管的运动,使得阀芯两端产生压差,从而阀芯运动。当阀芯运动时,反馈弹簧杆(注:图中黑色)拉动射流管反方向运动,朝着接收器的位置。当反馈弹簧杆的弹簧力与电磁力相等时,射流管再次回到接收器中位,在阀芯两端产生相等压力,阀芯运动到新的位置停止。这样,液压油从主级阀的压力油口 P 流至控制口 C2,经执行机构后从控制口 C1 返回回油口 R,如图 4.56 所示。

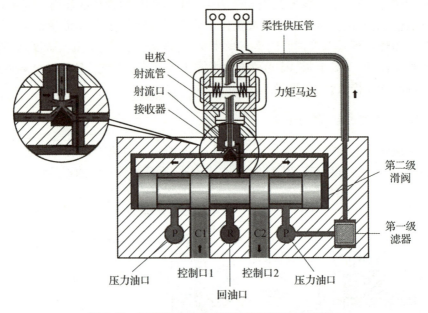

图 4.56　射流管式电液伺服阀结构原理(工作位)

反向施加电流信号将导致阀芯反向运动,从而改变液压油的输出方向和执行器的运动方向。

射流管式电液伺服阀抗污染能力强,其灵敏度、分辨率、滞环和低压工作性能等远远优于喷嘴挡板伺服阀。另外,射流管式电液伺服阀利用喷嘴下游进行力控制,当喷嘴被污物堵塞时,因两个受压孔均无能量输入,滑阀阀芯两端无油压作用,在反馈弹簧的弯曲变形力作用下,会使阀芯回到零位,从而避免过大的流量输出,具有"失效对中"能力,不会发生"满舵"现象。

4.4.4　集成液压阀组

为简化系统管路,降低系统振动及噪声,以及缩小设备体积尺寸,船舶操纵液压执行设备较多采用功能集成部件——液压集成阀组。液压集成阀组将若干功能的阀件通过集成块的形式连接为一体,具有结构紧凑、维护安装简便等优点。根据功能不同,船舶操纵液压集成阀组主要分为操舵控制阀组、手动应急操舵阀组、液动隔离操舵阀组等。

1. 操舵控制阀组

操舵控制阀组主要用于将操舵控制多个相关阀件集成于一体,以实现良好的操舵控制功能及特性。某操舵控制阀组原理如图 4.57 所示,外形如图 4.58 所示。

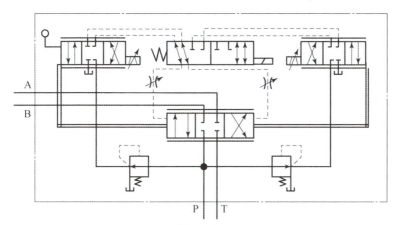

图 4.57　某操舵控制阀组原理

图 4.58　某操舵控制阀组外形

该操舵控制阀组将两个比例先导阀、主阀、转换换向阀、两个减压阀、两个节流阀、两套机械反馈机构、阀芯位置指示机构和手操机构集成于一体。通过转换电磁阀,可选择控制功率滑阀的比例先导阀。当转换电磁阀不通电时,左边比例先导阀的控制油与功率级滑阀的控制油腔相通,此时可由左比例先导阀控制功率滑阀,完成操舵控制,也可用该阀上的应急操纵手柄来实现操舵功能;若给转换电磁阀通上控制电压后,将左边比例先导阀的控制油路与功率级滑阀的控制油腔切断,由右边比例先导阀的控制油路与功率级滑阀的控制油腔连通,此时由右边比例先导阀控制功率滑阀,实现操舵控制。

该操舵控制阀组采用行程控制型比例电磁铁和机械杠杆反馈方式,由两根杠杆分别将主阀芯位移反馈给两个比例先导阀,进行主阀芯位置闭环控制。为提高控制品质,采用两个减压阀以稳定两个比例先导阀的控制油压,采用两个节流阀以调节比例阀主阀芯的运动速度。

该操舵控制阀组采用杠杆进行位移反馈,主阀芯归零力大、面积梯度小、零位遮盖量大,因此工作可靠噪声低、不容易出现跑舵。该电液比例阀采用独特的双线圈位移型比例电磁铁和脉冲宽度调制(Pulse Width Modulation,PWM)控制信号,具有良好的电气控制性能。本操舵控制阀组还采用齿轮传动技术将主阀芯的位移传递出来,以刻度盘的形式显示,工作时可观察阀件的工作情况,便于在发生故障时查找原因。

2. 手动应急操舵阀组

手动应急操舵阀组用于不能正常电控操舵时,人工手动操纵输出控制油,去控制液动隔离操舵阀组去隔离操舵电控阀,并通过液动换向阀完成手动应急操舵控制。

典型手动应急操舵阀组主要包括三位四通手动换向阀、两位三通换向阀、连锁限位操纵机构等,其液压工作原理如图4.59所示。

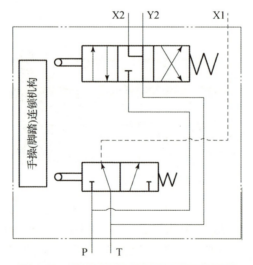

图4.59 手动应急操舵阀组液压工作原理

图4.59中,油口P、T分别为液压动力源的压力油口和回油口。油口X1为操舵隔离切换控制口,用于手操时将二位三通换向阀由左位改变为右位,输出压力油去控制液动隔离操舵阀组中的隔离液动阀改变阀位状态,将操舵液压管路由电控操舵切换为手动液压操舵。油口X2、Y2为手动应急操舵液动控制口,用于手操三位四通换向阀输出液动操舵压力油至液动隔离操舵阀组中的操舵

液动阀,使液动换向阀动作,完成应急手操液动操舵功能。

手动应急操舵阀组结构原理如图 4.60 所示。图中上部和下部分别为原理图中二位三通换向阀和三位四通换向阀。

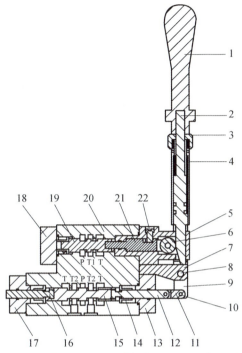

1—手柄头;2—手柄轴;3—螺母;4—手柄套;5,13,17,18—端盖;6—滚轮;
7—支架;8—销轴;9—摇柄;10—销轴;11—链片;12,16,21—阀芯推杆;
14—弹簧座;15,19—阀芯;20—阀体;22—止退螺钉。

图 4.60 手动应急操舵阀组结构原理

当使用电控(比例阀、伺服阀等)正常操舵,即手动应急操舵阀组处于非工作状态时,手柄轴 2 处于图中所示位置,手柄轴 2 下端通过滚轮 6、阀芯推杆 21 将阀芯 19 顶在左位,工作口 X1 与回油 T 连通,即相当于图 4.59 中二位三通换向阀处于左位工作状态,而阀芯 15 处于中位,X2 和 Y2 均与回油 T 连通,即相当于图 4.59 中三位四通换向阀的中位 Y 型工作状态。此时,限位装置将手柄卡住,使其不能前后操动。

当需要使用手动应急操阀组进行应急操舵时,通过手柄头 1 拔出手柄轴 2,阀芯 19 在弹簧力的作用下移动到右边工作位置,同时推动阀芯推杆 21、滚轮 6 移动到右位,此时,即相当于图 4.59 中二位三通换向阀换向到右位工作状态,去控制液动隔离操舵阀组中的二位六通换向阀(液动隔离阀)切换到应急操舵状态。手柄拔出后,前后操动手柄带动摇柄 9 绕销轴 8 转动,从而带动阀芯推杆 12、阀芯 15 及阀芯推杆 16 在阀体内滑动换向,即使三位四通换向阀换向至左位或右位,使 X2 或 Y2 输出高压油去控制液动隔离操舵阀组中的液动换向阀,实现打舵。手柄轴重新插入端盖 5,将滚轮 6、阀芯推杆 21、阀芯 19 顶回至左位即可结束手动应急操舵,回复至正常电控操舵状态。

3. 液动隔离操舵阀组

液动隔离操舵阀组用于在手动应急操舵时,接受手动应急操舵阀组来的液压油控制,将操舵管路由电控操舵隔离转换为应急操舵,并手操完成液动操舵。液动隔离操舵阀组主要由二位六通液动换向阀、三位四通液动换向阀、单向节流阀和截止阀等组成,其工作原理和外形分别如图 4.61 和图 4.62 所示。

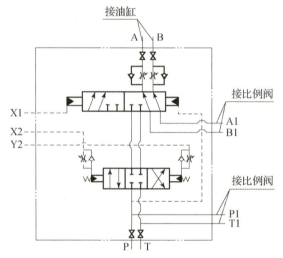

图 4.61 液动隔离操舵阀组原理

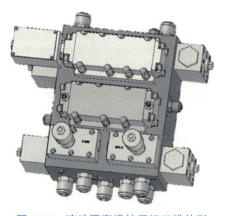

图 4.62 液动隔离操舵阀组三维外形

图 4.61 中,油口 P、T 分别为液压动力源的压力油口和回油口。油口 P1、T1 分别与电控操舵比例阀压力油、回油口连接,油口 A1、B1 分别与电控操舵比例阀的两个工作油口相连。油口 X1 为操舵隔离切换控制口,连接手动应急操舵阀组的 X1 口。油口 X2、Y2 为手动应急操舵液动控制口,连接手动应急操舵阀组的 X2、Y2 口。油口 A、B 分别连接舵机油缸的两个工作口。

正常电控操舵时,本液动隔离操舵阀组中的二位六通液动换向阀的 X1 口通过手动应急操舵阀组中的二位三通换向阀(处于左位)与系统回油相通,因右端控制油口始终与高压油相通,二位六通液动换向阀阀芯在压力差的作用下被顶在右位。此时,通过控制操舵电控比例阀、单向节流阀等可输出液压油至舵机油缸,实现打舵。

当手动应急操舵时,即拔出手操杆,二位六通液动换向阀左侧控制油口 X1 通过手操机构与高压油相通,由于阀芯左侧受压面积大于右侧,阀芯在差压下移动到左位,舵机油缸的工作油口通过二位六通液动换向阀切换至与三位四通液动换向阀(液动操舵阀)的输出油路相通。此时,操纵手操机构使 X2、Y2 分别与压力油相通,控制三位四通液动换向阀换向,即可操纵舵机油缸实现打舵。在三位四通液动换向阀的控制油口 X2、Y2 分别设置单向节流元件,以调节阀芯动作的速度,从而减小应急操舵时的冲击噪声。

应急操舵结束,要恢复到正常操舵时,操纵手操机构使 X1 卸压,阀组中的二位六通液动换向阀回到右位工作位置,即操舵管路回复到由电控操舵状态,可重新进行正常电控操舵。三位四通液动换向阀(液动操舵阀)在弹簧力的作用下,回复到中位。

另外,在二位六通液动换向阀上设置微动开关和机械指示,可实时指示操舵状态。

4.4.5 阀门遥控装置

在船舶操纵系统中,涉及较多的是流体介质通断控制或流量调节。例如,潜器由水面转入水下状态时,需通过打开通气阀将水舱顶部与舱外大气连通,在外部海水压力的作用下,使水舱内空气排出的同时,海水通过通海阀进入水舱,从而增加艇重使艇下沉。又如,潜器在进行水下悬停时,需根据操纵控制台指令对注排水流量进行实时调节控制,以保证良好的悬停控制品质,故系统需配置流量调节阀,通过阀口的开度变化来调节注排水过流面积,从而调节注排水瞬时流量。目前,船舶操纵系统均采用阀门遥控装置,通过阀门遥控装置驱动主阀,以实现阀门的开关或开度调节。

根据功能的不同,阀门遥控装置可分为开关型和调节型。开关型阀门遥控装置用于实现阀门的开启和关闭,只有开和关两个工作位。调节型阀门遥控装置用于实现阀门的开度调节,可在阀门全开和全关之间进行通流面积调节及保持。

根据动作方式不同,阀门遥控装置可分为直线型和回转型。直线型阀门遥控装置用于提升式阀门,通过直线运动来改变阀门的位置状态。回转型阀门遥控装置用于转动式阀门,通过产生角位移来改变阀门的位置状态。根据旋转角度的不同,回转型阀门遥控装置又分为多转式型和部分回转型。多转式型阀门遥控装置输出轴转动大于两圈,适用于各类闸阀、截止阀和滑板阀等;部分回转型阀门遥控装置输出轴转动小于360°(通常为0°~90°,也可提供特殊行程,如120°或180°),适用于蝶阀、球阀等。

根据传动方式不同,阀门遥控装置可分为电动型和电液型。电动型阀门遥控装置采用电机经齿轮减速或螺纹丝杠等机械传动方式,将电机运动转变为驱动阀门的旋转运动或直线运动,以改变阀门位置。电液型阀门遥控装置采用液压传动的方式将电能转变为液压能,通过控制液压油缸(含摆动缸)的位置,来改变阀门位置。一般来说,电液型阀门遥控装置具有负载能力强、动态响应快和使用寿命长等优点,而电动型阀门遥控装置则具有系统配置简单、运行噪声低、使用维护方便和不存在泄漏的显著优点,具体技术特点如表4.3所示。

表4.3 两种阀门遥控装置技术特点比较

序号	项目	电动型遥控装置	电液型遥控装置	备注
1	负载能力	一般	强	电液型采用液压油缸承载,电动执行器采用丝杠或齿轮承载
2	控制精度	高	高	均能达到0.1%左右的控制精度
3	全行程时间	长	短	电液型具有液压优点,一般可做到运动速度较快
4	动态响应	一般	快	电液型动力部分,转动惯量小
5	使用频次要求	有	无	电动型一般都有单位时间使用次数限制
6	使用寿命	一般	长	电动型使用达到一定次数后,传动件磨损会导致控制精度下降和噪声增加

续表

序号	项目	电动型遥控装置	电液型遥控装置	备注
7	位置保持	电机需通电	电机无须通电	电动型电机若带全扭矩制动器,位置保持时可不通电
8	失电安全保护	难实现	易实现	电液型采用蓄能器,易实现失电或故障安全保护
9	抗过载保护	难实现	易实现	电液型采用安全溢流阀,易实现过载保护
10	可靠性	一般	高	电液型通过油液润滑、散热
11	模块化系列化	难	易	通过配置不同的动力模块和执行模块,电液型易实现系列化

1. 电液阀门遥控装置

常用的船用电液阀门遥控装置液压原理如图 4.63 所示。

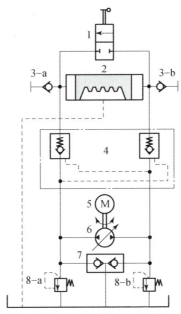

1—手操转阀;2—摆动油缸;3—自密封接头;4—液压锁;5—电动机;6—液压泵;7—梭阀;8—溢流阀。

图 4.63 电液阀门遥控装置液压原理

由电机旋转带动液压泵旋转输出压力油,推动摆动油缸活塞直线运动。通过控制电机正反转切换液压泵压力油口与摆动油缸左腔或右腔接通,驱动摆动油缸活塞左右运动,并带动摆动油缸齿轮轴转动,从而输出驱动力矩。

电液阀门遥控装置主要由壳体、动力单元、摆动油缸、手操机构、过渡法兰、手操连锁机构、手操转阀、阀位反馈机构、微动开关组、液位开关、油标、外罩(含阀位指示观察窗、接线端子及填料函)等辅助功能部件组成,如图4.64所示。其中,动力单元包括电机、液压泵、梭阀、液压锁、溢流阀等部件;摆动油缸包括活塞、齿轮轴、端盖等部件;手操机构由蜗轮、蜗杆等组成。

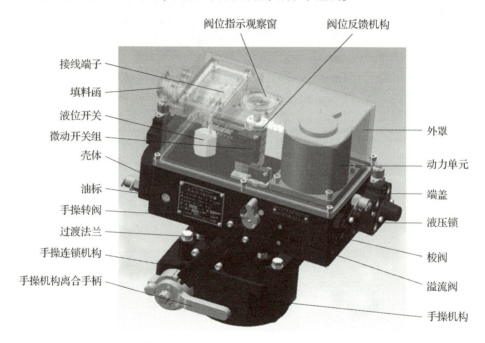

图4.64 电液阀门遥控装置组成结构

电液阀门遥控装置原理框图如图4.65所示。电液阀门遥控装置由AC 220V电源供电,阀门控制系统通过通信方式向电液阀门遥控装置控制器发送阀门开/关控制指令,控制器收到控制指令后向电机发送正转或反转控制信号。电机收到控制信号后,驱动液压泵运转,输出液压油,液压油通过液压锁,进入摆动油缸控制腔,驱动摆动油缸的活塞运动,活塞带动与之啮合的齿轮轴转动,输出驱动力矩,实现与之连接的阀门开/关控制,从而实现阀门的远程遥控操作。

第 4 章 操纵执行装置

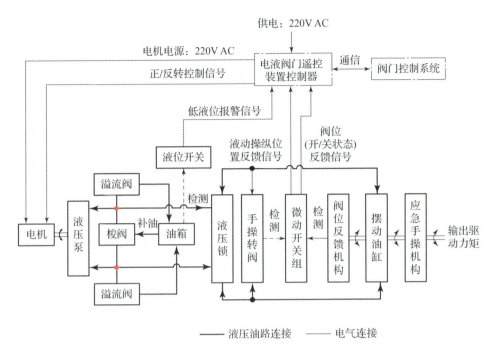

图 4.65 电液阀门遥控装置原理框图

通过手摇泵向摆动油缸活塞腔注入压力油,可以实现现场液动操作。将手操转阀切换至"手动"状态,将摆动油缸两个活塞腔连通,通过手操机构可以实现应急手操。

阀位反馈机构与摆动油缸的齿轮轴刚性连接,实时指示阀位状态,电液阀门遥控装置动作到位时,阀位反馈机构触动相应的微动开关,微动开关向电液阀门遥控装置控制器发送阀位状态(开或关)反馈信号;液位开关实时监测油箱液位,当油箱液位低时,液位开关向电液阀门遥控装置控制器发送低液位报警信号。电液阀门遥控装置控制器再以通信方式将阀位反馈信号和低液位报警信号发送给阀门控制系统。

微动力单元的液压泵出口设置液压锁,从而实现阀位自锁功能,失电后能保持原阀位。

微动开关组设有检测手操转阀位置的微动开关,手操转阀处于"液动"位置时,该微动开关向电液阀门遥控装置控制器发送液动操纵位置反馈信号,电液阀门遥控装置控制器仅在接收到液动操纵位置反馈信号时,才能控制电液阀门遥控装置动作,实现液动操纵和应急手动操纵的电气连锁。

手操机构和驱动装置壳体之间设置有机械连锁机构,确保"液动"(电操或手摇泵应急操作)和"手动"(机械手操)方式只能二选一,避免机械手操啮合情况下"液动"等误操作造成设备损坏。

2. 电动阀门遥控装置

电动阀门遥控装置一般由下列部分组成。

(1)专用电动机:采用过载能力强、启动转矩大、转动惯量小的电动机。

(2)减速机构:通过齿轮、蜗轮蜗杆等以降低电动机的输出转速,并提高输出转矩,或通过齿轮、丝杆机构等将电动机转动转变为直线运动,输出推力和位移。

(3)行程控制机构:用于调节和准确控制阀门的启闭位置。

(4)转矩限制机构:用于调节转矩(或推力)并使之不超过预定值。

(5)手动、电动切换机构:进行手动或电动操作的连锁机构。

(6)开度指示器:用于显示阀门在启闭过程中所处的位置。

典型电动阀门遥控装置外形及结构如图 4.66 所示。

(a) 外形

(b) 结构

图 4.66 电动阀门遥控装置

带阀位控制的调节型电动阀门遥控装置工作原理框图如图 4.67 所示。

电动阀门遥控装置接通电源后,接收阀位控制信号(4~20mA 电流信号或开关无源触点信号),通过与实际阀位信号进行比较处理,输出一个正转或反转信号,驱动电动机正转或反转,经减速机构放大后传递给输出轴,输出一定的转速和扭矩值,从而驱动阀门动作,实现阀门阀位的控制,并向外发送阀位信号至上层控制系统。

电动阀门遥控装置具有手动/电动功能,且手动/电动操作方式互为连锁。转换至手动式,可通过手轮进行阀门开关操作。

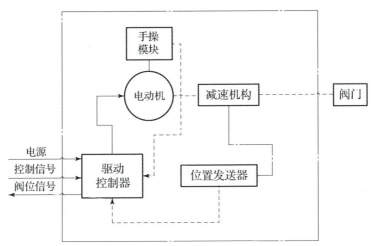

图 4.67　电动阀门遥控装置工作原理框图

电动阀门遥控装置具有行程电气和机械双重保护功能。当行程超过开关极限位置时,行程保护触点信号触发,控制程序自动进行行程保护,停止电机转动;当电机发生堵转,电流超过设定值后,将自动停止转动以保护电机。

与电液阀门遥控装置相比,电动阀门遥控装置无须液压油作为工作介质,具有控制精度高、运行噪声低和结构简单、维护性好等优点,但其转阀力矩相对较小,使用寿命相对较短。

4.4.6　海水流量调节阀

当潜艇改变深度,出现艇体重量与浮力不平衡时,应对潜艇进行浮力调整。为此,一般在潜艇重心附近的耐压壳体内,设有专用的浮力调整水舱,通过对浮力调整水舱进行注、排水来达到浮力与艇体重量的平衡。为达到良好的控制效果,保证准确的注、排水量,一般要求潜艇操纵控制系统设置海水流量调节阀,分别用于自动控制自流注水和均衡泵排水的速度,使潜艇处于不同深度时注、排水速度能在一定范围内保持恒定。

海水流量调节阀是采用调节阀门过流面积的方法,来调节通过的流量。流体节流公式为

$$Q = C_\mathrm{d} A \sqrt{2 \frac{\Delta P}{\rho}} \tag{4.46}$$

式中:Q 为通过流量;C_d 为流量系数;A 为过流面积;ΔP 为阀前后的压力差;ρ 为流体密度。

当潜艇自流注水或均衡泵排水时,随着潜艇所处深度的变化,使得海水通过流量调节阀的压力差 ΔP 发生改变,从而导致注水或排水速度(瞬时流量 Q)

发生变化，此时可通过调节阀的过流面积 A，来保持通过流量 Q 恢复到设定值。当然，在阀门调节的过程中，流量系数 C_d 也是变化的。

海水流量调节阀由主阀、控制器和电控箱三部分组成，其结构原理如图 4.68 所示。

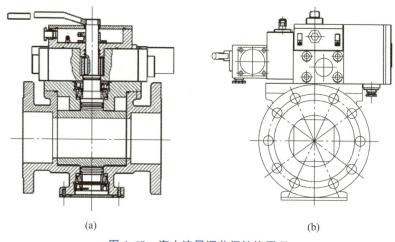

图 4.68 海水流量调节阀结构原理

海水流量调节阀主阀采用固定式转阀结构，即转轴上、下部均采用推力轴承，有利于减小操纵力。转轴上开一定形状的通道，当主阀转轴旋转时，它和壳体之间的通道面积(通流面积)随之发生变化，对流经的海水进行节流。当通过的流量小于设定值时，主阀转轴逆时针旋转，增大通流面积，使流量增大至设定值；相反，当通过的流量大于设定值时，主阀转轴顺时针旋转，减小通流面积，使流量减小至设定值。

海水流量调节阀驱动控制采用电液模式，由液压阀将电信号转换为液压信号去控制液压缸的运动，再通过齿条齿轮传动将直线运动转为主阀转轴的旋转运动，去调节节流口的大小。控制阀采用船用液压换向阀，该换向阀由球式电磁阀作为先导级，具有响应快、抗污染能力强、可靠性高、功耗低并带应急操纵手柄的特点。此外，采用电液开关式控制，也有利于简化控制电路。海水流量调节阀电液驱动结构和液压原理如图 4.69 所示。

如图 4.69 所示，为减小尺寸，将驱动油缸的柱塞中部加工成齿条并与安装在球轴上的齿轮啮合来推动阀轴的转动。为调节主阀的开关速度，并实现电液自动和应急手动操纵，本节设置了节流调速和电液/手动转换装置，且均通过插装式结构与安装板集成于一体，再通过螺钉和主阀集成，结构紧凑、操纵方便。

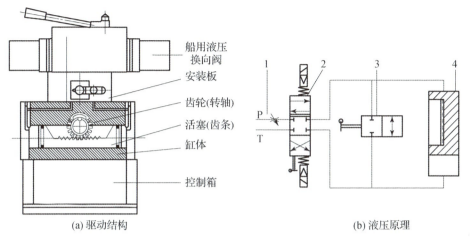

(a) 驱动结构 (b) 液压原理

1—节流阀;2—电磁换向阀;3—油路转换阀;4—驱动油缸。

图 4.69　海水流量调节阀电液驱动结构和液压原理

海水流量调节阀采用单片机作为控制核心,主要由单片机、信号调理与 A/D 转换器、流量信号隔离输入、隔离驱动、参数显示、稳压电源等构成,如图 4.70 所示。信号调理与 A/D 转换主要将由阀位置传感器送来的阀角信号电压经调理后变成可用于 A/D 转换器输入的电压量,再经 A/D 电路转换为数字量;信号隔离输入用于将流量计及均衡泵串/并联信号(排水用时)与流量调节阀的控制电路进行光电隔离和整形;隔离驱动是将阀驱动信号线与阀线圈进行光电隔离并驱动;参数显示电路完成对阀角和瞬时流量的显示;稳压电源将 220V/50Hz 电源变换为 5V、12V、24V 和 ±9V 的直流电压供控制电路使用;单片机为控制电路的核心,它完成对输入量的采样、变换和运算,最后输出控制量,完成海水流量的自动调节和各项控制功能。阀位置传感器为耐磨薄膜电位计,它将阀角转换为电压信号输出。

以均衡泵排水为例,海水流量调节阀工作时,遥测流量计检测出对应于实际均衡泵排出流量的电脉冲信号并送至电控箱的单片机,同时由阀位置传感器检测出的主阀角信号也送到电控箱的单片机并进行 A/D 转换。单片机将实际流量值、阀角值与由程序设定的流量调节值进行推理比较,然后输出开大或关小阀门的控制信号,控制船用液压换向阀动作,驱动阀门开大或关小至适当的角度,直至流量控制在设定值。

在液压系统正常、电控箱断电的情况下,可操纵调节阀上的换向阀手柄进行液压手操。当海水流量调节阀的电、液均不正常时,则可将调节阀上"液动/手动"转换手柄转至"手动"位置,再用附带的专用扳手进行应急手动操纵。

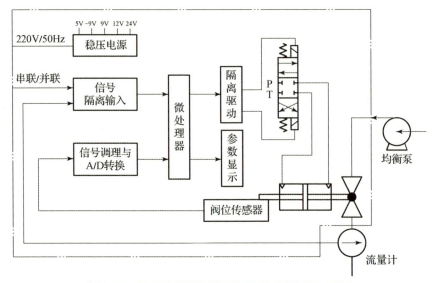

图 4.70　海水流量调节阀机电原理(均衡泵排水用)

参 考 文 献

[1] 雷天觉.新编液压工程手册[M].北京:北京理工大学出版社,1998.
[2] 小艇　操舵装置　齿轮传动连接系统:GB/T 19321—2003[S].北京:中国标准出版社,2003.
[3] 舰船液压舵机通用规范:GJB 2855A—2018[S].北京:国家军用标准出版社,2019.
[4] 海洋船舶液压舵机:CB/T972—1994[S].北京:中国标准出版社,1994.
[5] 钢质海船入级规范(2023)[S].北京:中国船级社,2023.

第 5 章　船舶操纵控制系统

现代船舶配置了各种形式的自动化控制设备,为船舶总体性能的提升起到了极大的促进作用,特别是舰船操纵控制自动化装备,不仅可减轻操纵者的劳动强度,更是舰船安全航行和完成各项使命任务的基本保证,具有重要的军事意义。

从广义上讲,船舶操纵控制系统也是一种自动控制系统,一般由感知船舶运动状态参数的传感器、实施数据处理和控制功能的控制器、执行控制器指令操纵转舵机构及推进装置的执行器等基本部分组成。本书第 3 章和第 4 章分别介绍了船舶操纵控制系统的传感器组件(传感器)和操纵执行装置(执行器),本章将重点介绍几类典型的操纵控制系统,如水面舰船航向控制系统、船舶动力定位控制系统和潜艇操纵控制系统等。在内容安排上,依次介绍船舶操纵控制系统的专业领域和科研流程、各类典型操纵控制系统,并对有关系统和设备的测试与试验项目要求进行说明。为便于工程技术人员参阅,又体现对各操纵控制系统内容叙述的相对完整性,本书某些章节的局部内容在编写上进行了必要的重复。这种重复不是简单地复制,而是对各类典型操纵控制系统的技术内涵进行更深入的解读与分析,把操控系统性能要求转换为设计用的性能指标,以适应不同读者的不同需求。

5.1　船舶操纵控制系统的专业领域和科研流程

本节简要介绍在开展操纵控制系统研究和设计工作中常用的专业基础知识和设备研制的一般科研流程。

5.1.1 舰船操纵控制系统的专业领域

舰船操纵控制设备与一般的仪器设备不同,其功能、战术技术指标以及操作使用过程不仅与舰船的操纵性能和装备的操纵装置有关,还与舰船所处的海区和海况条件有关。因此,研究和设计舰船操纵控制系统与设备需了解与其相关的专业领域与技术知识;同时,掌握并熟练应用舰船操纵控制专业领域的技术知识也是学习、设计、调试和使用舰船操纵控制系统和设备的基础。因潜艇操纵控制系统较水面舰船操纵控制系统更复杂,下面以潜艇操纵控制系统为例进行说明。

1. 潜艇操纵控制的研究内容

潜艇操纵控制系统是一种典型的复杂非线性闭环控制系统,涉及潜艇运动参数传感器检测、数值计算与运动仿真、现代控制理论、计算机科学与技术、软件工程、流体传动与控制、人机工程等多个专业领域。落实到具体的科研工作,本节以潜艇的航向或深度自动控制系统为例,通过对操纵控制过程的了解,来梳理潜艇操纵控制系统的研究内容。潜艇航向/深度自动控制系统原理框图如图 5.1 所示。

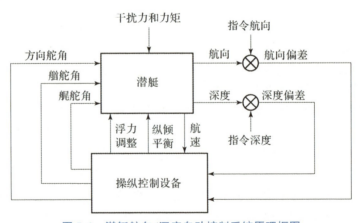

图 5.1 潜艇航向/深度自动控制系统原理框图

潜艇航向/深度自动控制过程如下:

(1)当潜艇操纵控制系统开启通海阀和通气阀向压载水舱注水后,潜艇将由水面巡航状态转入水下工作状态,经过补充均衡后,其剩余浮力和力矩接近于零,即可在方向舵和艏舵(或围壳舵)、艉升降舵的操纵下保持或改变潜艇的航向和深度。

(2)在潜艇航向和深度控制过程中,如因海流、武器发射等干扰的作用,或潜艇自身载荷的变化,会造成潜艇偏离预定航向或深度;当系统检测的实际航向和深度与给定航向和深度不一致时,由比较器输出偏差信号,并按设定的控制规律进行运算后,分别输出方向舵、艏舵和艉舵舵角指令,由随动操舵系统推动舵面按指令舵角偏转。

(3)潜艇在舵角的作用下,向预定航向和深度恢复或向新指令航向和深度过渡,在潜艇逐渐向预定深度和航向恢复过程中,其差值逐渐减小,运算的舵角指令也逐渐减小,当实际航向和深度与给定值一致后,偏差信号为零,舵角也收回到零。

从上述潜艇航行和深度控制过程可知,潜艇操纵控制系统是一个典型的闭环自动控制系统。与一般的闭环自动控制系统一样,在该系统中,将潜艇称为"控制对象",将操纵控制设备称为"调节器"(或控制器),而将造成潜艇偏离给定值的因素称为"干扰"。因此,潜艇操纵控制系统的主要研究内容除一般的闭环自动控制系统所涉及的内容外,还必须研究潜艇的操纵运动性能和海洋环境等干扰条件这两方面的内容。

2. 掌握作为控制对象的潜艇运动特性

潜艇在水面航行时,与操纵水面舰船类似,用方向舵来控制水平面运动。但潜艇在向压载水舱注水后转入水下工作状态时,可分为水平面运动和垂直面运动,其水平面运动(艏摇、横移、进退等)与水面运动基本相同;在垂直面内的运动(升沉、纵摇等),一般要通过浮力调整和纵倾平衡后,才能实施操舵控制。较理想的状态是潜艇所受的浮力等于艇体自身的重量,而且处于水平状态,即"剩余浮力"和"剩余静载力矩"近似于零,称为"均衡良好的潜艇",此时才能更好地利用艏、艉升降舵所产生的水动力和力矩来控制潜艇的垂直面运动。此外,由于艏、艉舵对潜艇的控制作用不同,进行深度控制时要充分掌握和利用各自的特点。

不同潜艇其吨位、线型、附体、操纵面的大小和布置不同,即使同一潜艇,由于航速变化范围很大,其操纵性(含稳定性和机动性)也会发生变化,低速时艉舵还会出现"逆速"(失去控制深度能力)问题。因此,潜艇在完整的闭环控制系统中通常与周围介质一起称为"水动力环节"。显然,当控制对象变化后,需对控制器的控制规律和参数作相应的调整,才能获得更好的控制品质。

无论是设计还是使用操纵控制系统,都有必要熟悉和掌握潜艇的运动规律,以及潜艇对干扰和各种控制作用的响应特性。

3. 了解影响潜艇运动的外部干扰

潜艇在航行过程中除本身的稳定性外,造成航向和深度偏离预定值的主要因素有：一是风、流、涌、浪等"外部干扰"；二是燃油消耗及载荷变化等"内部干扰"；三是因航行深度变化造成艇体压缩和海水密度变化等原因使潜艇浮力发生变化的"慢变干扰"；四是因航速变化或艇体不对称性等引起的水动力干扰等。此外，在发射武器时，潜艇还会受到短时强脉冲和其他复杂的综合性干扰，这些干扰都会使潜艇偏离预定航向和深度。由于这些干扰的作用方式不同，与人工操纵一样，要设计和使用好操纵控制系统和设备有必要了解这些造成偏航和偏深的干扰特性，以便针对不同情况采取不同的控制措施。在工程实践中，如有较大的剩余浮力，一般采用排（或注）水的方式来抵消；若采用"压舵"的方式进行补偿，过大的压舵角不仅会增大航行阻力，降低航速，还会造成操纵的不对称性。对交变或短时间作用的干扰，一般采用"操舵"来控制；若用"排（或注）水"方式可能会因惯性而造成系统不稳定。在近水面航行时，对高海情波浪所产生的一阶波浪（交变）力，应进行信号滤波，不予控制，以减少无效偏舵，而对高海情波浪产生的二阶波浪（常值）力，应注水补偿，以防止发生"露背"现象（艇体或围壳突然露出水面）等。

因此，在选择和调整潜艇操纵控制系统的控制规律和参数时，要针对不同的干扰来进行设计，用更加有效的方式来补偿或消除这些干扰的影响。

4. 按战术需求采用先进控制理论进行操纵控制设备的设计

与一般的自动控制系统一样，潜艇操纵控制系统在工作过程中，首先是要输入预定的航向、深度和倾角等指令，在获取潜艇当前的姿态角、运动参数、各控制装置状态等信息后，按照预定的"调节（控制）规律"进行运算，得出操纵指令，并传送到"操纵执行装置"实现操控。因此，操纵控制设备设计的核心技术就在于"控制策略及控制参数"的确定，主要包括以下内容

1）应用先进的控制理论设计自动操舵仪

自动操舵仪是一种能够按照预定控制要求，自动控制船舶舵机运动实现操舵，在一定条件下可实现船舶自动航行的自动化装置。自动操舵仪的初期应用阶段一方面是为了减轻操作者的劳动强度，另一方面能保持预定航向（深度）。一般采用经典式的"比例+微分+积分"（PID）调节器，优点是稳定性好，缺点是在风浪天气条件下航行时打舵次数较多，不能自动适应风浪、艇形、航速及航行深度的变化，要求人工对控制规律和参数进行调整。随着现代控制理论的发展，提出了以稳定精度和舵角大小相结合的"综合评价指标"作为设计依据，设计出能自动适应海况和不同对象的"自适应自动操舵仪"，并按各种不同原理设计了各种滤波器，以减少或消除高频干扰引起的"无效偏舵"（对航向或深度控制不起作用的偏舵）。

无论是水面舰船还是潜艇,自动操舵仪都是必备的操纵控制设备,了解和掌握操舵控制技术研究和操舵仪设计的方法,是开展船舶操纵控制技术研究和设备研制的工作基础。

2) 按舰船战术要求设计操纵控制系统

对战斗舰艇和执行特殊任务的船舶来说,减轻劳动强度、提高经济性固然重要,但最核心的还是保证战术要求。在工程应用中研制了不同功能的操纵控制系统,如为远洋舰船、考查船、战斗舰艇等设计了能控制航向和航行轨迹的"航迹自动操舵仪",为控制潜艇进行空间机动设计了潜艇"联合控制操舵仪",为满足战术要求设计了车、舵、均衡、侧推(或辅推)、补重等集中显示、集中控制、协调工作的"潜艇综合操纵控制系统",为提高潜艇生命力设计了"辅助操纵信息支援系统"等。随着舰船技战术新需求牵引,感知与判断、分布式协同、智能决策与控制等理论和技术的不断发展与突破,智能航行操纵控制系统将装舰(艇)应用。

5. 需要有较扎实的软、硬件基础

根据调节规律的需要,舰船操纵控制设备都是由不同功能的部件和器件构建的复杂系统。这些设备多为"机-液-电"一体化的功能部件,如测量海水密度的"温、盐、深传感器"、检测和传送下潜深度信号的"深度传感器"、检测和传送姿态角(纵倾角、横倾角)信号的"倾角传感器"等;实现操舵、均衡等信号综合和计算调节规律的"控制计算机"(或称控制器);驱动舵机、均衡和潜浮等系统的"操纵执行装置"和"执行器";等等。这些都是舰船操纵控制系统的专用设备,掌握并熟练应用,需要具备较扎实的软、硬件专业功底。

上述 5 个方面表明:舰船操纵控制系统是一个综合性的专业领域,需要舰船操纵性、自动控制、计算机软硬件设计、电子线路、信息检测与传输、液压传动与控制等多学科的互相配合和综合应用,掌握和熟练运用这些专业知识,为开展研究和设计舰船操纵控制系统和设备奠定基础。

5.1.2 船舶操纵控制系统的科研流程

根据不同的研制目标,船舶操纵控制系统和设备的研制阶段划分可以不同。在工程实践中,船舶操纵控制系统和设备的一般研制流程可用图 5.2 来表述。

研制工作伊始,依据用户和总体的需求,确定系统的初步规范和定义(使命任务和功能定位),对需求的合理性、可能的方案和技术进行评估,完成可行性论证,为签订技术规格书作准备。

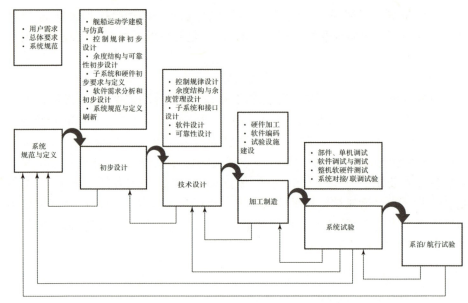

图 5.2 船舶操纵控制系统和设备研制流程

在初步设计阶段,首先依据船舶操纵运动模型完成控制算法设计和仿真,在此基础上依据确定的系统初步规范和要求,完成系统控制规律的初步设计和余度结构与可靠性的初步设计,确定系统、硬件、软件和系统接口的要求,对系统的规范、定义进行验证、确认或更新,从而完成系统的方案设计。

在技术设计阶段,系统的控制规律设计应充分考虑各种实际使用条件和因素的情况下,使其满足系统的各项功能和技术指标要求;对系统的余度结构与余度管理,以及构成系统的硬件、软件进行详细设计。其结果是输出产品生产制造所需的各种生产图样和技术文件。

加工制造阶段除完成产品硬件的加工和软件的生成外,同时需完成产品和系统调试、测试与试验验证所需的保障条件。

系统的调试、测试和试验验证,一般是从部件、单机、整机的调试、测试开始的,完成整机的功能、性能试验和环境与可靠性试验,最后进行系统陆上综合对接(或联调)试验。系统和设备完成出厂试验与评审后,根据工作安排,产品按照系泊、航行试验大纲与试验方法进行系泊和航行试验。

5.2 水面舰船操纵控制系统

舰船操纵控制系统是舰船正常安全航行、遂行作战任务的重要控制系统,其性能直接影响着舰船航行的操纵性、安全性和任务完成性。舰船操纵控制系统的性能,一直被当作一个具有较高经济价值和军事效益的重要问题,吸引着人们的关注,一代又一代的工程技术人员,始终围绕着进一步改善该系统的性能这一课题而不断地进行着研究和探索。

本节主要针对有人排水型水面舰船操纵控制系统进行简述。首先通过介绍舰船操舵控制系统、航向控制系统和航迹控制系统的构成、工作原理、控制流程以及系统相关要求,使读者初步建立起对舰船操纵控制系统主要控制设备的基本概念;其次通过一个自动操舵仪的设计实例,让读者进一步加深对水面舰船操纵控制系统的了解。

需要说明的是:本节讲述的舰船操舵控制系统以及航向和航迹控制系统仅是为了叙述的方便,阐述其基本原理,分别把与操舵、航向、航迹控制各自相关联的传感器、控制器与执行器等部件组合为一体,形成相应的功能系统,称为操舵控制系统、航向控制系统和航迹控制系统,这与相关标准和规范以及工程上列装的系统和设备是有所区别的。

5.2.1 舰船操舵控制系统

1. 舰船操舵控制系统的构成

舰船操舵控制系统(简称操舵系统)是实现舰船操纵性能的控制装置之一,无论是舰船航向控制还是航迹控制,均是依靠操舵控制得以实现的,所以舰船所配备的操舵系统应与其技战术需求相匹配。

操舵系统一般由操舵仪和舵机组成。其中,操舵仪主要由驾驶室操纵台(或包含预备驾驶室操纵台)、舵机舱操纵台、反馈机构等组成;舵机由转舵动力设备与推舵机构等组成。操舵仪根据用户给定的舵角/航向/航迹指令,综合各传感器采集到的船舶运动状态信息后,按预定的控制算法实时解算操舵指令和舵机运行控制指令输出给舵机;舵机按操舵仪运行控制指令启停或带脱载,并按操舵指令要求转舵。

操舵系统转舵能力由舵机决定,操舵系统的性能主要由操舵仪的性能决定。操舵仪的技术发展,主要表现在控制策略(控制算法)的推陈出新,如何持续改进控制策略是舰船运动控制领域的主要研究方向。

操舵仪设有简易操舵、随动操舵和自动操舵等多种操舵方式,并设置有驾驶室、预备驾驶室、舵机舱等多个操舵部位。

舵机按转舵机构可分为往复式和转叶式两大类;按转舵的动力源一般分为人力液压舵机、电动液压舵机和电动舵机,详情可参见本书第4章相关内容。

舰船操舵系统组成框图如图 5.3 所示。其中,操舵仪通常包括驾驶室操纵台、舵机舱操舵台、航向信号处理与复示器、舵角信号处理与复示器、舵机舱本地操舵控制箱、操舵部位转换装置、操舵控制报警器、反馈机构等;舵机通常包括动力装置、控制装置、监测报警装置、人力(应急)操舵装置等。

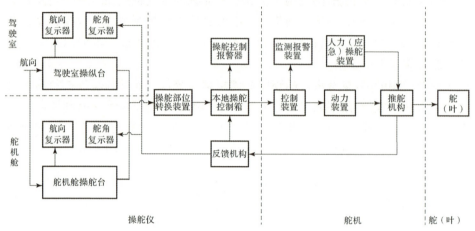

图 5.3　舰船操舵系统组成框图

2. 舰船操舵系统的工作原理

舰船操舵控制主要由舵角闭环构成,依据舰船对操舵控制的不同需求,在舵角闭环的基础上增加了航向闭环和位置与航速闭环,分别对应为舵角控制、航向控制和航迹控制。为简明起见,以航向控制为例加以描述,其工作原理框图如图 5.4 所示;若需增加航迹控制,则控制部分需加入位置和速度环等内容,信号测量部分需加入位置和速度检测装置等内容(读者可参考本书图 1.4 的分析说明)。

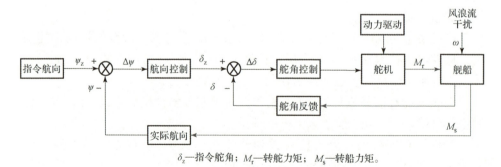

δ_z—指令舵角;M_r—转舵力矩;M_s—转船力矩。

图 5.4　舰船操舵系统工作原理框图

舰船操舵系统工作原理:首先,舰船操舵系统将设定航向与实际航向比对,经航向控制器运算后,输出指令舵角;其次,将指令舵角与实际舵角比对,经舵角闭环控制器运算后,输出控制信号,驱动舵机动力装置;舵机动力装置带动推舵机构转动,进而使舵(叶)转动,实现舰船航行过程中的舰船航向保持、航向修正和舰船机动等舰船操纵工作。

舰船操舵系统中有关发令、执行与信号检测说明如下。

1)发令部分

发令部分一般是指驾驶室操纵台/舵机舱操舵台和舵机舱操舵本地控制箱等设备。操舵人员由设定航向经过航向闭环运算,也可通过直接操纵舵轮或手柄,向舵机发出操舵指令。

2)执行部分

执行部分一般是指舵机舱舵机机组和推舵机构等设备。舵机收到操舵指令后,将操舵指令转化为电气或液压控制信号,再按要求驱动动力装置工作,以机械、液压或电气功率传递方式,带动推舵机构转舵,直到指令操舵信号为"0"才停止转舵。

3)信号检测部分

信号检测部分一般是指舵角反馈机构、电罗经等设备。为了确保舵机按预期的方式工作,需要反馈系统实时检测舵的位置和舵的动作,以实现舵角闭环控制;为了确保舰船按预期的航向航行,除舵角闭环控制外,还需实现航向闭环控制,并实时检测舰船的航向。

3. 舰船操舵系统控制工作流程

在操舵系统中设置了简易、随动和自动等多种操舵方式,操舵控制工作流程与选择的操舵工作方式相关,结合图5.5进行分述。

1)简易操舵控制流程

简易操舵一般作为远端应急操纵使用。人工操纵简操手柄,简操模块发出简操舵令24V DC信号,经过操纵方式选择开关后到达限位装置,再送至操舵仪末级元件——开关阀,通过开关阀的电液转换,推动变向变量泵斜盘油缸左右全开或关闭,使泵变向全开或关闭,从而推动推舵机构实现转舵运动。

2)随动操舵控制流程

随动操舵一般作为人工正常操纵使用。人工操纵舵轮,舵轮模块给出随动操舵舵角给定信号,与反馈舵角一起送至随动控制器进行综合运算,输出流量控制舵令信号,经过操纵方式选择开关后到达限位装置,再经过功率放大后送至操舵仪末级元件——比例阀,通过比例阀的电液转换,推动变向变量泵斜盘

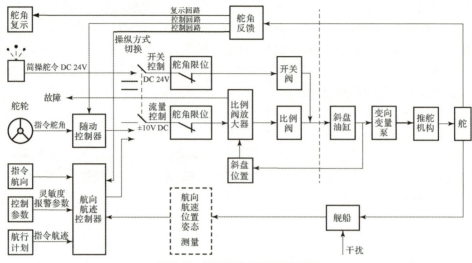

图 5.5 操舵系统控制流程框图

油缸左右全开或关闭,使泵变向全开或关闭,从而推动推舵机构实现按指令舵角进行转舵运动。

3) 自动操舵控制流程

自动操舵一般在远洋航行时使用。由航向给定部件给出指令航向信号或航向修正信号,与实际航向和反馈舵角一起送至航向控制器进行综合运算,输出流量控制舵令信号,经过操纵方式选择开关后到达限位装置,再经过功率放大后送至操舵仪末级元件——比例阀,通过比例阀的电液转换,推动变向变量泵斜盘油缸左右全开或关闭,使泵变向全开或关闭,从而推动推舵机构实现转舵运动。舵机产生的转舵力矩转成转船力矩后作用于船体,使船体偏转,从而实现舰船按指令航向航行。

4. 操舵系统液压控制原理

以某运输船操舵系统为例,其伺服控制原理框图如图 5.6 所示,主液压回路原理如图 5.7 所示。

图 5.6 中,P1 为控制压力,P2、P3 为变量活塞工作压力。A、B 为变量活塞控制油口,Ⅰ、Ⅱ为主泵归零油口。

操左舵时,三位四通换向阀(快速电磁球阀,P 型)左电磁线圈得电,A 口高压油推动变量活塞运动,B 口回油,同时液控短路阀关闭。变量活塞运动使主泵斜盘逆时针打开,主泵输出高压油,推动推舵机构往左运动,实现打左舵;操右舵时,运动与上述相反,实现打右舵。

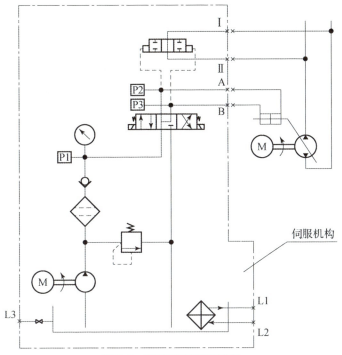

图 5.6 伺服控制原理框图

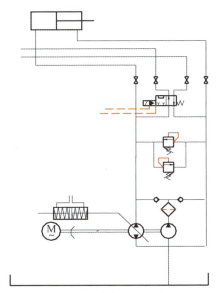

图 5.7 舵系统主液压回路原理

不操舵时,A、B口同为高压,使变量活塞高压归零,同时液控短路阀使Ⅰ、Ⅱ口短路,主泵卸载,确保不跑舵。

5. 相关要求

1) 舰船操纵性对操舵系统要求

舰船操纵性是指船舶借助其操舵系统保持或改变航向、航速和位置的性能。舰船操纵性一般包括基本操纵性能、应急操纵性能以及舰载武器发射对舰船操纵性要求,具体如下:

(1) 基本操纵性能。

①以小的战术直径、纵距和横距完成有效的回转操纵。

②通过操舵(或侧向推力装置等)改变或保持舰船航向。

③进攻和规避中迅速改变航向。

④在保持良好控制前提下,迅速地加速、减速和制动。

⑤倒航时应具有一定的可操性。

(2) 应急操纵性能。

①当桨、舵局部受损时,尚具有一定的保持和改变航向的能力。

②具有用桨或舵实施紧急规避的能力。

③主机能在最短时间从正车转至倒车实施紧急制动的能力。

(3) 舰载武器发射对舰船操纵性要求。

①要求回转横倾满足武器发射的正常使用。

②要求能够迅速改变航向或稳定地保持航向,以提高武器发射的命中率。

2) 操舵系统对操舵仪的基本要求

根据舰船操纵运动规律,操舵仪应具备如下基本要求:

(1) 具有一定的灵敏度。当舰船偏离航向达到一定角度(一般规定为 $0.2°\sim0.5°$)时,操舵仪应立即动作,并能以一定的速度转到一定的舵角,使舰船返回到给定航向。灵敏度反映的偏航角数值越小,则系统灵敏度越高;反之,灵敏度越低。

(2) 能稳定与改变航向。在自动操舵时,按操舵控制规律,既能保持航向,又能按需要随时改变航向,使舰船在新的航向上航行。

(3) 能可靠地转换操纵方式。根据航行的需要,以及考虑舵机的可靠性和生命力,操舵仪除了能自动操舵,还应具备随动操舵和简易操纵方式,并能可靠地在任意舵位互相转换(一般均在正舵附近进行转换)。

(4) 能进行各种调节。比如航向灵敏度调节(天气调节,自适应状态下海况选择"偏航报警值选择")等。

(5)能对系统重要节点进行在线监测、记录与故障报警。

操舵仪内部操舵控制信号链路重要监测节点设置主要有给定、反馈、工作电源、舵机启停、操舵控阀(舵令)和操舵仪报警等信号。

舵机内部操舵控制信号链路重要监测节点设置主要有工作电源、舵机运行、电磁阀动作、斜盘位置、舵角限位和舵机报警等信号。

3)操舵系统对舵机的基本要求

根据相关标准与规范规定,操舵系统对舵机基本要求如下:

(1)工作可靠:应有足够的能力与强度,能在舰适最严条件以下的任何航行条件下工作。

(2)生命力强:应至少配有两套以上的动力设备(其中一套失效时,另一套能迅速自动投入工作)。

(3)操作灵敏:在任何舵角下都能迅速、准确地将舵转至给定舵角,且冲舵、滞舵、跑舵等性能满足规范要求。

5.2.2 舰船航向控制系统

舰船航向控制系统是指与舰船航向控制相关的传感器、控制器和执行器等部件集成于一体的功能系统,可以通过人工或自动方式控制舰船航向。

1. 舰船航向控制系统的构成

根据现有相关标准和规范,工程上典型舰船航向控制系统至少应由下列装置组成(图5.8):航向信号处理装置、航向设定装置、调节控制装置、舵角传感器、自动操舵装置、手动操舵装置、操舵模式转换装置(含操舵模式指示)、航向复示装置(含航向信号源指示)、航向速率显示装置、电气舵角复示器、报警信号装置等。

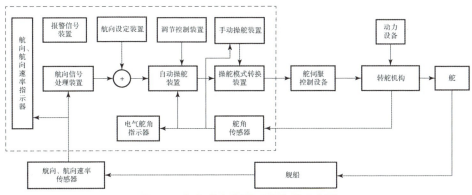

图 5.8 舰船航向操舵系统构成示意图

2. 舰船航向控制系统的主要功能与要求

1) 自动操舵与手动操舵的转换

(1) 自动操舵与手动操舵的相互转换，应能在任意舵角位置完成，且应在3s内一次转换完成。

(2) 从自动操舵向手动操舵转换时，应能在任意情况下进行，即使船舶航向控制系统出现故障也能完成。

(3) 从手动操舵向自动操舵转换时，在没有输入新的预设航向情况下，应以当前航向为预设航向。

(4) 在值班船员便于操作的位置，应设置操舵模式转换装置。

(5) 在靠近操舵模式转换装置处，应设有操舵模式指示装置。

2) 操作装置（含调节装置）

(1) 操作装置均应在正常操作位置便于调节、操作和识别，正常操作所不需要的操作装置应不易被触及。

(2) 操作装置的数量应满足方便、安全地进行操作的需要，操作装置应按防误操作要求来进行设计与布置，这些操作装置的功能、布置及尺寸应便于简单、快速、有效地操作。

(3) 在装置内或船舱内，应提供在任何时候均能识别操作装置、显示器的适度照明，且应可以调节照度。

(4) 舰船航向控制系统未集成自动调节功能时，应配置足够的操作装置，用以调节受天气和船舶操纵特性变化影响的控制性能。

(5) 舰船航向控制系统应设计成：预设航向向右变更，应顺时针旋转或向右拨动航向设定装置；预设航向向左变更，应逆时针或向左拨动航向设定装置。预设航向变更只能通过航向设定装置进行且一次操作就能完成。航向设定装置的设计和制造应能防止误操作。

(6) 变更航向时，航向设定装置的顺时针或逆时针旋转方向决定船舶的转动方向。

(7) 在设有遥控操舵部位（遥控站）的情况下，主操舵部位应设有向遥控操舵部位（遥控站）移交操舵权及无条件收回操舵权的设备。

(8) 除航向设定装置外，其他操作装置的动作均不应对舰船航向产生影响。

(9) 在遥控操舵部位增设操作装置应符合相关规定。

3) 舵角限制

系统内应具有在自动操舵模式下可以调节舵角限制值的措施，当达到舵角限制值时应能发出信号和指示。采用其他措施控制航向时，也应符合本条要求。

4）艏摇动舵限制

应采取措施防止因正常艏摇而导致的不必要的舵动作。

5）航向指示精度

航向指示与航向传感器的差值应不超过0.5°。

6）预设航向

未经舰员操作，预设航向不应发生任何变更。

7）航向信号转换偏差

提供给舰船航向控制系统的航向数据与使用设备（如罗经）的航向数据的偏差应不超过0.5°。

8）预设转向速率

舰船航向控制系统具有根据预设转向速率进行转向的功能时，在舰船装载正常且航行在平静海面的情况下（即海面足够宽阔、足够深，舰船操作时无扰流影响），转向稳定后的转向速率精度应不超出设定值±10%或3°/min，取较大者。

在某些情况下，由于受气象、海况、舰船操纵性等因素影响，也可能会出现即使以最大舵角转向也不能根据预设转向速率进行转向的情况。

9）预设转弯半径

舰船航向控制系统具有根据预设转弯半径进行转向的功能时，转向稳定后的转弯半径计算应利用上述预设转向速率的实时转向速率数据进行。

在某些情况下，由于受气象、海况、舰船操纵性等因素影响，也可能会出现即使以最大舵角转向也不能根据预设转弯半径进行转向的情况。

10）航向稳定性（航向稳定精度）

在没有干扰的情况下，航向的稳定性可用航向与预设航向之间差值的平均值表示，要求其平均值应在±1°以内，且最大差值应在±1.5°以内。

11）超调限制

舰船航向控制系统应具有压舵调节功能或相似功能，以便修正预设航向时无较大超调。

12）电源

（1）舰船航向控制系统应能在交流电源电压偏差范围±10%、频率偏差范围±5%、直流电源电压偏差范围+30%～-10%规定的电源变化范围内正常工作。

（2）在配备一个以上供电电源的情况下，应能快速地由一个电源向另一个电源转换。该电源转换装置可不集成在舰船航向控制系统内。在电源转换期间，应具有使舰船保持当前航向的措施。

13) 报警及报警信号显示装置

(1) 一般要求:应在操舵部位附近设置报警信号显示装置,报警和指示应符合相关规定。

(2) 电源失电和电压过低:应配备含消音功能的声光报警装置,当出现舰船航向控制系统或航向监视装置的供电电源失电或电压过低而影响系统安全运行的情况时,应发出声光报警。报警及报警信号显示装置可不集成在舰船航向控制系统内。

(3) 系统故障:应配备含消音功能的声光报警装置,以便显示船舶航向控制系统的故障。

船舶航向控制系统的故障检测,除应检测到最可能会导致系统性能降低或错误的故障,如电源故障、闭环系统中的回路故障(包括命令和反馈回路)、液压锁紧、数据通信错误与计算机软硬件故障(采用可编程电子系统时)等外,还应根据舵机的特点,以及舵令和响应之间的临界参数,在航行驾驶台上进行转向故障监测报警,如舵向、延迟、精度等。

(4) 航向偏报警:舰船航向控制系统应具有声光报警功能,当航向超过预设航向的限值范围时,应发出偏航报警。预设限值范围为 5°~15°,角度越小,航向偏离报警灵敏度越高。

(5) 航向监视装置:对于要求安装两台独立罗经等航向信息源的舰船,应独立设置航向监视装置,用以监视航向。航向监视装置可不集成在舰船航向控制系统内。航向监视装置应具有声光报警功能,当使用中的航向信息源与另一信息源的航向信息出现偏差且超过预设限值时,应发出光报警及可消音的声报警。预设限值范围为 5°~15°,角度越小,航向监视报警灵敏度越高。

(6) 航向来源显示:应清晰显示使用中的航向信息的来源。

(7) 传感器(信息源)状态:舰船航向控制系统应设置控制用的外部传感器(信息源)信号丢失报警。舰船航向控制系统应显示或复示控制用外部传感器数据通信语句中的报警内容。

14) 对磁罗经的干扰

无论电源接通还是断开,舰船航向控制系统在任意航向时对磁罗经的干扰均不应大于 0.5°,系统的所有部件及其相互接口都应考虑对磁罗经安全距离的要求。

3. 舰船航向控制系统的基本工作原理

对舰船航向的控制分为人工控制和自动控制两类。其中,人工控制又分为简易控制和随动控制。

1)简易控制工作原理

利用舵轮或手柄等给定操舵指令,舵机根据控制信号转动或停止,直至航向满足要求。船舶简易操舵工作原理框图如图 5.9 所示。

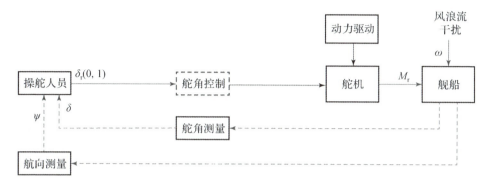

ψ—航向;$\delta_r(0,1)$—指令舵令;δ—舵角;M_r—转舵力矩;ω—风浪流干扰。

图 5.9　船舶简易操舵工作原理框图

2)随动控制工作原理

利用舵轮或旋钮等给定操舵指令(舵角信号),舵机连续转动时,操舵仪随时将实际舵角与给定舵角进行比对运算,直至实际舵角与指令舵角一致时舵机停止转动。在转舵速度满足要求的情况下,随动操舵灵敏度、转动范围应满足要求,具体工作原理框图如图 5.10 所示,其转动过程应平稳、不超调、不振荡。

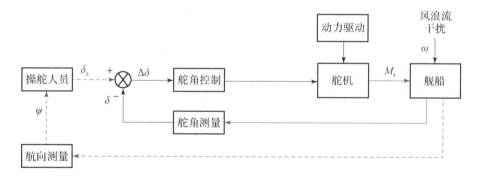

ψ—航向;δ_z—指令舵角;δ—舵角;M_r—转舵力矩;ω—风浪流干扰。

图 5.10　舰船随动操舵工作原理框图

3)自动控制工作原理

舰船航向自动控制是以航向为控制目标,通过自动操舵实现航向控制。舰船航向自动操舵一般包含两种状态:一种是航向修正(俗称"变向航行"),另一种是航向保持(俗称"定向航行")。舰船航向自动操舵工作原理:系统通过罗经等航向传感器获取舰船当前航向信号和转向速度信号、通过舵角反馈机构等舵角传感器获取舰船当前操舵舵角,将航向、回转速率、舵角信号实时同步送入航向控制器,经过航向控制运算,输出指令舵角,控制舵机转舵(转到要求的指令舵角),实现舰船转向。当舰船航向逐步接近设定航向时,航向控制器输出的指令舵角接近0°,舰船保持在预定航向上航行。当风、浪、流等干扰引起舰船偏航时,航向控制器会输出反向的操舵指令控制舵机转舵,以抑制舰船偏航。舰船航向自动控制工作原理框图如图 5.11 所示。

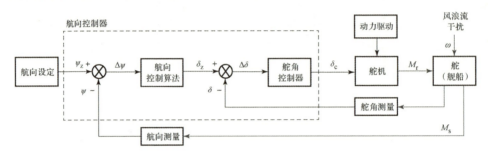

ψ_z—指令航向;ψ—实际航向;δ_z—指令舵角;δ—实际舵角;M_r—转舵力矩;M_s—转船力矩;ω—风浪流干扰。

图 5.11　舰船航向自动控制工作原理框图

4. 舰船航向控制系统主要控制品质

1) 航向稳定精度

航向稳定精度是指航向控制结果与设定航向的符合程度,体现了系统的航向控制能力,用实际航向曲线与指令航向直线之间所包围的总面积除以该段时间的商值来度量。工程上一般用平均偏差值或均方根值来计算。

舰船航向自动控制时航向稳定精度的一般要求如下:

(1) 海况低于 3 级、经济速度条件下,航向稳定精度不低于 1°,最大航向偏差不大于 3°。

(2) 海况 3～5 级(含 3 级)、经济速度条件下,航向稳定精度不低于 2°,最大航向偏差不大于 6°。

(3) 海况 5～6 级(含 5 级)、经济速度条件下,航向稳定精度不低于 3°,最大航向偏差不大于 9°。

2) 航向修正精度

在当前航向的基础上向左或右改变一定范围的航向,使之航行到新的航向上并保持在新的航向上持续航行。航向修正精度一般要求如下:

(1)航向可连续修正。

(2)平静宽广水域(海况低于3级)、航速不低于经济速度、一次修正航向15°时,航向最大超调量不大于1.5°、振荡超出规定范围的次数不大于一次,过渡过程时间可由设备规范规定。

(3)具有转向速率控制的系统,在船舶装载正常且航行在平静宽广水域的情况下(即水域足够宽阔、足够深,船舶操纵时无扰流影响)以及经济速度条件下转向,转向稳定后,转向速率控制误差不大于设定值的10%或3°/min中的较大者。

(4)具有转弯半径控制的系统,在船舶装载正常且航行在平静宽广水域的情况下(即水域足够宽阔、足够深,船舶操纵时无扰流影响)以及经济速度条件下转向,转向稳定后的转弯半径计算应利用上述(3)的实时转向速率数据进行。

工程上,标准或规范所规定的控制精度等要求为最低要求,但不是越高越好,够用即可,控制精度等要求的进一步提升,必将付出较大的代价,有可能导致系统不稳定,甚至无法正常工作。

5. 舰船航向控制中有关操舵系统的指标分析

1)随动操舵指标分析

(1)若控制末级元件为开关阀,舵机最大舵速为 v,延迟时间为 T_d,则舵机的冲舵量约为 $\frac{1}{2}vT_d$。

为保证系统稳定,并满足指标要求,可设置随动控制器开关阈值为3/4的最大冲舵量,则因开关阈值引起的不灵敏区折算的舵角误差 $\Delta_{1\delta} = \frac{3}{8}v_{max}T_d$,设 $v_{max} = 4.7°/s$,$T_d = 0.3s$,则 $\Delta_{1\delta} = 0.53°$。

(2)若控制末级元件为比例阀,比例阀死区为全行程的5%,取舵角偏差为4°时,比例阀开口全开,则比例阀死区折算的舵角误差为 $\Delta_{1\delta} = 4 \times 5\% = 0.2°$。

反馈传动装置的作用是将液缸活塞杆的位移变为反馈机构输入轴的转角,设输入轴的空回为 $\Delta_{\delta_{FD}} = 0.1°$,则舵角传动装置传动误差为 $\Delta_{2\delta} = 0.1°$。

舵角反馈机构的作用是将舵叶角度变为电信号,其输入为转角 δ_{FD},经齿轮传动后,经自整角机或电位器等转换为电信号,其输出为 U_1,齿轮传动死区/空回可等效为 $\Delta_{3\delta}$,接收端自整角机死区可等效为 $\Delta_{4\delta}$,典型值 $\Delta_{3\delta} = 0.2°$,$\Delta_{4\delta} = 0.1°$。

因此,随动操舵误差为

$\Delta_\delta = \Delta_{1\delta} + \Delta_{2\delta} + \Delta_{3\delta} + \Delta_{4\delta} = 0.53 + 0.1 + 0.2 + 0.1 = 0.93° < 1°$(开关阀)

$\Delta_\delta = \Delta_{1\delta} + \Delta_{2\delta} + \Delta_{3\delta} + \Delta_{4\delta} = 0.2 + 0.1 + 0.2 + 0.1 = 0.6° < 1°$(比例阀)

满足指标要求。

(3) 若舵角反馈机构信号传送不采用自整角机,而采用电位器等非机械器件,则 $\Delta_{4\delta} = 0°$。

此时,随动操舵误差为

$$\Delta_\delta = \Delta_{1\delta} + \Delta_{2\delta} + \Delta_{3\delta} + \Delta_{4\delta} = 0.53 + 0.1 + 0.2 + 0 = 0.83° < 1°(开关阀)$$

$$\Delta_\delta = \Delta_{1\delta} + \Delta_{2\delta} + \Delta_{3\delta} + \Delta_{4\delta} = 0.2 + 0.1 + 0.2 + 0 = 0.5° < 1°(比例阀)$$

舵角复示误差为

$$\delta_{dis} = \Delta_{2\delta} + \Delta_{3\delta} + \Delta_{4\delta} = 0.4°$$

随动操舵灵敏度为

$$\delta_{lmd} = \Delta_{1\delta} = 0.53°(开关阀)$$

$$\delta_{lmd} = \Delta_{1\delta} = 0.2°(比例阀)$$

2) 自动操舵时的误差分析

设所采用的控制器为常值干扰下无静态误差型控制器,则自动操舵误差主要由舵角执行误差 Δ_δ 引起的折算航向偏差 $\Delta\psi_1$ 和航向测量误差 $\Delta_{s\psi}$ 引起的航向偏差 $\Delta\psi_2$ 组成:若设控制器增益 $K_c = 2 \sim 4$,则 $\Delta_{1\psi max} = \dfrac{\Delta_{\delta max}}{K_{cmin}}, \Delta_{2\psi max} = \Delta_{s\psi max}$。

因此,自动操舵航向最大稳态误差为

$$\Delta\psi_{max} = \Delta\psi_{1max} + \Delta\psi_{2max} = \frac{0.93}{2} + 0.5 = 0.965° < 1°$$

自动操舵灵敏度为

$$\psi_{lmd} = \Delta\psi_{1max} = 0.465°$$

6. 舰船航向控制系统工程化应用实例

工程上,舰船航向控制系统的设置与船型和动力配置有关,其控制通道更与可靠性和余度要求有关。单体排水型船舶一般应配置双桨双舵,并采用机械连杆双舵形式,大型水面舰船由于左右舵机舱相互独立,一般采用分离型双舵,并采用电气同步形式。对于无机械连杆的双舵控制应符合下列要求:

(1) 自动或随动操舵时,双舵可电气同步操舵。

(2) 简易、越控或液操操舵时,双舵可分别操舵。

1) 工程上对于操舵控制通道的配置要求

系统操舵控制通道数量应不少于舵机机组(泵控型)/液压控制通道(阀控型)的配置数量,可根据操舵系统或设备具体的可靠性要求配置更多通道数量;各通道(含自动或手动重组后的通道)的供电电源、通道间的隔离应分别符合相关要求;各通道主要采用数字形式时,应进行通道间余度管理和容错控制。

2) 工程上对于操舵控制安全性的配置要求

(1) 人身安全。

①系统各部件外形轮廓应无对人员有伤害的锋利的边缘和突出物。

②系统各部件上可移动、可翻转、可折叠部分在工作或检修时均应有可靠的固定措施。

③凡峰值电压高于 55V 的端头和裸露部分均应有保护罩或高压警告标志。

④系统各操纵部位应设置扶手,以确保恶劣天气下操纵人员安全。

(2) 设备安全。

①电源安全性。系统的电源安全性要求如下:

(a) 系统各控制通道的供电电源应由舰船独立提供,且由对应舵机机组主电动机电源的同一汇流排(主配电盘或应急配电盘)独立提供。

(b) 系统供电电源应只设置短路保护,不得设置其他保护。

(c) 不允许直接将任何船舶用电源的电源线接壳体。

(d) 所有机壳、台体应可靠接地。

(e) 采用电连接器作为电源连接方式时,电源端应为插座或插孔,负载端应为插头或插针。

②电气独立性。系统的电气独立性应满足相关标准和规范条款的规定,实现控制通道间的故障隔离,并防止控制通道间可能的火灾漫延。其具体要求如下:

(a) 除特殊规定外,系统各控制通道用导线、接线端子、器件、部件等在操舵系统全长度范围内应尽可能分离并远置。无法实现物理隔离的,应通过阻燃板(非石棉材料)进行隔离。

(b) 如多个通道共同使用同一个转换开关(单轴开关),则连接电路应相互分开,并通过隔离板或气隙相互分离。

(c) 用于控制的开关切换电路应设计为全极切换。

③防差错。系统的防差错限制要求如下:

(a) 应采用机械定位销或不同尺寸的连接件等防差错限制措施,以保障在机械和电气接口上不可能装错。

(b) 不应采用套管、颜色和字码等作为防差错的主要方法。

④操纵安全。系统的操纵安全性应符合下列要求:

(a) 除操纵指令设定装置外,其他旋钮、开关等操作器的操作均不应改变设定值及其显示值(不含自动操舵方式转随动操舵方式等)。

(b) 面板上应尽量减少控制开关和调节旋钮,对可能造成操纵功能失效的操作器,应采取防止无意触动而发生误操作的可靠锁定装置或防护罩。

3) 民用船舶航向控制系统实例

(1) 双简易和自动操舵原理方案。按照国际船级社协会 IACS – SC94《操舵装置控制系统的机械、液压和电气独立性》标准要求进行系统配置,工程上船舶航向操舵系统国内外典型民用船舶双简易和自动操舵原理方案如图5.12所示。

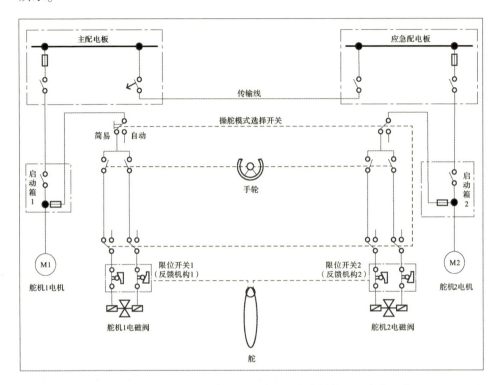

图5.12 船舶航向操舵系统——双简易和自动操舵原理方案示意图

图5.12中共有两个机组——舵机机组1和舵机机组2,两个机组均由启动箱、主电机、操舵模式选择开关(简易操舵与自动操舵模式转换)、手轮(简易操舵开关舵令发生器)、基于反馈机构的限位开关,以及操舵电磁阀等组成,其中舵机机组1由主开关板(主配电板)供电、舵机机组2由应急开关板(应急配电板)供电。正常情况下主配电板工作时,一般会由主配电板给应急配电板供电,应急配电板上连接的设备,正常情况下也是可以使用的。当主电源失电时,供电系统启用应急电源,应急开关板(应急配电板)供电,这样舵机仍能正常工作。

(2)双随动和自动操舵原理方案。图5.13所示为船舶航向操舵系统——双随动和自动操舵原理方案示意图。图示共有两个机组——舵机机组1和舵机机组2,两个机组均由启动箱、主电机、操舵模式选择开关(随动操舵与自动操舵模式转换)、手轮(随动操舵舵令给定电位器)、运算放大器、基于反馈机构的限位开关和舵角反馈电位器,以及操舵电磁阀等组成,其中舵机机组1由主开关板供电、舵机机组2由应急开关板供电。

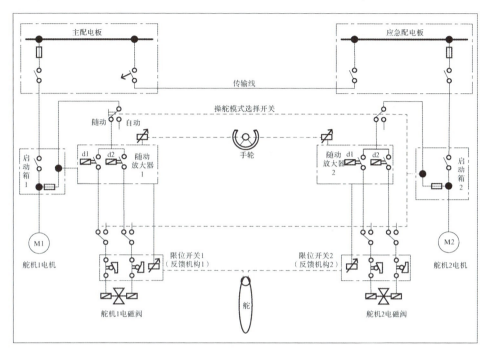

图 5.13　船舶航向操舵系统——双随动和自动操舵原理方案示意图

(3)双简易、随动和自动操舵原理方案。图5.14所示为船舶航向操舵系统——双简易、随动和自动操舵原理方案示意图。图示共有两个机组——舵机机组1和舵机机组2,两个机组均由启动箱、主电机、操舵模式选择开关(简易操舵、随动操舵与自动操舵模式转换)、手轮(简易操舵开关舵令发生器和随动操舵舵令给定电位器)、运算放大器(1套双通道,舵机机组1和舵机机组2共用,由主开关板和应急开关板同时供电(供电电源二选一),主开关板供电时用通道d1,应急电源供电时用通道d2)、基于反馈机构的限位开关和舵角反馈电位器,以及操舵电磁阀等组成,其中舵机机组1由主开关板供电、舵机机组2由应急开关板供电。

(4)某型船舶操舵控制系统。图5.15所示为某型船舶操舵控制系统组成示意图。图示系统由驾驶室自动控制单元、随动操纵舵轮、非随动单元(即简易操舵单元)、操舵模式选择开关、报警显示单元、外部接口单元、远程遥控单元和舵机舱操舵控制单元1和2、反馈机构1和2等组成。

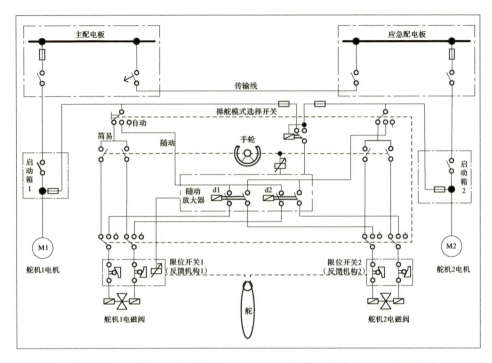

图 5.14 船舶航向操舵系统——双简易、随动和自动操舵原理方案示意图

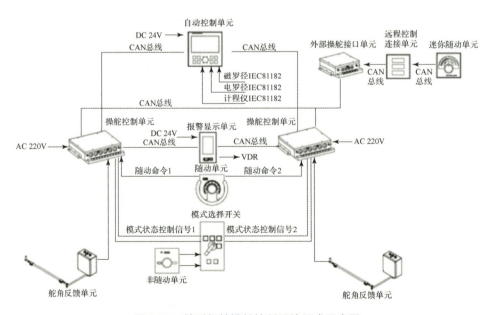

图 5.15 某型船舶操舵控制系统组成示意图

4)军用舰船航向控制系统实例

军用舰船操控系统的配置方式与民用要求不同,除应满足安全性和可靠性要求外,还应满足遂行作战任务和抗战损要求,根据舰种的不同,有以下三种典型配置形式。

(1)基于全舰总线的双战位完全四通道船舶操控系统。图 5.16 所示为基于全舰总线的双战位完全四通道船舶操控系统组成示意图。

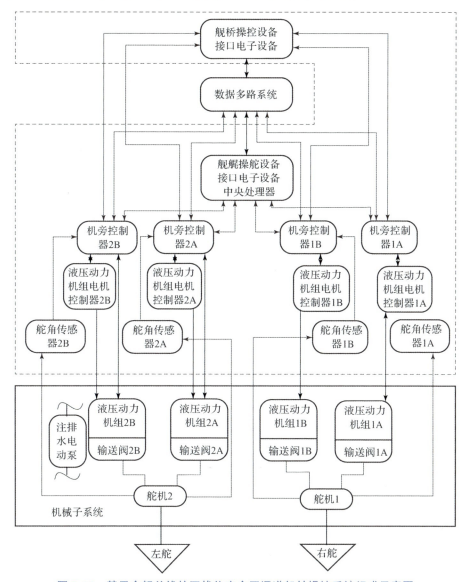

图 5.16　基于全舰总线的双战位完全四通道船舶操控系统组成示意图

图示系统为电气同步双舵,左右舵之间无机械同步连杆,采用四余度结构,除具有通常的航向控制功能外,还具有自动航向控制状态下的舵减横摇控制功能。系统由驾驶室操纵控制台和舵机舱舵伺服装置 1 和 2、反馈机构 1 和 2、限位开关 1～4,以及外部供应的舵机控制系统 1 和 2、舵机主电机 1 和 2、推舵机构等组成。其中,驾驶室操纵台设有自动驾驶控制面板、自动驾驶电子单元、随动操舵手轮、简易操舵手柄、操舵模式选择开关等。

(2) 基于主控计算机的双战位高部四通道船舶操控系统。图 5.17 所示为基于主控计算机的双战位高部四通道船舶操控系统组成示意图。

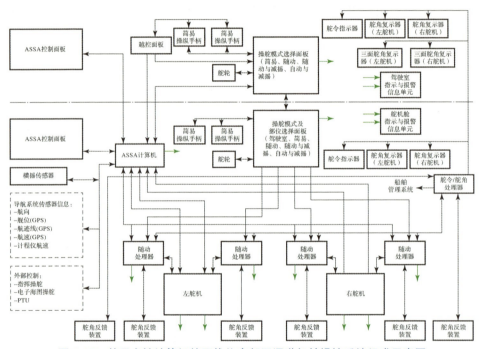

图 5.17　基于主控计算机的双战位高部四通道船舶操控系统组成示意图

图示系统为电气同步双舵,左右舵之间无机械同步连杆,操舵系统和舵角复示系统组成。其中,操舵系统基于主控计算机,且局部采用四余度结构,除具有通常的航向、航迹控制功能外,还具有随动操舵状态下的舵减横摇控制和自动航向控制状态下的舵减横摇控制功能。系统由驾驶室操纵控制台和舵机舱操纵控制台、随动处理器左 1 左 2 右 1 右 2、舵反馈机构左 1 左 2 右 1 右 2,以及左舵机和右舵机等组成;舵角复示系统由舵机舱的舵角反馈机构左 3 右 3、舵令/舵角处理器、左舵角复示器、右舵角复示器、舵令指示器,以及驾驶室的左右多种舵角复示器组成。驾驶室操纵台设有自动驾驶控制面板、越控操舵面板、随动操舵手轮、左简易操舵手柄、右简易操舵手柄、操舵模式选择开关、驾驶室指示与报警信息单元等,舵机舱操纵控制台设有自动驾驶控制面板、自动驾驶控制计算机、随动操舵手轮、左简易操舵手柄、右简易操舵手柄、操舵模式选择开关、舵机舱指示与报警信息单元、横摇传感器等。

(3)基于控制总线的双战位完全四通道船舶操控系统。图 5.18 所示为基于控制总线的双战位完全四通道船舶操控系统组成示意图。图示系统为电气同步双舵,左右舵之间无机械同步连杆,操舵系统和舵角复示系统组成。其中,操舵系统采用四余度结构,除具有通常的航向、航迹控制功能外,还具有自动航向控制状态下的舵减横摇控制功能。系统由驾驶室操纵控制台和舵机舱左 1 操纵控制箱、左 2 操纵控制箱、右 1 操纵控制箱、右 2 操纵控制箱、舵角信号处理箱、左舵角反馈机构、右舵角反馈机构,以及左舵机和右舵机等组成。

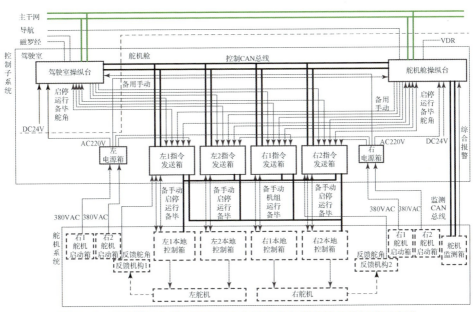

图 5.18 基于控制总线的双战位完全四通道船舶操控系统组成示意图

5.2.3 舰船航迹控制系统

舰船航迹控制系统是一种能够根据舰船实时位置、速度和航向等信息,利用预定的航迹控制算法,对船舶航向、航速等参数的自动控制和调整,实现舰船沿设定航迹精确安全高效航行的系统。舰船航迹控制系统对于舰船航渡、遂行任务、避免舰船碰撞、提高航行效率、节省船舶燃料等方面都起着重要作用。本节仅以转舵控制航迹为例对舰船航迹控制系统予以简要描述。

1.舰船航迹控制系统构成

根据 GB/T 37417—2019(IEC 62065)《海上导航和无线电通信设备及系统 航迹控制系统 操作和性能要求、测试方法及要求的测试结果》等相关标准和规范的规定,舰船航迹控制系统的构成主要包括以下几个部分(图 5.19)。

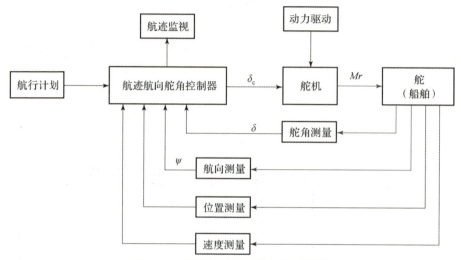

图 5.19　舰船航迹控制系统组成框图

(1)舰船定位装置:用于确定舰船当前的位置。

(2)惯性导航装置:(使用陀螺仪、加速度计等设备测量舰船的运动状态)用于提供速度(包含航行速度、加速度、转艏角速度等)、姿态等导航信息。

(3)航向控制装置:用于控制到预定航迹向。

(4)航迹控制装置:用于控制其按预定计划航行,并及时到达目的地。

(5)航行计划输入装置:用于航行计划的输入。

(6)航迹监视装置:用于实时监视航迹计划跟踪控制过程。

2.舰船航迹控制系统工作原理

舰船航迹控制系统可分为间接控制和直接控制两种方案,也称分离控制和综合控制。

间接控制方案是把控制分成互相嵌套的三个环,如图 5.20 所示。其中,外环(航迹控制环)的功能是将 GPS 等位置传感器接收到的舰位数据,与计划航线比较,获取航迹偏差信息 $\eta(k)$,通过航迹控制算法得到一个指令航向 ψ_z 给航向控制环,引导舰船向着消除航迹偏差的方向驶进;中环(航向控制环)的功能是将罗经等航向传感器采集的实际航向 ψ 与 ψ_z 相比较,形成航向偏差信息

$\Delta\psi$，经过航向控制算法，得出一个指令舵角 δ_z，给舵角控制环，使船艏向减少航向偏差的方向转动；内环（舵角控制环）则用于驱动舵机，使舵角反馈值 δ 逐渐趋近于舵令并保持。在整个控制过程中，航迹偏差、航向偏差和指令舵角均随舰船位置逐步接近预定航迹而逐步减小。

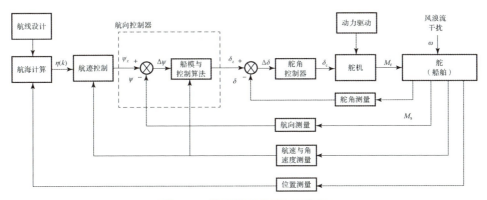

图 5.20 舰船航迹控制原理框图

间接航迹控制中一般采用前视导航的航迹制导方法来获得指令航向，包括直线视线导航和圆弧视线导航两类，具体实现方法见第 2 章航迹控制原理相关内容。

3. 舰船航迹控制系统主要控制品质

舰船航迹控制系统主要控制品质参数为航迹稳定精度，是指航迹控制结果与设定航迹的符合程度，用航迹线与计划航迹之间所包围的总面积除以该段时间的商值来度量。工程上一般用偏离计划航段/设定航向线距离的平均偏差值或均方根误差值来度量。

根据 GB/T 37417—2019（IEC 62065）《海上导航和无线电通信设备及系统 航迹控制系统 操作和性能要求、测试方法及要求的测试结果》等相关标准和规范的规定，舰船航迹稳定精度一般要求如下：

(1) 海况低于 3 级、航速 6~30kn 条件下，航迹偏差不大于 100m（不含定位误差）。

(2) 特殊作业舰船航迹稳定精度要求由产品规范规定。

(3) 航迹向稳定精度：海况低于 3 级、航速 6~30kn 条件下，最大航迹向偏差不大于 15°，航迹偏差不大于 100m（不含定位误差）。

5.2.4 自动操舵仪设计实例

上面介绍了有关舰船操舵、航向和航迹控制系统的功能、组成、基本工作原理以及相关设计要求等内容,从介绍的内容中可以看出各系统的本质是对操舵仪的赋能。本节将以某型舰船用自动操舵仪为参考,重点介绍操舵仪的设计要求、组成、总体架构及线路设计等内容,供读者开展类似舰船用自动操舵仪的方案或技术设计工作时参考。

1. 设计要求

1)功能

自动操舵仪用于舰船航向控制,一般应具有以下主要功能。

(1)驾驶室、舵机舱操舵功能,其中驾驶室主操纵台具有自动、随动和简易操舵功能,舵机舱简易操纵台具有简易操舵功能。

(2)驾驶室、舵机舱舵机机组启停功能。

(3)操舵部位、操舵方式、控制通道、航向、指令航向、舵角、指令舵等操舵信息采集与显示功能。

(4)指令舵、舵角、指令航向、航向等操舵数据发送到航行数据记录仪(Voyage Data Recorder,VDR)功能。

(5)航迹线、计划航线、航向、航速、舰位到下一转向点的距离、方位、时间等航行信息显示功能。

(6)实时监测自动操舵仪、舵机的工况与报警信息,具有信息的声、光报警指示和显示功能。

(7)夜航时微光照明亮度调节功能。

2)组成

自动操舵仪主要由主操纵台、简易操纵台、反馈机构 1 和反馈机构 2 等设备组成。主操纵台安装在驾驶室(驾控台形式);简易操纵台安装在舵机舱(单面控制台形式);左、右反馈机构安装在舵机舱(台架安装方式)。

3)主要技术指标

(1)自动航向灵敏度。航向自动操舵最高灵敏度不大于 $0.3°$ 航向。

(2)动航向稳定精度。舰以任意航向和规定的航速航行,航向稳定精度如下:

①海况低于 3 级时不大于 $1°(RMS)$。

②海况 3~5 级时不大于 $2°(RMS)$。

③海况 5~6 级时不大于 $3°(RMS)$。

(3)自动机动。舰在规定的航速下航行,在平静水域自动操舵一次修正航向 $15°$ 时最大超调量不大于 $1.5°$,振荡次数不大于 1 次。

(4)随动操舵灵敏度。随动操舵灵敏度不大于 $1°$(给定舵角)。

(5)随动操舵误差。

①在规定操舵角范围内,平均转舵速度满足规定时,给定舵角值与复示舵角值间的误差不大于1°。

②操舵过程中应平稳,无振荡,无超调。

(6)舵角复示误差。在规定转舵角范围内,机械舵角指示器和电气舵角指示器之间的指示精度在±15°(含)舵角之内的误差不大于0.5°,超过15°舵角的误差不大于1°。

(7)环境适应性。操舵仪在下述环境下正常工作:

①环境温度: $-10 \sim +55$℃(55℃时能正常工作)。

②相对湿度:95%,有凝露时仍能正常工作。

③横摇:±45°(周期6~10s)。

④横倾:±15°。

⑤纵摇:±10°(周期5~7s)。

⑥纵倾:±5°。

⑦空气中有凝露、盐雾、油雾和霉菌。

⑧有冲击、振动等。

(8)电磁兼容性。电磁兼容性满足某舰船总体要求。

2. 架构设计

某典型舰船用自动操舵仪架构如图5.21所示,主要由主操纵台、简易操纵台、左反馈机构、右反馈机构等设备组成,通过控制160kN·m电动液压舵机,实现舰船的航向自动/人工控制。

3. 控制线路设计

控制线路按操纵部位划分为主操纵台内部控制线路和简易操纵台内部控制线路。

主操纵台设计有简易、随动、自动三种操舵/控制方式。简易操舵控制线路对应于舵机左、右机组分为两路,每条线路主要由电源及开关、操纵手柄、操纵方式转换开关和电磁换向阀(由舵机提供)等组成,基本控制流程框图如图5.22所示,操舵员向左或向右转动手柄直至舵偏转到所需角度,松开手柄即可完成操舵。

随动和自动控制相较于开环控制的简易操舵,增加了控制器环节,属于精确闭环控制。随动/自动操舵控制流程框图如图5.23所示。

简易操纵台仅设计有简易操舵方式,其控制线路与主操纵台简易操舵线路基本一致,如图5.24所示。

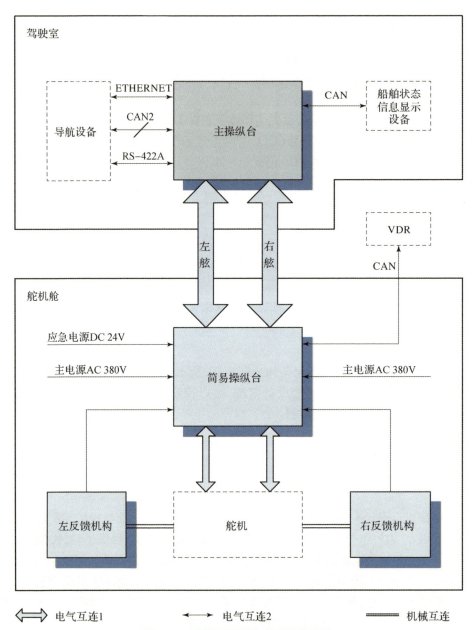

图 5.21 典型舰船用自动操舵仪架构

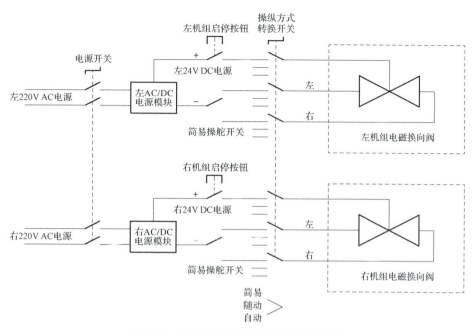

图 5.22 主操纵台简易操舵控制流程框图

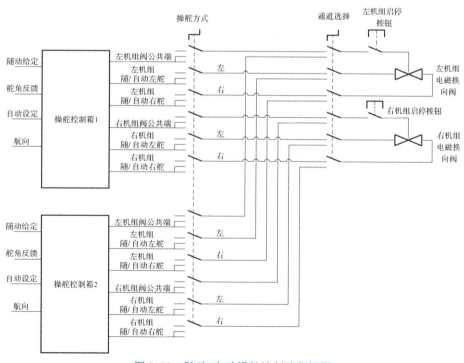

图 5.23 随动/自动操舵控制流程框图

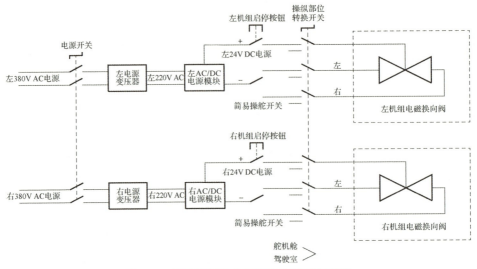

图 5.24 简易操纵台简易操舵控制流程框图

5.3 船舶动力定位系统

动力定位系统是一种以船舶位置和艏向精准控制为目标,利用船舶自身的推进动力系统,自动抵御外界风、浪、流等环境干扰,实现船舶位置、艏向自动控制的一整套系统。该系统在海工作业、军用特种舰船等领域发挥着重要作用。本节以动力定位系统的闭环控制为主线,首先对动力定位系统进行简要概述,其次介绍动力定位系统的控制原理,最后对动力定位系统的应用与发展进行了介绍。

5.3.1 动力定位系统简介

1.动力定位系统的组成

在系统组成上,动力定位系统表现为船舶实现艏向、位置自动控制所需要的全部设备,主要包括船舶的测量系统、控制系统、推进系统等,系统基本组成框图如图 5.25 所示。

1)测量系统

测量系统负责为船舶的位置和艏向控制提供精准、可靠的实时测量信息,主要包括位置测量、艏向测量、环境测量、姿态测量等传感器。

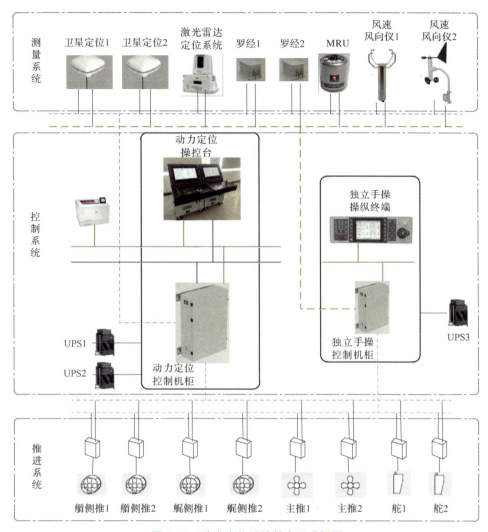

图 5.25 动力定位系统基本组成框图

2）控制系统

控制系统负责接收并处理传感器的测量信息，通过控制运算自动抵御环境干扰、减小船舶位置和艏向的控制误差，并经过推力分配解算将执行机构的指令发送给推动系统，驱使船舶运动实现自动控制。控制系统的硬件组成通常包括计算机系统、显示系统、操作面板等。数据处理、状态估计、运动控制和推力分配等控制算法，是动力定位控制系统的核心功能。

3）推进系统

推进系统负责为船舶提供控制系统所需的力和力矩，主要由供电设备、执行机构及其辅助系统组成。除传统的桨舵推进方式外,布置方便、推进灵活的涵道式侧推、全回转推进器、喷水推进器、直翼桨等多类型推进器也常见于动力定位船舶。

2. 动力定位分级

从海上作业船舶的可靠性出发,中国船级社对动力定位系统划分了三个等级,对动力定位系统的设计标准、必备配置、操作及试验等方面给出了具体意见。

DP1 附加标志:安装有动力定位系统的船舶,可在规定环境条件下,自动保持船舶的位置和艏向,在出现单一故障后允许船舶丢失船位和艏向。

DP2 附加标志:安装有动力定位系统的船舶,在出现单一故障(不包括一个舱室或几个舱室的损失)后,可在规定的环境条件下,在规定的作业范围内自动保持船位和艏向。

DP3 附加标志:安装有动力定位系统的船舶,在出现任何单一故障(包括由于失火或进水造成一个舱室的完全损失)后,可在规定的环境条件下,在规定的作业范围内自动保持船位和艏向。

中国船级社对动力定位系统的布置要求如表 5.1 所示。

表 5.1 动力定位系统布置要求

设备		DP1	DP2	DP3
推进器系统	推进器布置	无冗余	有冗余	有冗余,舱室分开
	推进器的手动控制	有	有	有(主动力定位控制站)
动力系统	发电机和原动机	无冗余	有冗余	有冗余,舱室分开
	配电板	1	1	2,舱室分开
	功率管理系统	—	有冗余	有冗余,舱室分开
	UPS 电源	1	2	2+1,舱室分开
控制系统和测量系统	自动控制,计算机系统数量	1	2	3,其中之一位于备用控制站
	独立的联合操纵杆系统	1	1	1
	位置参照系统	2	3	3,其中之一位于备用控制站
	运动传感器系统	1	3	
	艏向传感器系统	1	3	

续表

设备		DP1	DP2	DP3
控制系统和测量系统	风速风向传感器系统	1	2	2,其中之一连接至备用控制系统
	备用控制站	—	—	有
	报警打印机	1	1	1

3. 动力定位系统技术与产品发展情况

1) 技术发展情况

20 世纪 60 年代,出现了第一代动力定位系统产品,通常采用三个单入单出的 PID 控制器和低通陷波滤波器,实现了船舶的位置和艏向控制。低通陷波滤波器的引入,滤除了船舶运动中高频波浪的影响,提取了有效的船舶低频运动信息,PID 控制器凭借设计简单、含义清晰、调试方便的特点,实现了基本的位置、艏向控制功能。但是,滤波器的引入使误差信号产生了相位滞后现象,影响了系统的控制精度和稳定性。

20 世纪 70 年代,第二代动力定位系统采用卡尔曼滤波器滤除高频运动,并采用 LQG 实现多变量的最优控制。在控制器设计中,首先将船舶运动方程分段线性化,再针对线性化模型解算出最优卡尔曼滤波器和反馈控制增益,计算船舶最优控制力。该设计方法的控制精度取得了显著提升,但缺点是不能保证船舶动力定位系统的全局稳定,且参数调节较为复杂。

自 20 世纪 90 年代至今,动力定位系统的非线性控制日益受到人们的关注。反馈线性化控制、反步积分控制、非线性 PID 控制、H∞ 鲁棒控制、滑模控制、模糊控制等算法模型得到广泛应用,形成了第三代动力定位控制系统。

与此同时,动力定位船舶的特殊作业任务和控制目标得到了进一步深入研究。例如,Fossen 在 2001 年提出了环境最优控制,保持船舶位置不变,抵抗外载荷,实现最优艏向,减少了系统能量消耗;基于惯性测量装置(Inertial Measurement Unit,IMU)的精确测量,Lindegaard 在 2003 年提出了加速反馈控制器,减小了不确定性因素对船舶控制的影响;Sorensen 在 2002 年和 2005 年提出了极限海况下基于非线性无源滤波器的 PID 控制;2001—2009 年,模型预测控制(绿色动力定位)在动力定位系统中成功应用,大幅减小了能量消耗。

如今的动力定位系统,在功能、性能上都进行了大幅度的拓展,不再局限于传统的定点控制、艏向控制、循迹控制,结合作业任务研发的目标跟踪、锚泊定位、铺管布缆、风电安装等定制模式极大丰富了动力定位的应用场景,并且在系统硬件和核心算法方面做了许多提升与改进,提高了系统的可靠性和精度,减少了系统的功率消耗。

2)产品发展情况

目前,全球知名的动力定位厂商主要有挪威 Kongsberg、芬兰 Navis Engineering、荷兰 Praxis Automation Technology 等。

(1)挪威 Kongsberg。挪威 Kongsberg 提供全套动力定位系统,其第一套系统于 1977 年交付,至今为止已经提供了 4000 多套,其产品广泛应用于钻井船、电缆铺设船、起重机船和游轮等。

K–Pos 系列产品是由 Kongsberg 研制的,满足国际海事组织(International Maritime Organization,IMO)DP1、DP2、DP3 不同等级规范的系列化动力定位产品。产品功能丰富、性能优异、配置灵活,是动力定位领域的产品标杆。

图 5.26 所示为 K–Pos 系列三冗余动力定位控制系统,它包括三冗余控制器单元和三个相同的操作员站。控制器单元和操作员站通过双高速数据网络进行通信。两种系统均满足 IMO DP 3 级规范。如果一台控制计算机在三重冗余系统中发生故障,则其他两台计算机将继续工作,并以与双系统相同的方式执行双冗余程序。如果发生第二次计算机故障,将自动切换到剩余的计算机。

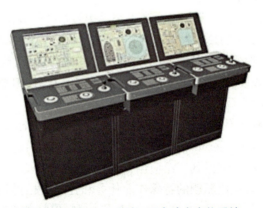

图 5.26　K–Pos 系列三冗余动力定位系统

(2)芬兰 Navis Engineering。芬兰 Navis Engineering 在海洋工程领域建立了 100 多个六自由度船舶数学模型,作为全任务船舶操纵模拟器的一部分,在世界各地的培训中心使用。基于这方面的经验和优势,在 2000 年成功推出第一套动力定位系统,成为该领域的后起之秀。

Navis Engineering 目前在石油、天然气开发及其他领域,为客户提供了 600 多个动力定位系统。其主打产品为 NavDP4000 系列动力定位系统,如图 5.27 所示,该产品系列包含动力定位系统(DP4000)、艏向控制系统(AP4000)、独立手操系统(JP4000)等若干型号,将高质量船用触摸屏和专用动力定位控制面板相结合,在人机工程设计上具有界面简洁、操作便捷等突出优点,降低了不熟悉或动力定位使用经验有限的操作员的进入门槛。

图 5.27　NavDP4000 系列动力定位系统

(3)荷兰 Praxis Automation Technology。Mega – Guard 系列产品是由荷兰 Praxis Automation Technology 自 1980 年开始推出的动力定位自动控制产品,包含 Mega – Guard 动力定位系统(DP)、Mega – Guard 操作杆系统(JC)两大产品线,适用于供应船、拖船、挖泥船、电缆和管道铺设船、浮式生产储油卸油船、起重船和大型游艇,完全符合适用的分类和 IMO 规则(含 DP1、DP2 和 DP3 不同等级)。

Mega – Guard 动力定位系统如图 5.28 所示,可达到不低于 0.5m 的控制精度,试航调试周期短,提供英语、日语、汉语多种操作语言,提升了系统的友好

图 5.28　Mega – Guard 动力定位系统

性。此外,Praxis Automation Technology 提供了丰富的自动导航和船舶自动化配套产品,如推进控制系统、综合导航系统、位置参考系统、功率管理系统、报警监控系统等,极大提升了其动力定位产品的竞争力。

5.3.2 动力定位控制系统工作原理

1. 控制系统组成与工作原理

动力定位控制系统主要包括操控装置、信号处理、状态观测器、控制器、推力分配等核心模块,其控制原理框图如图 5.29 所示,主要功能如表 5.2 所示。

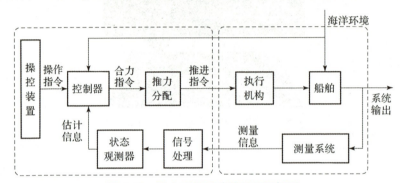

图 5.29　动力定位系统控制原理框图

表 5.2　动力定位控制系统组成模块

序号	组成模块	主要功能
1	操控装置	(1)人机交互:控制模式切换、控制指令设置、反馈信息综合显示、控制器参数设置等; (2)综合通信:船用主干网、控制面板等接口信息处理
2	信号处理	预处理:多种数据类型、格式的传感器及推进器信息预处理
3	状态观测器	状态估计:基于模型和多源传感器的信息提取与最优估计
4	控制器	(1)引导生成:带有时间戳的实时运动指令生成; (2)控制力输出:基于环境载荷预报估算、偏差信息求解控制,输出推力指令
5	推力分配	将控制力指令,最优化分解到各个执行机构

动力定位控制系统工作原理如下。

(1)结合船舶的航行或作业任务需求,通过动力定位操控装置(动力定位操控台、独立操纵终端等人机交互设备),设置船舶期望的运动控制指令,并下发到控制系统中。

（2）信号处理及观测器模块实时接收各类传感信息，并将传感数据进行时间转换、空间转换、滤波等预处理，估算船舶状态信息为控制器提供反馈输入。

（3）控制器模块接收操控装置的运动指令，通过引导算法形成具有时间戳的实时位置、姿态、速度控制指令；经过与观测器最优提取的反馈信息实时比对，得到当前的控制误差并予以控制算法校正，并对环境载荷进行精确预报补偿，得到舰船运动控制所需三自由度合力。

（4）推力分配模块依据控制器输出的三自由度控制力，通过优化分配策略，计算全部执行机构的转速、推力及方位角指令，并下发到各执行机构中。

（5）执行机构依从控制器、推力分配指令，产生相应推力，使船舶补偿环境干扰，按照预设指令运动，保障船舶航行或作业的顺利开展。

2. 运动模式

纵观国内外动力定位产品，通常为用户提供7种运动模式，分别为准备、智能手操、定点定位、低速循迹、航向控制、高速循迹和目标跟踪。动力定位系统运动模式设计如图5.30所示。

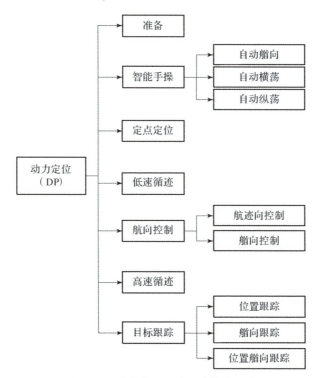

图5.30 动力定位系统运动模式设计

1) 准备模式

动力定位的准备模式是进行操控部位转换、动力定位内部各单元之间操控权限移交的过渡模式。在此模式下,动力定位控制系统只接收传感器、执行机构、推进监控的状态信息、实时数据进行监控显示,而不对外下发指令。

2) 智能手操模式

用户通过操作三维手操杆,形成全船三维推力的百分比输入,经动力定位控制器计算合理的全船纵向力 X、横向力 Y、艏向力矩 N,并由推力分配解算成各个执行机构的推力、转速、角度等指令信息,是一种开环的控制模式。

在手动操控模式下,还可以打开自动纵向、自动横向、自动艏向中的一个或几个,进入手动操控和定点定位之间的半自动模式。此时,船舶运动的三自由度有的维度由控制器自动计算推力,有的维度由手操杆位置决定该方向的推力,因此称为半自动模式。

3) 定点定位模式

定点定位模式是动力定位系统的经典模式,实现了船舶纵向、横向、艏向三自由度的全自动控制。操船人员只需给出定点悬停的位置指令、艏向指令,即可由控制器自动执行,适用于作业船舶的悬停识别、作业等场景。根据控制需求及控制算法的不同,还可细分为高精度定位、区域定位(绿色动力定位)等子模式。

在高精度定位模式下,控制器根据指令信息、传感信息、环境信息,自动解算保持悬停位置、目标姿态所需的三维控制力,并将合力指令分解、下发到全船可用的各个执行机构,实现位置、姿态的保持;同时,在定点定位模式下,还能够实现不同目标位置的移动、不同目标艏向的自动转艏等功能。

在区域动力定位模式下,系统以最小能耗将船舶保持在一个允许区域内,只有当船舶位置或艏向要超出操作区域边界时,控制器才启动推进器。

4) 航向控制模式

航向控制模式,实现艏向、纵向航速的自动控制,按照输入方式,又分为艏向模式、航迹向模式两个子模式。

艏向模式控制舰船艏向始终保持用户设定值,舰船轨迹不作要求;航迹向模式控制舰船按照指定航迹线(以切入点为原点、用户输入航迹向为方向的射线)航行,航迹偏差是它的主要考核指标,对于实时艏向不作要求。

5) 自动循迹模式

自动循迹模式可分为低速循迹模式和高速循迹模式。

(1) 低速循迹模式。低速循迹模式采用三自由度自动控制,是定点定位模式的升级,实现位置、姿态的独立控制,使舰船按照预设的航迹列表自动航行。

在低速循迹模式下,既能保证舰船位置按照航线前进,还能在循迹过程中独立设置艏向以实现各种特定动作,如危险物识别阵位转移、折线通过转角、带固定漂角航行等。

(2)高速循迹模式。高速循迹模式实现艏向、纵向航速的自动控制,它可以控制舰船按照指定航迹列表航行,航迹偏差是高速循迹模式的评价指标。区别于低速循迹,该模式不能独立设置艏向,而是根据航迹偏差由控制器自动调整艏向。

6)目标跟踪模式

目标跟踪模式用于使船舶自动跟踪目标并与目标保持相对恒定的距离和艏向。为便于动力定位船舶的跟踪,移动目标需要安装应答器。按照应答器的数量、跟踪需求,可分为单目标跟踪和多目标跟踪。单目标跟踪时仅提供位置跟踪,多目标跟踪又包含位置跟踪、艏向跟踪、位置艏向跟踪。

3. 动力定位控制系统仿真试验

动力定位控制系统仿真试验,以某千吨级动力定位船舶为例,该船在船艏配置两个涵道式艏侧推、艉部配置两个全回转推进器。

1)定点定位悬停试验

在4级海况(有义波高2m、7.5m/s风速)、3kn流环境下的定点定位悬停试验,如图5.31~图5.35所示,船舶实现指令位置、艏向的自动保持。

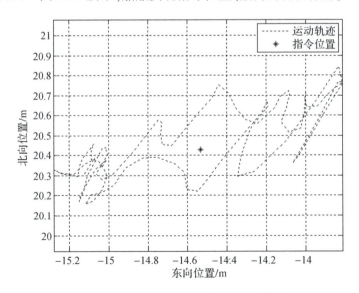

图5.31 定点定位悬停仿真——运动轨迹

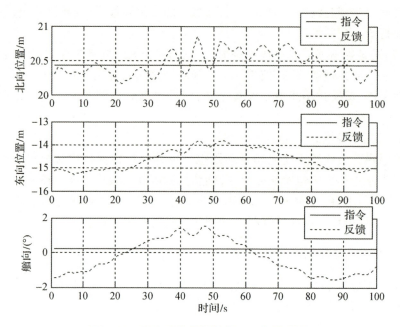

图 5.32　定点定位悬停仿真——位置时历

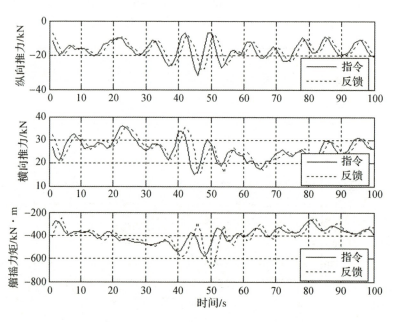

图 5.33　定点定位悬停仿真——推力

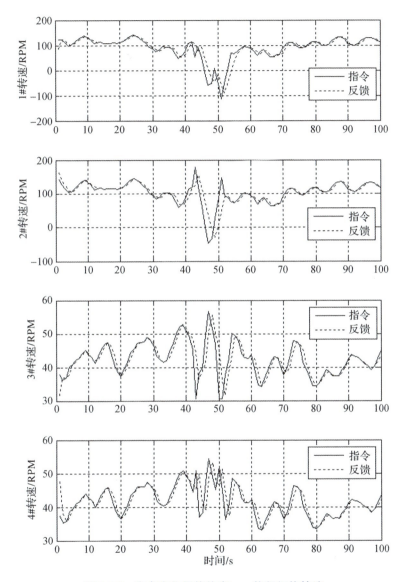

图 5.34 定点定位悬停仿真——执行机构转速

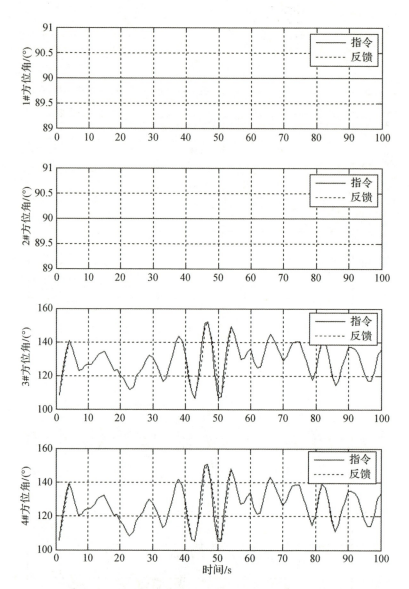

图 5.35 定点定位悬停仿真——执行机构方位角

由图可见,船舶在指令位置、指令艏向进行了 500s 的定点定位悬停,全过程位置误差 0.31m(RMS)、艏向保持误差 0.37°(RMS)。

2)低速循迹试验

在 4 级海况(有义波高 2m、7.5m/s 风速)、3kn 流环境下的低速循迹试验,如图 5.36 ~ 图 5.40 所示。

船舶沿用户设定循迹航线进行自动循迹控制,过程中艏向跟随用户设定(本仿真中全程保持艏向 0°,独立于航线方向)。循迹全过程航迹偏差 0.52m (RMS)、艏向保持误差 0.22°(RMS)。

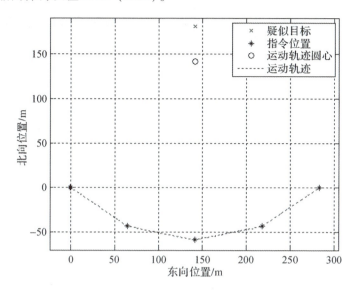

图 5.36　自动循迹仿真——轨迹

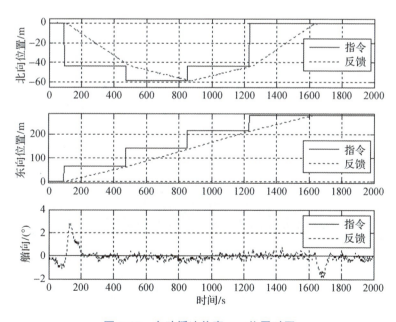

图 5.37　自动循迹仿真——位置时历

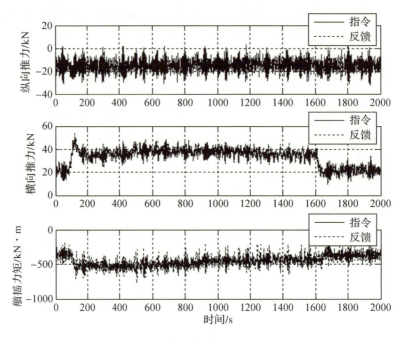

图 5.38 自动循迹仿真——推力

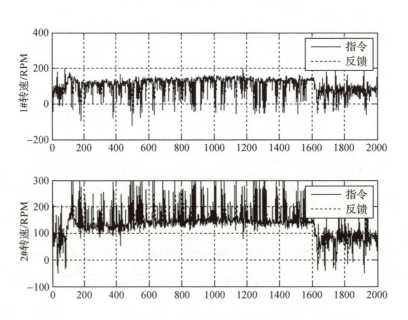

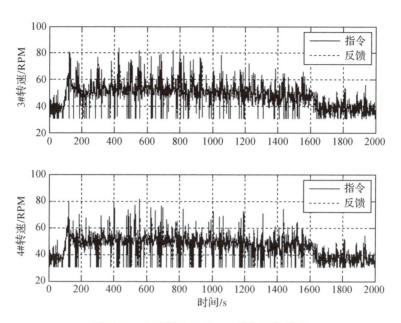

图 5.39 自动循迹仿真——执行机构转速

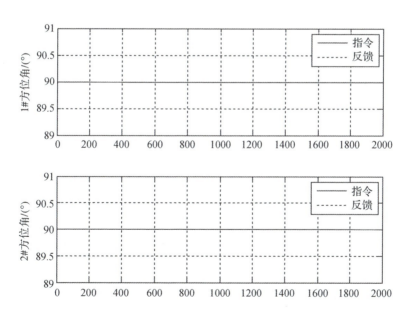

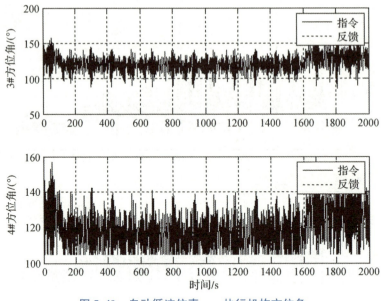

图 5.40　自动循迹仿真——执行机构方位角

5.3.3　动力定位系统的应用与展望

1. 系统应用

随着动力定位技术的发展和系统在工程中的广泛应用,动力定位已成为一项先进而成熟的技术,为特种作业船舶提供了准确的位置、艏向控制功能,并延伸出越来越丰富的、契合船舶作业需求的、满足环保需求及友好控制的运动控制模式。

动力定位系统凭借其在位置、艏向、航迹的精确控制方面的独特优势,成为特种作业船舶领域的典型装备之一,尤其在海工装备领域(钻探、铺管、铺缆、挖泥采沙等)、军辅船领域(猎扫雷、潜水支持、海洋调查等)发挥着重要作用。

1) 海工装备领域

在海工装备领域,动力定位系统不但能够提供优异的位置、艏向控制功能,还逐渐衍生出越来越贴合海工作业的定制化运动模式,极大提升了作业效率和作业安全性,成为海工作业船舶的必备装备。

在经典的定点定位模式中,动力定位系统常用于平台支持船(Platform Support Vessel,PSV)、钻探船、科考船、起重船等(图 5.41),为各类海上作业提供稳定的位置保持。

图 5.41　动力定位应用——平台支持(定点定位模式)

目标跟踪模式(图 5.42),为救援船、无人遥控潜水器(Remote Operated Vehide,ROV)潜水支持船提供了便捷的相对位置、艏向保持功能,能够自动跟踪水面、水下目标,具备位置跟踪、艏向跟踪、位姿跟踪等多种跟踪模式。

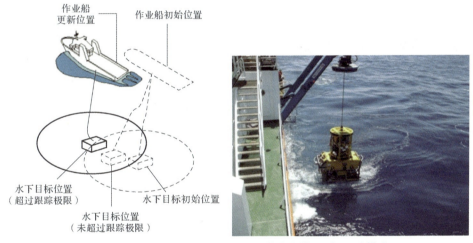

图 5.42　动力定位应用——ROV 及潜水支持(目标跟踪模式)

针对布缆、铺管、拖带作业,动力定位系统在航向模式基础上设计出铺管模式(图 5.43)。船舶拖曳管路进行铺管作业时,动力定位系统控制船舶向前航行一段距离,恰好为一段管线的长度,然后克服风、浪、流、管缆等外载荷干扰进行位置、艏向的调整及保持,以便工人在甲板上完成管道的焊接作业。

针对自升式平台的海上安装作业(图 5.44),自升式平台借助动力定位控制系统,准确到达预定的作业位置,并在桩腿下放、桩腿触底、桩腿压载、托起船壳的整个过程中,要求动力定位系统在地域风、浪、流干扰的基础上,还要克服桩腿入水带来的剧烈水动力干扰,一直准确地保持在作业位置上,实现自升式平台在作业位置上的顺利插桩、长期驻留。

图 5.43　动力定位应用——铺管布缆(铺管模式)

图 5.44　动力定位应用——海上安装(快速模型定位模式)

动力定位系统的自动循迹功能可以使船舶沿着预先设定的航线航行并维持一定的航行速度(图 5.45)。对于拖曳水声阵列,在监测区域内设定好航线,可以明显提高水声监测效率,避免存在遗漏区域。

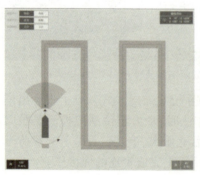

图 5.45　动力定位应用——循迹航行(自动循迹模式)

2) 军辅船领域

不仅在民用海洋装备领域,动力定位系统在具有特殊作业需求的军辅船领域,也取得了广泛的应用。

针对危险物识别查证作业(图 5.46),动力定位的自动循迹模式能够在搜索阶段高效、准确地完成搜索任务,定点定位模式能够在发现危险物后提供稳定、可靠、长时间的位置保持功能,便于开展识别和处置作业。

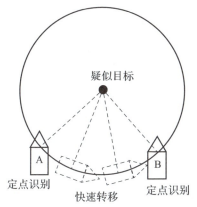

图 5.46 动力定位应用——危险物识别查证作业

针对水下 ROV 及打捞救生作业(图 5.47),动力定位船舶作为 ROV 母船或打捞支持船,定点定位及目标跟踪模式能够提供稳定的作业环境,高效完成打捞、救生等作业任务。

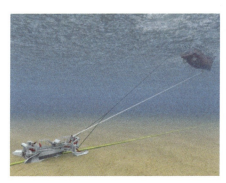
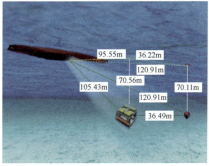

图 5.47 动力定位应用——打捞救生作业

2. 系统能力分析

动力定位系统的定位能力是指船舶在一定的环境条件(风、浪、流)和工作条件下,保持位置和艏向的能力。动力定位能力分析计算,通常与船舶总体设计工作同步开展,为船舶设计、推进器选型优化提供技术支撑,是动力定位系统设计的重要环节。

动力定位系统的定位能力分析,通常有推进器利用率包络线和风速包络线两种表达方式。

推进器利用率包络线,表达的是在特定的风、流、浪环境条件下动力定位推进器的输出结果。对于任意来风角,根据流速、平均风速、对应波谱计算保持船位和艏向所需的全部推力,并由推力分配计算各个推进器的实时输出,获得该方向的推进器利用率。只有当某个环境方向上,全部推进器的利用率均不大于100%时,船舶才具备这个方向的定位能力,其计算流程、展示效果如图5.48和图5.49所示。

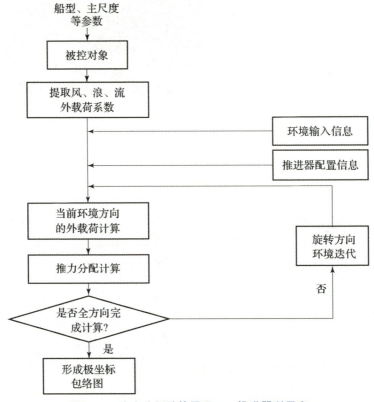

图5.48　能力分析计算原理——推进器利用率

风速包络线,表达的是在风、浪、流共同作用下,可以保持船位和艏向稳定的极限风速条件。该环境条件由规定流速、最大平均风速、对应波谱组成的环境极值表达。通过软件迭代,计算任意风向下保持定位能力的极限风速,并旋转风向得到全部数据,再以风速包络线的极坐标图进行表达,反映出船舶在各个方向上所能抵御的风力极限,其展示效果、计算流程如图5.50和图5.51所示。

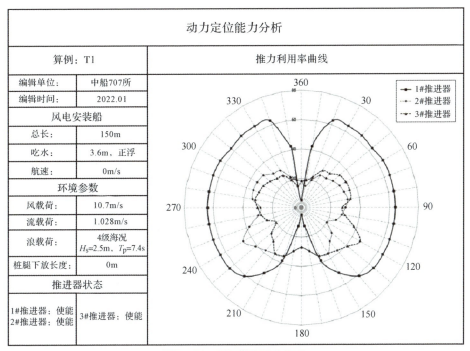

图 5.49 推进器利用率曲线

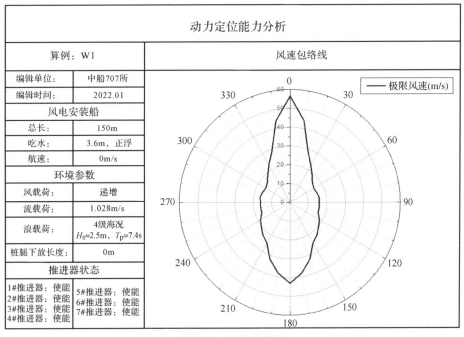

图 5.50 风速包络线

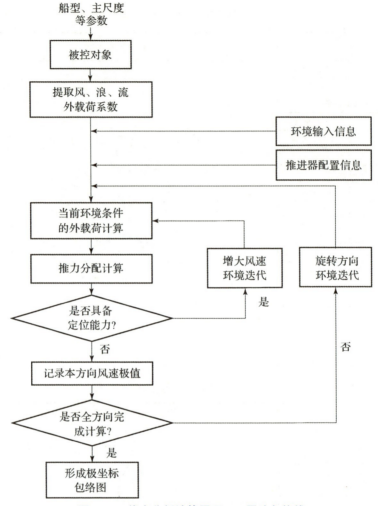

图 5.51 能力分析计算原理——风速包络线

3. 系统发展

1) 概述

虽然传统的动力定位技术及设备已逐步趋于成熟,但走向深远海面临的作业环境复杂化、船舶行业发展带来的作业任务多样性、目标导向引领的需求多元化成为动力定位系统不断迭代更新的内在动力。

(1) 作业环境复杂化。随着我国"建设海洋强国""大洋存在、两极拓展"等国家、海军战略的提出与实践,动力定位系统的作业环境将会更加多元、复杂,由此也会带来新的控制干扰和挑战,适应复杂作业环境将成为动力定位系统发展方向之一。例如,在极地冰区需要开展冰载荷的深入研究及控制设计、浅水海域要充分考虑浅水效应引起的模型变化等。

(2)作业任务多样化。民用海洋工程、军用使命任务的不断发展,衍生出越发多样化的海洋作业任务,对船舶操纵提出了更加智能、抗扰、匹配作业流程的要求,牵引动力定位适配更多元化的作业任务,如铺管布缆作业的拖带巡线航行、海工平台深水插桩作业等。

(3)控制需求多元化。海洋意识的不断觉醒、军警任务的特殊生存环境,船舶操控已不满足于单纯的误差控制,绿色节能、低噪隐身、舒适等多样化的操纵需求将会随之诞生。

2)多船协同

随着海洋工程的不断发展,作业任务更加复杂多样,对多船协同动力定位提出了更高的要求。

一方面,采取多动力定位船协同编队作业方式,能够显著提高作业任务的完成效率。例如,在执行航行补给任务时,多艘动力定位补给船协同工作,能够有效地提高补给效率。在海上消防作业中,多艘动力定位消防船需要与失火船保持相对位置协同进行作业,能够全方位、更快速地扑灭火情。

另一方面,一些复杂海洋工程仅靠单艘动力定位船舶不能完成,如深海石油勘探工程、大型海洋设施的安装和拆卸工程、大型沉船打捞等,也需要多艘船舶的协同作业。

为完成多动力定位船协同定位作业,即多船以期望的相对位置同步跟踪目标位置或目标轨迹,需要设计合理的协同定位控制方法。多动力定位船协同定位控制属于多智能体系统的范畴。目前,多智能体协同控制的研究主要集中在线性系统,然而船舶具有强非线性和强扰动性的特点,在动力定位技术与多智能体协同控制技术的结合过程中,需要从理论结合实际的角度出发,进行有针对性的考虑和改进。

随着动力定位技术的不断发展和完善,其在海洋工程中的作用必将越发凸显,对于海上复杂任务来说,多船作业无疑比单船作业具有更高的效率。因此,对于多动力定位船舶协同定位控制的研究,具有很重要的实用价值和工程意义。

3)水下发展

随着水下航行器的研究与发展,水下航行器已不仅仅局限于在水下低速或高速航行,而是需要具有如悬停、旋转及爬潜等更高的机动性能。在一些复杂的水下任务中,不但要求水下航行器在环境扰动作用下按照预定的轨迹运动,而且在许多情况下需要利用水下航行器对目标物进行更细致的观察,这就需要水下航行器相对于目标物的位置保持不变,水下动力定位由此应运而生。

目前,ROV 是最具代表性的水下动力定位航行器。ROV 是深海辅助开采石油和天然气不可缺少的重要设备之一,其可以承担一些重型作业任务,如海底输油管道的安装、检测与维修、辅助采油设备的安装等。

水下作业操作复杂,技术和精度要求较高,提升水下动力定位能力将保障 ROV 作业安全,提高其作业效率。

4)多自由度

海上资源开发、打捞、科学考察、勘探、救助等领域正逐步扩展到深水领域,但是深水领域的海况条件要复杂得多,对在深水作业的海洋工程船的整体性能有着更高的要求。对于水面舰船而言,在实现精准位置、艏向控制的前提下,减小船舶的横摇,能够显著提升船舶作业安全性、乘员舒适性和动力定位性能。

目前,基于直翼桨的推力快速性,一种带有主动减摇功能的动力定位系统控制方案已经取得实船应用,如图 5.52 所示。该方案在不改变现有 DP 设计方案的基础上,增加了减摇控制回路。当用户打开减摇模式后,减摇控制回路通过相对独立的控制运算,对 DP 控制系统输出的直翼桨指令进行减摇修正,以达到减摇目的。

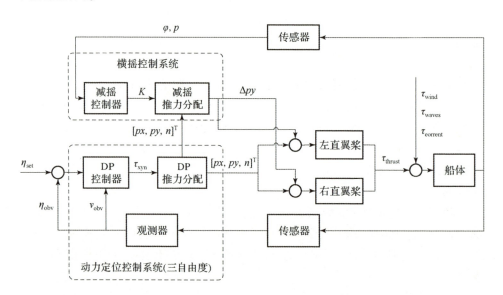

图 5.52 主动减摇动力定位系统(四自由度动力定位)

5)极地冰区

极地因其特殊的地理位置、环境特点以及蕴藏着丰富的油气、矿产、生物、旅游等资源,既可充当重要的海上战略通道,也是许多科学研究的理想场所,成为科学研究的新平台。可穿越极地冰区的综合调查船、科学考察船等即为此领域的典型应用。

动力定位操控装备是综合调查船、科考船等的关键操控设备,研制技术难度较高。传统动力定位系统的应用中,作用在船舶上的环境力来源于风、浪和流三方面。当综合调查船在冰层覆盖水域作业时,起主导作用的环境力来自冰层对船体的推力,冰载荷具有宽频域、高峰值、随机性强等特点,船舶操控系统对冰载荷的预估及通过推进器来抵消这些载荷力就变得重要起来。近年来,极地冰区环境下的动力定位操控技术也成为全球动力定位操控技术领域的研究新热点。

5.4 潜艇操纵控制系统

从国内外专业从事潜艇操纵控制系统与设备研制公开发表的学术论文和专著来看,涉及的主要内容为:①在技术研究与应用方面,主要是潜艇操纵控制运动建模与仿真技术,控制算法模型设计与仿真验证,操舵、均衡、潜浮、悬停以及推进等分系统或装置的操纵控制设备设计与应用等。②在操纵控制设备物理形态上,国内主要依据潜艇总体要求进行操控类设备的集成优化设计与配置。例如,"操舵"与"均衡"组合构成"潜艇联合操舵仪","悬停"与"潜浮"联合构建"潜浮控制台","操舵""均衡"与"悬停"协同建立"潜艇综合控制台"等;国外也有把上述分系统或装置集成于一体构建"潜艇操控系统",或借鉴航空领域的"遥控自动驾驶仪"技术应用框架,以潜艇"深度、航向、姿态"等为主要控制参数设计的"自动驾驶仪"等。③随着潜艇技战术和操纵控制技术的发展,以智能"感知、决策与控制"技术为支撑的"潜艇智能航行控制系统"是当前研究的热点,将具有更广阔的工程应用前景。

本节主要介绍潜艇操纵控制系统的一般功能、组成以及各分系统的工作原理,详述潜艇联合操舵仪和典型潜艇航行控制系统,并对潜艇操纵控制系统的陆上联调试验进行简要说明。

5.4.1 概述

伴随着潜艇的出现,潜艇的操纵就关系到潜艇的安全性和作战能力。现代潜艇航速高、作战海域和活动空间大、巡航训练时间长、武器发射时对潜艇的姿态和深度稳定要求高,潜艇操纵控制需要综合利用各种手段协调工作,保证潜艇按照战术和发射武器的要求稳定航行或进行空间机动。

因此,潜艇操纵控制系统是保障潜艇生命力和战斗力的核心系统,其基本使命任务可描述为：控制潜艇航向、速度、深度、姿态以及位置等运动状态，保障潜艇安全航行、战术机动和艇载武器装备精确打击。

在本书绪论中对潜艇操纵控制系统的基本组成与功能进行了简要描述，本节将进一步对其进行解读与分析。需要说明的是：书中对潜艇操纵控制系统和设备的基本组成、主要功能、控制原理框图以及产品名称等方面的描述在不同的章节中可能存在一些差异，但其基本内涵是一致的。

1. 系统基本功能

潜艇操纵控制系统是潜艇实现自动、协调操控的物质基础。潜艇操纵控制已经历了单机单控手动操纵、联合自动操纵、全自动控制操纵的发展过程，当前正向智能型综合操纵控制演进。随着设备自动化程度的提高和操纵控制技术水平的进步，潜艇总体对操纵控制系统的要求也在不断提高，系统功能将更加丰富。从系统承担的使命任务上讲，可将潜艇操纵控制系统的功能分解为基本功能和辅助功能。

1）基本功能

（1）操舵控制功能：可根据人工或自动操舵指令控制舵面运动到给定舵角。

（2）航向控制功能：可通过操纵杆、键盘或其他人机交互方式给定航向，使潜艇自动改变航向并保持在该航向上。

（3）纵倾和深度控制功能：可通过操纵杆、键盘或其他人机交互方式给定纵倾和深度，使潜艇自动改变深度并保持在该深度上，或使潜艇抬艏或埋艏并保持在给定的纵倾上。

（4）微速或无航速深度保持（悬停定深）功能：通过对悬停控制机构的控制，使潜艇按预定的下潜深度和姿态角并保持在深度上，即悬停定深功能；或按要求的过渡过程机动到新的指令深度，并保持在该深度上，即悬停变深功能。

2）辅助功能

除上述基本功能外，还需具备以下辅助功能。当然，潜艇操纵控制系统辅助功能绝非次要功能，而是为满足特定情况下操纵需求设置的功能。

（1）均衡控制功能：当潜艇进行水面水下状态转换、改变航速、海区密度变化等工况转换时，会出现潜艇所受浮力和重力不一致、力矩不平衡的情况，通过对均衡系统进行调整实现潜艇受力和力矩的平衡。

（2）水面/水状态转换：给压载水舱注水或排水，实现潜艇在水面巡航状态和水下工作状态的转换。

（3）应急越控：一旦正常操纵无法操纵状态时，应允许操纵人员具有应急越控的能力。

2. 系统基本组成

尽管潜艇操纵控制系统组成与潜艇的吨位、使命任务、作业海域及战术要求、系统架构等不同而有所差异,但从目前国内外产品来看,组成潜艇操纵控制系统的基础部件基本相同,其功能也大同小异,图 5.53 展示了典型潜艇操纵控制系统组成。

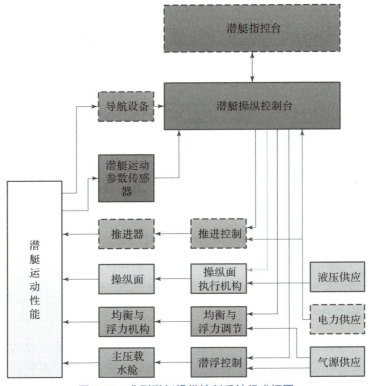

图 5.53　典型潜艇操纵控制系统组成框图

按一般控制系统的组成分类方式,典型操纵控制系统包括以下几个基本组成部分。

(1)传感器。传感器是潜艇操纵控制系统的信息来源,用于测量潜艇操纵控制所需的潜艇运动参数以及操舵、均衡等分系统的设备运行状态。例如,深度传感器、倾角传感器、舵角传感器、均衡流量传感器、水舱液位传感器等。

(2)控制器。控制器对传感器测量的信号进行处理,提供人机交互接口,根据操作人员指令和自动控制规律生成控制信号,输出控制指令,控制舵机、均衡泵(阀)、悬停水泵(阀)、潜浮通海阀(通气阀)等执行器动作。例如,主操纵台、副操纵台(位于舰桥,用于水面航行)、潜浮控制台等。

(3) 执行器。执行器用于将控制器发出的控制指令进行功率放大,并按指令动作。例如,舵机、均衡水阀(泵、悬停泵(阀)、流量调节阀、通海阀、通气阀等。

在工程上,一般采用按功能子系统分类方式描述系统的组成,典型操纵控制系统又可分为若干分系统。

(1) 操舵分系统。操舵分系统主要功能是通过操舵控制实现对潜艇的航向、深度、纵倾等的控制,该分系统主要由深度传感器、倾角传感器、操舵控制设备(主、副操纵台)、舵机、舵角反馈机构等组成。

(2) 均衡分系统。均衡分系统主要功能是通过改变潜艇自身重力和质量分布,从而使潜艇处于重力和浮力相等、所有力矩平衡的状态。该分系统主要由浮力均衡水舱、纵倾平衡水舱、流量计、液位计、均衡控制设备(主操纵台)、离心泵、柱塞泵、均衡水阀、气阀等组成。

(3) 悬停分系统。悬停分系统主要功能是通过改变潜艇重力,使潜艇在无航速或低微航速时稳定在某一期望的深度。该分系统主要由浮力均衡水舱(专用悬停水舱)、流量计、液位计、压差传感器、深度传感器、加速度传感器(如配置)、悬停控制设备(潜浮控制台)、悬停水泵、水舱气压控制阀组等组成。

(4) 潜浮分系统。潜浮分系统主要功能是通过控制压载水舱注水和排水,实现潜艇水面水下状态的转换及应急操纵。该分系统主要由下潜子系统、高压吹除子系统和低压吹除子系统组成,主要控制装置有潜浮控制设备(潜浮控制台)、通海阀、通气阀、高压吹除阀、短路吹除阀等。

3. 系统工作过程

潜艇之所以能潜入水下航行是由于自艏至艉一般均设置有左右舷分开的多个压载水舱,一般分成三组,分别为艏组、舯组和艉组,每个水舱都安装有通海阀、通气阀、吹除阀等执行机构,通常采用自流注入和高压气吹除部分或全部压载水的方式来改变艇的重量,消除或恢复储备浮力来实施水上水下航行状态的转换,并形成"水上""水下""半潜"三种航行状态。当艏组、舯组、艉组压载水舱都排空时,和水面舰艇一样,可在水面航行;当艏组、艉组压载水舱注满水时,潜艇下潜至半潜状态;当艏组、舯组、艉组水舱都注满水时,潜艇潜入水下成为水下航行状态。上述操纵过程主要由潜浮分系统来实现。

由于装载不同,全部压载水舱注满水时,潜艇的重量不一定正好等于潜艇潜入水下后所受到的浮力,其差值称为"剩余浮力",而且作用力中心也不一定与重心重合,故还会有"剩余静载力矩"。

为了消除剩余浮力和静载力矩,在潜艇中部左右舷各布置有 1~2 个耐压浮力调整水舱,通过自流和水泵向浮力调整水舱注(或排)水来消除剩余浮力;在艏部和艉部的左右舷各布置有两个耐压平衡水舱,通过压缩空气由艏向艉(或由艉向艏)移置这些水舱中的水来消除剩余静载力矩。上述操作称为"均衡",主要由均衡分系统来完成。

潜艇出海前要根据装载情况进行计算和调水,称为"预均衡";出海后要根据海水密度变化、艇体压缩、艇内消耗、武器发射、航速变化等不同情况随时进行调整,补偿上述变化,称为"补充均衡"或"代换"。潜艇只有在"剩余浮力"和"剩余力矩"都等于或接近零的情况下,才便于在水下用操舵方式操纵潜艇航行。

均衡良好的潜艇在水下航行时,依靠垂直布置在艉部的方向舵控制潜艇的航向,依靠水平布置在艉部的艉升降舵和布置在艏部的艏升降舵(围壳舵)控制潜艇的纵倾和航行深度。这就是操舵分系统承担的重要使命任务。

潜艇水下隐蔽性是潜艇战斗力和生命力的重要体现之一。无航速潜艇可以降低潜艇在水下的辐射噪声,进而增大本艇声纳侦听距离,扩大作战半径,具有重要的战术意义。潜艇无航速时,舵效为零,保持或改变深度时不能依靠升降舵。现代潜艇是通过适时排(注)艇内压载水的方式来改变剩余浮力,从而控制潜艇的升沉运动。无航速潜艇在水下定深和变深的控制称为悬停控制,由于无航速潜艇垂直面运动控制系统的特殊性,必须采用特殊的控制机构和控制策略。

通过以上简要分析,初步梳理了潜艇操纵控制系统的功能、组成及工作过程。下面将依次介绍潜艇操纵控制系统中的操舵、均衡、悬停和潜浮分系统的基本工作原理与技术方案。为叙述方便,在以下的描述中上述4个分系统均以系统相称。

5.4.2 潜艇操舵控制系统

1. 操舵方式的设置

在本书1.3.1节中给出了船舶操纵控制方式及其相关要求,本节将进一步说明在潜艇操纵控制系统中如何设置和使用这些操纵方式。

典型的操舵控制一般由多个反馈回路构成,如舵角控制回路、航向控制回路、深度控制回路等。舵角控制回路是为控制舵机的性能,通常将舵机的舵角信号反馈到输入端形成负反馈回路的随动操舵伺服系统。航向/深度控制回路则是指在舵角控制回路基础上构建的航向/深度控制回路,该回路通过将潜艇航向、深度、纵倾等信号引入形成负反馈回路,实现航向、深度和纵倾的稳定。

实际使用过程中,操舵分系统通过航向与深度控制回路能有效控制潜艇的航向和深度,仅在改变航向或深度时才需要人工参与(一般由"艇指"发出航向与深度指令,操纵人员接收并执行),自动化程度较高。通常将此种操纵方式称为自动操舵方式。

尽管自动操舵方式自动化程度较高,但仍存在因设备对环境感知能力不足、设备故障以及在狭水道航行、特殊作业等诸多实际航行场景中采用自动操舵不能适应的情况,因此在潜艇操纵控制系统中需设置人工直接操纵舵面的方式。在该方式下,操纵人员可直接给出各舵面舵角指令。通常将此种操纵方式称为随动操舵方式。

为应对系统掉电、随动操舵回路故障等极端情况,系统中还需配置独立于随动操舵控制回路的操舵控制通道,根据该控制通道的原理,将此种操纵方式称为应急液动操舵方式或应急电动操舵方式。

通常,潜艇的操纵有航向、纵倾、深度三个控制通道,其中航向、纵倾控制是角度控制,深度是垂向位移控制,由于潜艇不具备位置稳定性,必须通过控制才能保持或跟踪指令。每个通道一般由一个舵面进行控制,但在纵倾和深度之间存在交联,设置工作方式时需考虑各通道的独立性和关联性。综合考虑潜艇航行操纵的耦合度和任务需求,一般将操纵任务分解为水平面的航向操纵和垂直面的深度纵倾操纵。

综上所述,在操舵分系统中一般设置了自动、随动、应急液动(电动)等操舵方式。

在潜艇操舵控制中,通常采用"随动"操舵控制方式,这种方式操纵直观,符合一般艇员的习惯。在此过程中,若较长时间保持该航向航行,为减轻艇员劳动负荷,可将"随动"方式转为"自动"方式;自动操舵期间,需严格执行相关制度和操作规范要求。

2. 随动操舵工作原理

随动操舵是人工操纵给定装置(舵轮或操纵杆)发出操舵指令信号,通过随动控制系统控制舵角跟随指令的操纵方式。

随动操舵控制原理框图如图 5.54 所示。当航向或深度控制选择随动操舵方式时,操纵人员转动或推拉给定装置,给出舵面位置指令;设备内部位置敏感元件将根据给定装置的位置转换为电气信号,并将该指令传输给控制器;随动操舵控制器对指令信号、反馈的舵面位置信号进行偏差计算、放大后输出操舵信号至舵机;舵机根据随动操舵控制器输出的操舵信号推动舵叶转动。同时,舵角传感器实时测量舵机/舵叶的位置,并将舵面位置信号反馈给随动操舵控制器,形成完整的操舵闭环负反馈回路。

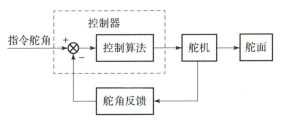

图 5.54 随动操舵控制原理框图

需要指出的是,潜艇的舵面在耐压壳外,若直接对舵面位置进行测量需将舵角传感器安装在耐压壳外,对舵角传感器耐压有较高要求,因此一般通过对推动舵面运动的油缸位置进行测量,从而间接获取舵面位置。

工程上,系统中给定装置可以是旋钮,也可以是舵轮、操纵杆等多种形式。但无论采用哪种形式,均要求给定装置的运动方向与潜艇的实际运动方向一致。对方向舵而言,向右旋转或向右运动表示给定方向舵为右舵,向左旋转或向左运动表示给定方向舵为左舵;对围壳舵或艉舵而言,向前运动代表下潜,向后运动代表上浮,逆时针旋转代表下潜,顺时针旋转代表上浮。

控制器作为随动操舵控制的核心早期采用模拟电路实现,采用模拟电路时用运算放大器对指令舵角和反馈舵角进行减法运算得到实际舵角与指令舵角的偏差,再设置比例、微分、积分电路对偏差信号进行放大后输出给下一级。由于模拟电路存在调试复杂、模拟信号易受干扰等问题,目前,基本采用数字控制技术。采用数字控制技术时在前端直接将指令舵角和反馈舵角进行数字化(A/D采集)后,再通过 CPU 进行 PID 计算得到控制指令,并将控制指令通过 D/A 转换后以电压的形式输出或直接以 PWM 的形式输出。

控制回路中的舵机一般有阀控舵机、泵控舵机、电静液舵机等多种形式,舵机的选择与潜艇吨位、空间布置等相关,详细情况可参加本书第 4 章相关内容。

随动操舵控制回路的性能与舵机特性、控制器参数的选择相关,衡量随动操舵控制回路的控制特性主要从以下方面进行。

1)频率响应

频率响应通常是在输入幅值为恒定(通常为 5°)舵角的情况下进行测试的,当改变测试输入频率直到输出幅值衰减 3dB 时,此时的频率定义为操舵控制回路的频宽。一般要求频宽为最高航速下潜艇频率响应(频宽)的 3~5 倍。

2)瞬态响应

瞬态响应是指系统输出对所加阶跃输入的时间响应,其响应时间、超调量及振荡次数与频率响应相关。通常要求响应延迟时间不大于 0.5s,且无振荡无超调。

3) 线性度

线性度是指令舵角和实际舵角关系对直线的偏差。

4) 稳态精度

稳态精度是指当舵根据指令运动到目标位置停止后,实际舵角与指令舵角的偏差。

5) 灵敏度(死区)

灵敏度是指从零位到引起可测输出变化的最小输入值。通常要求灵敏度不低于0.3°。

6) 滞环

滞环通常是以最大输入指令的10%作为其输入时,同一输出量的输出特性上升和下降沿所对应的输入信号差值。

7) 零位漂移

零位漂移是指在温度、压力、加速度等变化的条件下零位所产生的变化量,而在环境条件恢复为正常状态时零位能够恢复到原状态。

3. 按指令航向自动操舵控制原理

按指令航向自动操舵控制原理框图如图5.55所示,设有两层控制环路,外环为航向闭环、内环为舵角闭环。

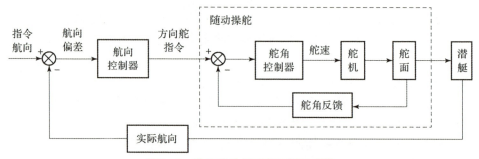

图 5.55　航向自动操舵控制原理框图

指令航向的给定可通过键盘人工输入,也可在航向工作方式切换到自动时,通过锁定切换时刻的实际航向或预报航向作为指令值。

预报航向是指在当前状态下,将方向舵归零,且无外部扰动的情况下,潜艇能到达的稳定航向。

在接收到指令航向后,控制计算机将更新内部存储的指令航向,并采用预先设定的控制律按一定的控制周期计算航向偏差和方向舵指令。

控制周期的选择:对于采用计算机控制的离散系统,若控制周期较长将导致控制指令滞后,系统反应迟钝,可能导致系统不稳定。若控制周期选择较短,通过 Z 变换进行稳定性分析可知,其零极点将随着周期变短不断靠近单位圆,从而引起不稳定,其原理类似于通过两点计算直线的斜率,若两点离得太近,需不断提高数据精度方能得到正确结果。同时,周期变短还会放大采样噪声和量化噪声。因此,控制周期选择也不能太短,工程上一般选取为被控对象带宽的 5~20 倍为宜,具体到潜艇的运动控制周期一般为 0.1s。

外环的航向闭环不仅能实现改变航向的功能,同时也可有效纠正因海流等干扰引起的航向偏差。若当前潜艇稳定运行在某一给定航向,当受到外界干扰而偏离预定航向时,由导航系统检测出实际航向,控制器将根据实际航向、指令航向、潜艇运动的历史信息等计算指令舵角,若航向向右偏离指令航向,则控制器输出向左的控制指令,若航向向左偏离指令航向,则控制器输出向右的控制指令。解算出舵角指令后该指令将发送给内环的舵角闭环,由随动操舵闭环回路保障舵叶按"转舵指令"偏转。潜艇在舵角的控制下向指令航向偏转,使航向偏差逐渐减小,随着航向偏差的减小,解算出的指令舵角也逐渐减小,随动操舵系统保证逐渐收舵,直到航向偏差为零,舵角也回收到刚好能抵消干扰力的角度。

决定航向控制性能的关键和核心部分是控制律,典型的控制律如 PID 控制、自适应 PID 控制、模型参考自适应控制、最优控制等控制方法在潜艇上都有应用,但控制效果与选择的控制律和采用的控制参数相关。关于控制方法的选择和控制律的设计可参考本书第 2 章相关内容。

衡量航向自动控制性能可分别从保持航向和改变航向两个方面进行。其中保持航向的主要指标如下:

(1) 系统航向灵敏度。能使舵叶正反向动作的最小航向偏差称为系统航向灵敏度。系统航向灵敏度反映了系统对航向偏差敏感的程度,即自动操舵系统能开始工作的敏感能力,但并不能反映系统稳定过程和质量。显然,灵敏度高的系统具备控制潜艇高精度航行的能力,但要想保证理想的控制效果,还必须各种控制参数的配合。在水面或近水面风浪天气条件下,灵敏度过高只会增加打舵次数,而不一定能达到高的航向稳定精度,所以,一般会设置专门的"天气调节"选项,在风浪天气条件下有意降低系统灵敏度,以减少打舵次数。

(2) 航向稳定精度。航向稳定精度是指操舵系统航向控制结果与设定航向的符合程度。在自动定向航行时,用实测的航向变化曲线与指令航向之间所包围的面积之和除以测记时间的商值来衡量。

(3) 平均打舵次数。在保持潜艇直航向航行时,在规定的时间内所测记的动舵次数除以测记时间的商值,称为"平均打舵次数",平均打舵次数反映了在保持指令航向过程中的打舵情况。

改变航向的指标描述了潜艇机动时的动态品质,典型的机动过程如图5.56所示:潜艇由初始航向 ψ_0 机动到新指令航向 ψ_c 的变化过程,结合图示曲线给出以下定义和指标。

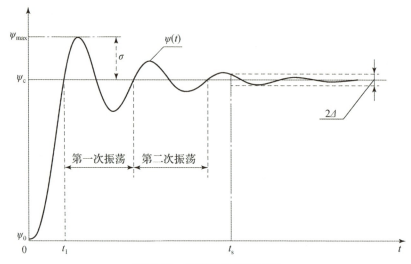

图 5.56　典型航向机动过程

(1)过渡过程。当新指令航向 ψ_c 阶跃形式输入时,按时间记录的实际航向从初始航向 ψ_0 变化到稳定在 ψ_c 附近的全过程,即图 5.56 中曲线 $\psi(t)$。

(2)首次到达指令航向的时间。当新指令航向 ψ_c 以阶跃形式输入时,第一次通过指令航向的时间,即图 5.56 中的 t_1,它反映了自动操舵时改变潜艇航向的快速性。

(3)过渡过程时间。当新指令航向 ψ_c 以阶跃形式输入时,潜艇由初始航向机动到新指令航向,并稳定在规定误差 $\pm\Delta$ 之内的时间,一般规定误差 Δ 为修正量的 ±5%,即如图 5.56 中的 t_s,可以反映过渡过程的快慢。

(4)最大超调量。当新指令航向以阶跃形式输入时,潜艇向指令航向机动的过程中,超出预定航向的最大偏差,即图 5.56 中的 σ,一般规定超调量不大于修正量的 10%,且最大不超过 3°。

(5)振荡次数。当新指令航向以阶跃形式输入时,潜艇向指令航向机动的过程中,且峰值到达误差范围之前的振荡周期数。

4. 按航向速率自动操舵控制原理

按给定转艏速率转向自动操舵控制与按给定航向自动操舵具有相似的控制回路,也采用两层闭环系统,外环为航向速率闭环、内环为舵角闭环。其控制原理框图如图 5.57 所示。

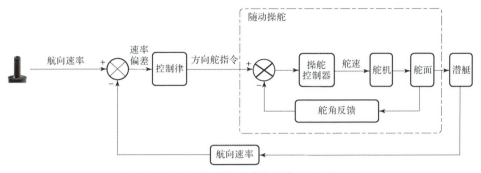

图 5.57 航向杆速率自动操舵控制原理框图

图 5.57 中实际航向速率的来源可采用导航系统测量得到的航向速率,也可采用微分器或观测器计算得到的航向速率。航向速率控制器控制律的设计参见本书第 2 章相关内容。

在此模式下,若指令航向速率为 0,且实际航向速率也为 0 时,潜艇将保持在某一航向上,但当出现干扰,导致航向速率不为 0 时,控制器将输出与之相反的舵角再次将航向速率稳定在 0,此时潜艇将保持在另一航向上。由此可见,在此模式下,系统不具备航向保持能力。尽管如此,此方式提供了人工控制潜艇转舵速率的能力,实际使用时可根据航行需求,按不同速率转向。同时,为克服此模式下不能保持航向的问题,工程上一般当指令航向速率为 0 时,自动切换为航向闭环控制,当指令航向速率不为 0 时,再切换至航向速率闭环控制。

5. 深度自动控制工作原理

潜艇在水下航行时,升沉运动主要是通过推进系统、均衡系统和升降舵装置在操控台控制下实现的。当潜艇均衡良好,在一定的航速条件下,操控台根据深度和纵倾传感器提供的潜艇深度和纵倾角信号,按输入的指令深度和纵倾角,自动解算艏、艉舵角指令,并控制艏、艉舵机转舵,以保证潜艇按指令深度和纵倾角航行。深度自动控制原理框图如图 5.58 所示。

潜艇受干扰 F_z 偏离给定深度或纵倾后,瞬时深度 ζ 被深度传感器所感受,并与指令深度 ζ_z 进行比较,两者不一致时,其差值 $\Delta \zeta$ 分别经过"艏舵解算部分"和"艉舵解算部分"解算后,产生艏、艉指令舵角 δ_{bz} 和 δ_{sz},"随动操舵系统"保证艏、艉舵角 δ_b 和 δ_s 跟踪指令舵角,艏、艉舵角产生升、沉合力和纵倾合力矩,升、沉力使潜艇向原定深度恢复,合力矩则使潜艇产生纵倾,纵倾传感器实时感受纵倾角 θ,当实时纵倾角与原定指令纵倾 θ_z(稳定深度时一般为零)不一致时,其差值信号抵消深度差值信号,及时回舵,使纵倾不至过大,随着深度向预定值的逐渐恢复,纵倾角趋向于零,舵角也趋向于零。

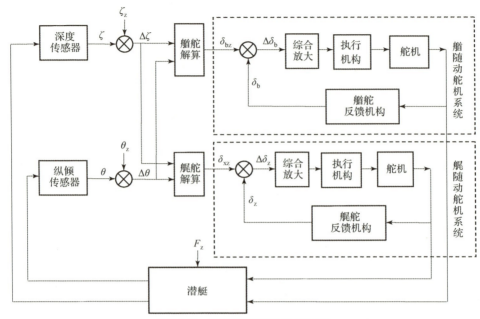

图 5.58 深度自动控制原理框图

当给定新的指令深度后,由于指令值与实测深度不一致,产生艏、艉舵舵角,在舵角作用下,潜艇产生纵倾,由于纵倾角信号与深度信号相反,抵消深度偏差信号,当纵倾角达到一定值后,操舵信号平衡,纵倾角停止增大,在纵倾角和舵升力的共同作用下,潜艇保持一定攻角和纵倾角向指令深度过渡,深度偏差信号逐渐减小,在接近指令深度时,纵倾信号超过深度信号,艏、艉舵角压回纵倾,此时随着深度速率的增加,深度微分增大,造成反向纵倾,消除潜艇惯性,在潜艇到达指令深度时,纵倾角为零,艏、艉舵角也为零,潜艇保持零纵倾定深航行。

图 5.58 说明:深度自动操舵系统是由"控制对象"(潜艇)、"调节机构"(自动操舵仪或艏、艉舵控制器)构成的"多输入(艏、艉舵、纵倾等)多输出(纵倾、深度等)闭环控制系统",系统的品质不仅决定于深度控制器,而且与潜艇的垂直面水动力特性及干扰的大小和形式等有关。

对深度控制效果的衡量与航向控制指标基本相同。

5.4.3　潜艇均衡控制系统

当潜艇处于良好的均衡状态(所受浮力与重力相等,力矩完全平衡)时,为操舵控制系统工作奠定了基础。均衡良好的潜艇不仅能减轻操舵人员的劳动强度,而且能充分发挥潜艇的机动能力,保证深度和纵倾控制的控制质量。

但实际上潜艇主压载水舱注满水并潜入水下后,并不能保证潜艇的重量与排开水的重量相等。加之燃油消耗、航速变化、载荷变化、人员走动、武器发射等各种变化因素的影响,不能总是保持重力等于浮力,也不能保证零纵倾时的力矩平衡。而潜艇带有较大不平衡力和力矩时,将给纵倾和深度的控制带来较大的影响。

设置均衡控制系统的目的就是通过改变潜艇自身重力和质量分布,从而使潜艇处于重力和浮力相等、所有力矩平衡的状态。

由于难以直接检测潜艇所受浮力与重力之差,目前比较成熟的均衡方法为:潜艇做等速、直线、定深运动时,剩余浮力与剩余静载力矩被艏艉升降舵角与纵倾角产生的水动力平衡,通过检测升降舵角和纵倾角的平均值,并结合当时航速解算出剩余浮力与剩余静载力矩,然后根据调整水舱布置换算出排(注)水量和移水量,关于不均衡量估算详情参见本书2.3节。

1. 均衡调整机构

为提高均衡效率,一般将力矩平衡水舱布置在潜艇艏部和艉部,使其力臂最大,一般地,在潜艇艏部左、右舷分别布置平衡水舱,称为艏左和艏右;艉部左、右舷布置的平衡水舱称为艉左和艉右。通过同舷艏、艉平衡水舱之间的移水,达到剩余静载力矩为零的目的。其典型布置如图5.59所示。

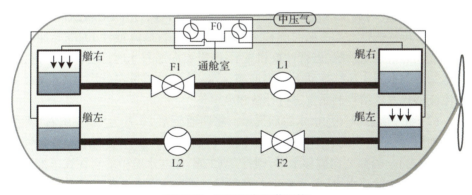

图 5.59 纵倾平衡调节机构

潜艇舯部重心附近分别布置左右舷可连通的浮力调整水舱,通过排或注调整水舱中的水,达到剩余浮力为零的目的,且基本不影响静载力矩,典型结构如图5.60所示。

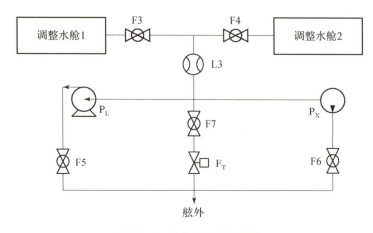

图 5.60 浮力均衡调节机构

2. 移水和排(注)水原理

1) 纵倾平衡移水

纵倾平衡移水装置根据移水方式可分为气压移水均衡系统、泵移水均衡系统等多种方式。下面以气压移水(图 5.59)为例说明其工作原理。

(1) 艏右艉左纵倾均衡水舱加气压。将四通旋塞 F0 置为"艏右艉左"加中压气位置,艏右和艉左纵倾平衡水舱加中气压(如 0.4MPa),而艏左和艉右平衡水舱解除气压(通舱室内)。若需要由艏向艉移水时,则打开 F1 阀,艏右水舱中的水在中压气的推动下由艏向艉移水,移水量通过右舷流量计 L1 以脉冲或电流形式发送给控制系统,进行计数和显示;若需要向艏移水时,则打开 F2 阀,艉左水舱中的水在中压气推动下由艉向艏移水,移水量通过左舷流量 L2 以脉冲或电流形式发送给控制系统进行计数和显示。

(2) 艏左艉右纵倾均衡水舱加气压。将四通旋塞 F0 置为"艏左艉右"平衡水舱加压时,艏左和艉右平衡水舱加中压气,而艏右和艉左平衡水舱解除气压(通舱室内)。若需要向艉移水时,则打开 F2 阀,艏左水舱中的水在气压推动下向艉左平衡水舱移水,移水量通过左舷流量计 L2 以脉冲或电流形式发送给控制系统进行计数和显示;同样,若需要向艏移水时,则打开 F1 阀,艉右水舱中的水在气压推动下向艏右水舱移水,移水量通过右舷流量计 L1 以脉冲或电流形式发送给控制系统进行计数和显示。

2) 浮力调整排(注)水

(1) 排水。浮力调整水舱向舷外排水一般采用水泵作为动力源。由于潜艇在深度方向具有较大的活动范围,在排水时所受的海水背压存在较大的变化。

单一形式的泵难以满足各种工况,因此一般需设置多种排水方式,选用不同流量和扬程的泵进行排水。通常的情况是在深度较浅时,用常规的离心泵,但深度加大时,采用多机串联方式,提高扬程;当深度进一步加大时,采用柱塞泵。因此,在进行排水时,首先根据深度选择不同的泵(P_X 或 P_L)及工作方式,并同时开启相应管路上的阀门,则均衡泵可将浮力调整水舱的水排出。

(2)自流注水。通海阀打开后,开启 F3(或 F4)选择向 1#(或 2#)调整水舱注水,打开 F7 阀后即可由舷外向浮力调整水舱自流注水,注水速度通过流量调节阀 F_T 控制。

3. 均衡系统控制

1)均衡控制方式

均衡控制方式一般设置"电动"方式、"随动"方式和"自动"方式。

(1)"电动"方式。均衡分系统上的各阀、泵都设计为可遥控状态,通过人工遥控其开启或关闭。

(2)"随动"方式。通过键盘给定移水指令(分别输入纵倾平衡移水量和浮力调整量)后,控制计算机根据指令值和方向按程序(同"电动"方式)自动开启相应的阀和泵进行排(注)水或移水,同时接收实际排(注)水和移水量,当接近指令值时,自动停止排、注水或移水。

(3)"自动"方式。潜艇做等速、直线、定深运动时,控制计算机连续采集围壳舵角、艉舵角、纵倾角、航速等参数,在设定时间内,用"递推"方式不断求出各平均值,再按规定的"均衡公式"和系数连续解算"纵倾和浮力不均衡量"。当计算结果稳定后,通过驱动线路按规定的程序开启相应的阀和泵进行定量排(注)水或移水。移水或排(注)水完毕,待潜艇恢复到定深直航状态后,再重新投入计算,重新按计算值移水,如此循环进行,直至计算值小于规定的启动灵敏度为止。

2)均衡控制流程

通过对均衡机构(图 5.60)的控制,使潜艇处于均衡良好状态,其控制流程如下:

(1)计算。在一段时间内(如 1~3min),由舵系统保持潜艇做等速直线定深运动,此时的纵倾角、艏舵角、艉舵角所产生的升力和力矩补偿了剩余浮力和力矩,通过对上述三个参数的采样和平滑处理后,求取平均值或递推估计值,并结合当时的航速,即可按公式计算此时潜艇的剩余浮力和力矩,并换算成达到均衡状态所需的排(注)水量和艏、艉间移水量。

(2)移水/排(注)水。到达规定的计算时间后,按计算的排(注)水量和移水量启动排(注)水系统和纵倾平衡移水系统,当排(注)水量和移水量达到要求值时,停止排(注)水和移水。

(3)休止。排(注)水或移水完成后,潜艇受力发生改变,需耗费时间重新回到定深直航状态,故应休整片刻(一般10~30s);当潜艇再次处于定深直航状态后再采集纵倾角、艏舵角、艉舵角及航速,重新进入计算阶段。

5.4.4 潜艇悬停控制系统

当潜艇无航速时,也无舵效,保持深度或深度机动时就不能依靠升降舵。现代潜艇通过适时排(注)艇内压载水的方式来改变剩余浮力,从而控制潜艇稳定在某个深度,称为悬停定深。由于无航速潜艇垂直面运动控制系统的特殊性,必须采用特殊的控制机构和控制策略。

1. 控制手段

对于潜艇悬停控制,在工程上一般采用以下两种方式。
1)利用均衡分系统
利用浮力调整水舱系统和纵倾平衡系统,通过排(注)水和移水实现"悬停"。
2)利用悬停分系统
在潜艇重心附近设置专用耐压水舱,并根据潜艇深度对此舱进行适当加压,使其在任何深度上都可保持该水舱内部压力与舷外压力相等或略低,采用小功率泵进行排(注)水。因排(注)水的速度变化小,排(注)水精度容易控制,功率小,噪声小,而且排、注水时不影响纵倾平衡。采用设置专用悬停水舱方式,需配置相应的压力平衡和排(注)水系统。

2. 悬停分系统的基本组成

悬停定深控制系统由深度传感器、纵倾传感器、悬停水舱、排水泵、电液控制阀、水舱水量计量仪、流量计量仪、气压平衡系统、操纵台等主要部件组成,如图5.61所示。

悬停定深控制系统相关功能部件介绍如下:
1)深度传感器
深度传感器用以检测潜艇的下潜深度,并将检测的深度信号发送至"控制器",与指令深度进行比较,不一致时通过悬停控制系统控制下潜深度;同时发送至"操纵台"进行显示,供操作人员观察。
2)纵倾传感器
纵倾传感器用以检测潜艇纵倾角,并将检测的纵倾信号发送至"控制器",

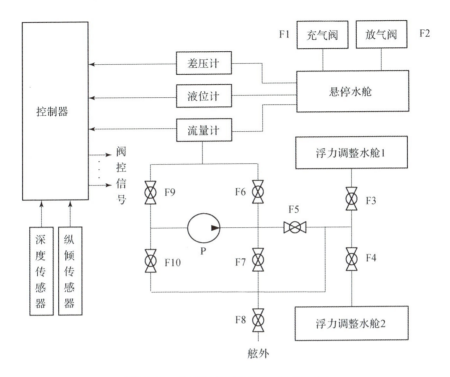

图 5.61 悬停控制系统组成及工作原理

与指令纵倾进行比较,不一致时通过纵倾平衡系统控制纵倾角;同时发送至"操纵台"进行显示,供操作人员观察。

3) 控制器

将实测深度与指令深度进行比较后,按控制规律进行运算,输出悬停水舱和浮力调整水舱排(注)水指令;当纵倾角与指令纵倾角不一致时,输出纵倾平衡水舱移水指令,并保证系统按规定的程序启、停相应的排(注)水或移水系统进行排(注)水或移水。

4) 悬停水舱及排(注)水系统

通过排(注)悬停水舱中的压载水,控制潜艇悬停,水舱中的压力决定于悬停深度。一般选用离心泵排水,由于悬停水舱内压与舷外压力相差不大,可以选用小功率、低压、大流量泵,以便降低排、注水时的噪声和功耗。

5) 浮力调整水舱及排(注)水系统

当悬停变深控制时,因深度改变带来潜艇剩余浮力变化。由于悬停水舱容积有限,需用浮力调整水舱进行补偿。

6) 纵倾平衡水舱及排(注)水系统

当悬停定深或变深控制时,由于深度变化,存在因潜艇垂向阻力和干扰力作用中心与重心不重合,可能造成的纵倾变化,需要纵倾平衡水舱的配合以稳定纵倾角。

7) 气压平衡系统

在进行悬停控制时,一般要求悬停水舱中的压力等于或略小于舷外压力。由于悬停深度不同,常采用加气的方式将悬停水舱内压力调至与舷外压力一致,故系统中设置了"自动气压平衡系统"或称悬停水舱加压系统。

自动气压平衡系统主要由差压计、控制器、充气阀、放气阀以及高压气源等组成。其基本工作原理为:差压计感受悬停水舱和舷外压力之差,经信号放大后,由控制器打开或关闭充气阀或放气阀,使悬停水舱的气压控制在规定范围内。

3. 工作原理

悬停控制系统的工作原理参见图 5.61,悬停水舱中的初始存水量一般设置为其容积的 1/2,当设置指令悬停深度后,自动气压平衡系统自动控制充气阀和放气阀,使悬水舱内的初始压力等于或小于舷外压力;深度传感器接收潜艇实际深度后,与指令深度进行比较,当出现深度偏差时,控制系统按确定的控制规律进行运算,并按规定程序输出控制指令,启动悬停水舱排(注)水机构进行排(注)水;与此同时,流量计和液位计分别将排(注)水量和当前存水量反馈回控制系统,并参与控制规律运算,当实际深度达到指令深度后系统处于平衡状态。

在悬停过程中,如果纵倾角超过规定值时,将启动纵倾平衡系统向艏或向艉移水,保持潜艇姿态;当运算的排(注)水量大于悬停水舱允许的排(注)水量时,还要启动浮力调整系统进行辅助均衡。

对悬停排、注水的操作和控制设置了多种方式:①"泵注泵排"方式,即排水和注水均用泵来完成;②"自注泵排"方式,即用泵排水,利用压差自流注水;③"气排自注"方式,即用气压排水,利用压差自流注水等。

1) 初始状态的控制

初始状态时,打开 F10、F3、F4 阀,启动泵 P,再打开 F6 阀,将浮力调整水舱中水移向悬停水舱。流量计检测单次移水量,液位计检测悬停水舱存水量,反馈给控制器进行显示,当悬停水舱水量到达中间位置时,停止移水。

2) 排水控制

(1) 泵排方式。采用泵排方式时,打开 F9 阀,启动泵 P,打开 F7、F8,向舷外排水,由流量计检测单次排水量,由液位计检测悬停水舱的存水量。

(2)气排方式。采用气排方式时,需对悬停水舱进行加气控制,当舱内压力大于舷外压力时,打开 F6、F7、F8 阀,向舷外排水,由流量计检测单次排水量,由液位计检测悬停水舱的存水量。

3)注水控制

(1)自流注水方式。当悬停水舱内压力小于舷外压力时,打开 F6、F7、F8 阀,海水在舷外压力作用下向悬停水舱注水,由流量计检测单次注水量,由液位计检测悬停水舱的存水量。

(2)泵注方式。打开 F8、F10 阀,启动泵 P,打开 F6 阀,由舷外向悬停水舱注水,同样,由流量计检测单次注水量,由液位计检测悬停水舱的存水量。

4)回移水控制

对于回移水控制,主要基于以下两种情况:

(1)当悬停水舱注满水时,需向浮力调整水舱移回部分水,以便腾出舱容。

(2)当悬停水舱注水较多时,舱内压力升高,为降低放气时的噪声,减少压缩空气的消耗,用回移水方式减压。

打开 F9 阀,启动泵 P,打开 F3、F4、F5 阀,由悬停水舱向浮力调整舱回移水。

5.4.5 潜艇潜浮控制系统

潜艇潜浮控制系统主要由下潜子系统、高压吹除子系统和低压吹除子系统组成,其功能是在"潜浮控制台"控制信号的作用下,对压载水舱的通气阀、通海阀、高压空气吹除阀、低压吹除阀等实施电动遥控,使潜艇由水上巡航状态下潜至水下状态,或者由水下状态上浮至水上巡航状态,以满足潜艇操纵性要求。

1. 潜艇的潜浮过程

在潜浮分系统中设有正常下潜、应急下潜、正常上浮、应急上浮和短路吹除 5 种工作方式,潜艇上浮或下潜是在操舵和均衡分系统的配合下,主要通过对压载水舱注水或排水来实现的。

1)正常下潜

正常下潜时,先开启潜艇的艏、艉组压载水舱通海阀,再开启艏、艉组压载水舱通气阀,在海水背压的作用下,对这些水舱注水,艇重增加,潜艇由水上巡航状态下潜至潜势状态;然后开启舯组压载水舱通海阀和通气阀,舯组压载水舱注水,潜艇重量增加到水下排水量,潜艇开始下潜;待艇体全部没入水中后,用艏、艉升降舵保持"艇指"要求的纵倾角继续下潜,直至接近"潜望深度"时,用艉舵压回并保持纵倾角,同时用艏舵保持预定深度,然后"艇指"指挥艇员进行补充均衡,潜艇转入水下航行状态。

2）应急下潜

应急下潜时,先开启潜艇的艏、舯、艉组压载水舱通海阀,再开启艏、舯、艉组压载水舱通气阀,潜艇直接从水上巡航状态潜至水下。应急下潜过程中,升降舵的使用与正常下潜基本相同。

3）正常上浮

正常上浮时,用升降舵将潜艇操纵到"潜望深度";在通海阀开启、通气阀关闭的情况下,先打开舯组高压吹除阀柱的电液球阀,高压空气吹除舯组压载水舱中的水,潜艇重量减轻,潜艇上浮,同时用艉舵保持规定的纵倾角,使潜艇上浮至半潜状态后,艉舵仍保持上浮舵以防止潜艇突然下沉;然后打开艏、艉组低压吹除阀,开启低压吹除子系统压气机吹除艏、艉组压载水舱中的水,潜艇重量逐步减至水上正常排水量,即过渡到水上巡航状态,同时将艏、艉升降舵回零。

4）应急上浮

应急上浮时,操纵潜浮控制台上的"应急吹除"开关,就能控制各组高压吹除阀柱电液球阀的开启,进行全部压载水舱的吹除,使潜艇快速上浮至水面状态。

应急上浮只有在危及潜艇安全时才使用,而且在大深度直接全部吹除时,还可能存在横向倾覆的危险。因此,大深度应急上浮时,一般先用艉舵或吹除艏组水舱水造成较大艉倾后,才能吹除其他压载水舱中的压载水,并控制好上浮速度,随时注意横倾变化,必要时,应暂停供气。

5）短路吹除

短路吹除时,可以在潜浮控制台上根据需要选择压载水舱进行吹除。短路吹除不通过高压空气阀柱,而是利用高压空气瓶直接吹除压载水舱,一般用于抗沉操纵。

2. 潜浮过程中的稳性变化

潜艇水面航行时与水面舰船一样,重心在上,浮心在下。由上述潜浮过程可知,海水向压载水舱注入的同时,潜艇开始下潜,在下潜的过程中,潜艇的重心逐渐下降而浮心逐渐升高,在某一时刻浮心将与重心重合,此时潜艇的稳性最差;待潜艇全部没入水中后,浮心逐渐高于重心,即可获得设计要求的稳性。潜艇上浮过程中的稳性变化则与下潜过程相反。

由此可见,潜艇上浮和下潜过程中的稳性值是变化的,故在操作过程中应尽量减少在稳性最低时的停留时间。

3. 工作原理

早期潜艇的上浮和下潜一般都采用分散式的手动或液动控制。现代潜艇中,普遍将潜浮操纵相关设备的控制和显示综合起来,以电动遥控为主要操作方式进行潜浮控制,并对相关装置工况、能源状态、潜艇姿态和运动参数等进行集中显示。

在工程上,对潜浮分系统通海阀、通气阀的控制一般都采用分级驱动方式,先由潜浮控制设备发出电气控制信号到电磁换向阀,实现由电控到液控转换,再由电磁换向阀控制通海阀、通气阀执行机构动作。下面简要介绍潜浮分系统中通海阀、吹除阀控制与显示的工作原理。

1) 通海阀控制与显示工作原理

通海阀操纵开关状态由带通信总线接口的开关量采集模块采集,通海阀的反馈状态信号由通海阀状态显示模块采集,采集后均发送至通信总线接口模块,同时在显示终端显示通海阀状态信号,其原理框图如图 5.62 所示。

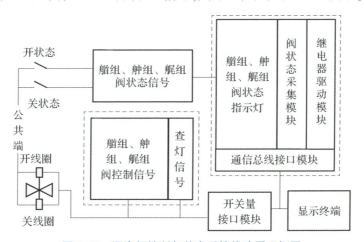

图 5.62 通海阀控制与状态反馈线路原理框图

下面以艏组通海阀为例介绍通海阀的控制及显示原理。当通海阀控制的"艏组"开关处于"开"位置时,工作电压施加到电液换向阀的先导阀——电磁铁线圈绕组,电液换向阀换向,接通"开阀"液压油路,使执行机构正动作,通海阀随之打开。当通海阀打开到位时,"开到位"接近开关导通,返回一个电压信号;如果"艏组"开关回到"停"位置,电液换向阀的先导阀——电磁铁线圈绕组断电,电液换向阀回中位,切断液压油路,使执行机构保持原位置,通海阀保持"开到位"状态。

当通海阀控制的"艏组"开关处于"闭"位置时,工作电压加到电液换向阀的先导阀——另一电磁铁线圈绕组,电液换向阀向另一边换向,接通"关阀"液压油路,使执行机构反动作,通海阀随之关闭。当通海阀关到位时,"关到位"接近开关导通,返回一个电压信号,此信号和"开到位"信号流程相同。这时,如果"艏组"开关回到"停"位置,电液换向阀的先导阀——电磁铁线圈绕组断电,电液换向阀回中位,切断液压油路,使执行机构保持原位置,通海阀保持"关到位"状态。其他肿组和艉组通海阀控制及显示原理完全相同。

返回的"开到位"或"关到位"信号一路传送到艏组阀状态指示灯模块进行状态显示,另一路通过阀状态采集模块,采集后的信号通过通信总线模块发送给显示终端进行状态显示。

2) 高压和短路吹除阀控制与显示工作原理

高压(低压)和短路吹除阀均为电磁阀,通电时,阀门开启;断电时,阀门关闭。其控制及显示原理相同,下面仅以艏组高压吹除阀为例进行介绍(图5.63)。

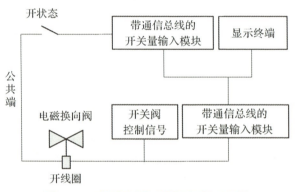

图 5.63　高压吹除控制及显示原理框图

"艏组"开关处于"开"时,工作电压加到电磁阀线圈绕组,阀门动作打开,开到位时,"开到位"微动开关接通,返回一个电压信号,该信号通过开关量采集模块发送到显示终端进行状态显示;同时,高压气路接通,向压载水舱供气。当"艏组"开关处于"闭"时,电磁阀线圈绕组断电,阀门关闭,"开到位"微动开关断开,指示灯熄灭,指示该阀"关到位";同时,高压气路关断,停止向压载水舱供气。

5.4.6　潜艇联合操舵仪设计实例

在工程上一般将潜艇操纵控制系统的4个分系统集成优化为两套操控设备:一套以操舵和均衡分系统为主进行功能集成优化构建"潜艇联合操舵仪",另一套以悬停和潜浮分系统为主组成"潜浮控制台"。两套操控设备协调配合,共同承担潜艇操纵控制使命任务。随着潜艇技术的发展,潜艇操纵控制设备的技术应用框架和物理形态也在逐步演变：如"悬停"作为特殊工况下的深度控制功能，可由"浮力调整机构"实现；再如，为增强潜艇安全性，把"潜浮"功能既集成在"主操纵台"，又与"损管系统"相结合，在主操纵台上增设航行安全辅助操纵信息功能等。作为潜艇操纵控制设备最基本的属性，对航向、深度和姿态等运动参数进行精确控制，是保障潜艇巡航训练和武器打击的本质要求，最具代表性的设备就是潜艇联合操舵仪。

潜艇联合操舵仪是潜艇操纵控制系统中的核心设备，用于对潜艇的航向、深度、纵倾、浮力和纵倾均衡进行电动遥控和自动控制，可通过安装在主操纵台上的传令钟，发送和回收车令，并对潜艇的航行和姿态参数进行图形化集中显示；在正常情况下由一名艇员操纵，既能保证潜艇高精度地自动定深、定向航行或按指令进行空间机动，又能保证潜艇随时处于良好的均衡状态，以减少艇员编制、降低劳动强度、改善工作条件、加快反应速度、提高操纵质量、保障航行安全，从而提高潜艇的战斗力和续航力。研制潜艇联合操舵仪是潜操纵控制技术和设备的发展与创新。

1. 潜艇联合操舵仪的由来

在本书第 1 章绪论中关于潜艇操纵控制技术发展时提到：为了简化研究，在潜艇弱机动且横倾较小时，潜艇六自由度空间运动可分解为互不相关的垂直面运动和水平面运动，并可以对航向和深度分别进行控制。当潜艇需要在水下进行空间强机动时，根据不同的迎流角，每一个舵角均会产生一种水平方向和垂直方向的力，且这种力与潜艇的倾角以及航速有关（动态的力）。此外，潜艇重量的变化和海水密度的变化会影响垂直方向的力。由于倾角的增大，就必须考虑垂直面和水平面操纵运动的交叉影响；因潜艇重量的改变，行进间需实时做出对均衡分系统的调整。下面将从分析潜艇水下空间机动时的特点入手，提出从单机分离式操纵上升到联合协同操纵的技术途径和工程实现方法。

1）潜艇水下空间机动的特点

随着潜艇航速的提高和水下作战空间的扩大，同时变深和变向可发挥潜艇的机动能力，有效地降低敌反潜武器命中概率，但其运动状态互相关联，升降舵和方向舵的控制作用也有交叉影响。

潜艇在同时进行变深、变向时，其运动规律发生了下述变化。

（1）旋回时出现侧洗流效应。由于艇形存在上下、前后不完全对称性，潜艇旋回时会出现造成艇重和艉倾的水动力和力矩，使潜艇产生内横倾、抬艏、艇重、艉重等一系列现象。使潜艇有下沉和艉倾趋势，业内称为"侧洗流效应"。

出现侧洗流效应后，低速时，推力垂直分量不足以克服下沉力，潜艇将边旋回、边艉倾、边下潜;高速航行时,推力垂直分量大于下沉力,潜艇边旋回、边艉倾、边上浮。

（2）大攻角机动时产生横倾。潜艇在建造时由于艇形不可能完全对称,大攻角上浮易造成横倾,并进一步扩展成水动力不对称,当潜艇高速上浮时,可能出现因横倾影响稳定性的问题,而一般采用十字型布置的艉操纵面潜艇又不具备快速控制横倾的能力。

（3）出现横倾效应。当艇体出现横倾时,操方向舵产生的水动力中出现了影响潜艇垂直面运动的垂直分量,而操升降舵产生的水动力中也出现了影响潜艇水平面运动的水平分量,产生交叉影响,业内称为"横倾效应"。

（4）航速降低。旋回或进行大攻角机动时,要使用大舵角,并改变潜艇的姿态,从而增大了阻力,可使艇速降低30%~40%,即"减速效应"。

（5）艇体浮力变化。当潜艇进行大深度空间机动时,除了操舵作用,还必须考虑海水密度和艇体压缩产生的浮力的变化,即"深度效应"。

2）侧洗流效应及其计算方法

（1）侧洗流效应产生的原因。潜艇旋回是航向大机动实例之一,当潜艇做旋回运动时,假定作用在方向舵上的水动力为F,在水平面投影为F_R,如图5.64所示,F_R又可分解为沿艏艉线方向的阻力F_X和沿水平方向的侧向力F_Y,阻力F_X会降低航速;而侧向力F_Y折算到潜艇重心后,可分解为侧向力F_Y和转艇力矩M_Z,F_Y使艇体外移,与横移阻力平衡后潜艇进行匀速横移,同时转艇力矩M_Z与潜艇转动时的阻力矩平衡后,使艇匀速回转,故潜艇可沿圆周进行回旋运动。

图5.64 舵水动力水平面分量

从纵剖面看:由F_Y并不作用于潜艇重心,而是作用在距重心以上L_Z处,如图5.65所示,除了侧向水平力F_Y,还产生横倾力矩M_X,使潜艇产生横倾,与扶正力矩平衡后,产生固定的横倾角。

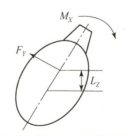

图5.65 舵水动力艏剖面分量

由于潜艇航向机动或旋回时产生横倾角,艇体艏、艉迎流方向不同,所受水动力如图 5.66 所示。

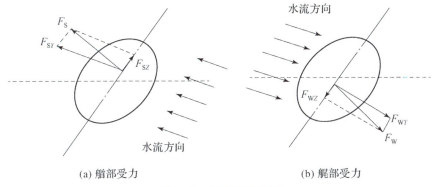

(a) 艏部受力　　　　　　　　　(b) 艉部受力

图 5.66　旋回受力分析

艇艏内侧所受动水阻力 F_S 可分解为沿体轴 Z 向分量 F_{SZ} 和沿体轴 Y 向分量 F_{SY},F_{SZ} 使艇体产生抬艏(艉倾)趋势;而艇艉所受动水阻力 F_W 也可分解为沿体轴 Z 向分量 F_{WZ} 和沿体轴 Y 向分量 F_{WY},F_{WZ} 也会使艇体产生艉倾趋势。因此,综合的结果是潜艇在航向机动或旋回时,将产生艉倾,当动水阻力 F_{SY} 和 F_{WY} 构成的动水阻力矩与方向舵产生的转船力矩平衡时,潜艇做匀速圆周运动。

又因为艇艉甩开的距离和面积都大于艇艏甩开的距离和面积,因此,$F_{WZ} > F_{SZ}$,总的趋势是艇受到下沉力,使艇体有下沉的趋势。

但潜艇在航向机动或旋回时是下沉还是上浮取决于艇形和航速,航速越高、艇形不对称性越强(如指挥台围壳大而高),旋回时的横倾角就越大,侧洗流效应也就越明显。

(2)侧洗流效应的计算方法。由于旋回时的侧洗流效应,艇体出现横倾,使得潜艇在转向或旋回时,出现艇重、艉重现象。减小这一效应的方法主要有以下两种:

①减小潜艇纵剖面的不对称性,如采用全回转体,降低围壳高度等。

②在潜艇操纵控制系统中研究和设计校正装置,对侧洗流进行校正。

第一种方法主要涉及潜艇总体设计事项,因而不作讨论。本书将针对第二种方法进行侧洗流校正,主要工作是研究潜艇旋回时侧洗力和力矩的求解方法。

产生侧洗流的初始原因是艇体回转,若检测到艇体回转速率,便可计算所产生的力和力矩。

设潜艇航速为 U,横移速度为 v,回转速度为 r,参考相关资料可计算侧洗流产生的升力 F_{sw} 和纵倾力矩 M_{sw}:

$$\begin{cases} F_{sw} = \dfrac{1}{2}\rho U^2 L^2 (\dot{Z}_{vv}v^2 + \dot{Z}_{vr}vr + \dot{Z}_{rr}r^2) \\ M_{sw} = \dfrac{1}{2}\rho U^2 L^2 (\dot{M}_{vv}v^2 + \dot{M}_{vr}vr + \dot{M}_{rr}r^2) \end{cases} \quad (5.1)$$

式中:$\dot{Z}_{vv}$、$\dot{Z}_{vr}$、$\dot{Z}_{rr}$ 为与艇体有关的升力系数;$\dot{M}_{vv}$、$\dot{M}_{vr}$、$\dot{M}_{rr}$ 为与艇体有关的力矩系数;ρ 为海水密度;L 为艇长。

对侧洗流影响的补偿方法是:使艏、艉升降舵产生一附加的舵角增量 δ_b,δ_s,增量舵角生产的升力 $F_{\delta w}$ 和纵倾力矩 $M_{\delta w}$ 与式(5.1)相等,但方向相反,则

$$\begin{cases} F_{\delta w} = \dfrac{1}{2}\rho U^2 L^2 (\dot{Z}_{\delta s}\delta_s + \dot{Z}_{\delta b}\delta_b) \\ M_{\delta w} = \dfrac{1}{2}\rho U^2 L^2 (\dot{M}_{\delta s}\delta_s + \dot{M}_{\delta b}\delta_b) \end{cases} \quad (5.2)$$

且有,$F_{sw} + F_{\delta w} = 0$,$M_{sw} + M_{\delta w} = 0$。

求解式(5.1)和式(5.2),可得补偿舵角为

$$\begin{cases} \delta_s = a_1 v^2 + a_2 vr + a_3 r^2 \\ \delta_b = b_1 v^2 + b_2 vr + b_3 r^2 \end{cases} \quad (5.3)$$

式中:

$$\begin{cases} a_1 = \dfrac{\dot{Z}_{\delta b}\dot{M}_{vv} - \dot{Z}_{vv}\dot{M}_{\delta b}}{(\dot{Z}_{\delta b}\dot{M}_{\delta s} - \dot{Z}_{\delta s}M_{\delta b})U^2} \\ a_2 = L\dfrac{\dot{Z}_{\delta b}\dot{M}_{vr} - \dot{Z}_{vr}\dot{M}_{\delta b}}{(\dot{Z}_{\delta b}\dot{M}_{\delta s} - \dot{Z}_{\delta s}M_{\delta b})U^2} \\ a_3 = L^2\dfrac{\dot{Z}_{\delta b}\dot{M}_{rr} - \dot{Z}_{rr}\dot{M}_{\delta b}}{(\dot{Z}_{\delta b}\dot{M}_{\delta s} - \dot{Z}_{\delta s}M_{\delta b})U^2} \end{cases} ; \begin{cases} b_1 = -\dfrac{\dot{Z}_{\delta s}\dot{M}_{vv} - \dot{Z}_{vv}\dot{M}_{\delta s}}{(\dot{Z}_{\delta b}\dot{M}_{\delta s} - \dot{Z}_{\delta s}M_{\delta b})U^2} \\ b_2 = -L\dfrac{\dot{Z}_{\delta s}\dot{M}_{vr} - \dot{Z}_{vr}\dot{M}_{\delta b}}{(\dot{Z}_{\delta b}\dot{M}_{\delta s} - \dot{Z}_{\delta s}M_{\delta b})U^2} \\ b_3 = -L^2\dfrac{\dot{Z}_{\delta s}\dot{M}_{rr} - \dot{Z}_{rr}\dot{m}_{\delta s}}{(\dot{Z}_{\delta b}\dot{M}_{\delta s} - \dot{Z}_{\delta s}M_{\delta b})U^2} \end{cases}$$

在能检测到潜艇横向速度和回转速率时,代入式(5.3)即可得到附加补偿艏、艉升降舵角。

现代潜艇上装有二维计程仪,能够测量纵向航速 U 和横向速度 v,而 $r = \dfrac{d\psi}{dt} = \dot{\psi}$。将测得的 v 和求解的 $\dot{\psi}$ 代入式(5.3)即可。

3) 横倾效应及其计算方法

(1) 横倾效应产生的原因。一般来说,潜艇方向舵用以控制潜艇航向,升降舵用于控制深度和纵倾。潜艇改变航向或旋回时,产生较大的横倾后,这时艇体坐标系与固定坐标系不重合,舵角是基于艇体坐标系的参数,而要控制的是固定坐标系的参数(如航向、深度、纵倾、姿态等),当出现横倾时,方向舵就有了升降舵效应,而升降舵也有了方向舵效应。

因此,如果出现了横倾,再操纵方向舵时,就要考虑方向舵对垂直面运动

(如深度)的影响,并考虑对潜艇水平面运动(如航向)控制能力的降低;同样操升降舵时要考虑对水平面运动(如航向)的影响,并考虑对垂直面运动(如深度)控制能力的降低。

(2)横倾效应的计算方法。"横倾校正"实质上只是坐标变换问题,由于测量的深度、航向、纵倾及其变化率都是相对固定(地球)坐标系参数,而控制潜艇的舵角是相对活动(艇体)坐标系的,当出现较大横倾角时,两坐标系不重合,要想通过体轴坐标系的参数控制固定坐标系的参数,必须要经过坐标变换。

在第 2 章中已介绍过固定坐标与动坐标之间的变换方法,依据图 2.2,通过三次正交旋转,可将动坐标系转换到定坐标系,其关系表达式如下:

$$\begin{bmatrix} \xi \\ \eta \\ \zeta \end{bmatrix} = \boldsymbol{T} \begin{bmatrix} X \\ Y \\ Z \end{bmatrix} \tag{5.4}$$

式中:

$$\boldsymbol{T} = \begin{bmatrix} \cos\psi\cos\theta & \cos\psi\sin\theta\sin\varphi - \sin\psi\cos\varphi & \cos\psi\sin\theta\cos\varphi + \sin\psi\sin\varphi \\ \sin\psi\cos\theta & \sin\psi\sin\theta\sin\varphi + \cos\psi\cos\varphi & \sin\psi\sin\theta\cos\varphi - \cos\psi\sin\varphi \\ -\sin\theta & \cos\theta\sin\varphi & \cos\theta\cos\varphi \end{bmatrix}$$

其中:ψ 为航向角;θ 为纵倾角;φ 为横倾角。

若要进行逆变换,则式(5.4)为

$$\begin{bmatrix} X \\ Y \\ Z \end{bmatrix} = \boldsymbol{T}^{-1} \begin{bmatrix} \xi \\ \eta \\ \zeta \end{bmatrix} \tag{5.5}$$

$$\boldsymbol{T}^{-1} = \begin{bmatrix} \cos\psi\cos\theta & \sin\psi\cos\theta & -\sin\theta \\ \cos\psi\sin\theta\sin\varphi - \sin\psi\cos\varphi & \sin\psi\sin\theta\sin\varphi + \cos\psi\cos\varphi & \cos\theta\sin\varphi \\ \cos\psi\sin\theta\cos\varphi + \sin\psi\sin\varphi & \sin\psi\sin\theta\cos\varphi - \cos\psi\sin\varphi & \cos\theta\cos\varphi \end{bmatrix}$$

其中,$\boldsymbol{T}^{-1}$ 是 $\boldsymbol{T}$ 的逆矩阵。

通过式(5.4)和式(5.5)可以方便地进行坐标变换。如果检测到的是固定(地球)坐标系中的 ψ、θ、φ,则按操舵控制规律计算偏舵指令时,要将上述参数换算成艇体坐标系中的参数。

4)方向舵与升降舵协调控制

潜艇进行空间机动或定深旋回时,需考虑因横倾而产生的"侧洗流效应"和"横倾效应",并在潜艇航向与深度控制算法的基础上增加横倾和侧洗流校正,以保证控制潜艇进行空间机动时的航向和深度控制品质。

下面给出侧洗流效应和横倾效应补偿操舵的方法。

(1)侧洗流校正。侧洗流校正的基本原理是用升降舵附加的控制舵角补偿"侧洗流水动力和力矩",附加补偿艏、艉升降舵角,见式(5.3)。在进行侧洗流补偿操舵控制中,含有测量横向速度 v 的反馈信号,若不具备 v 信号时,可改用定常回转运动的枢心坐标,将 $x_A = -v/r$ 代入式(5.3),则

$$\begin{cases} \delta_s = (a_1 x_A^2 - a_2 x_A + a_3) r^2 = A\dot{\psi}^2 \\ \delta_b = (b_1 x_A^2 - b_2 x_A + b_3) r^2 = B\dot{\psi}^2 \end{cases} \quad (5.6)$$

工程实用侧洗流补偿控制,一般表示为

$$\begin{cases} \delta_s = K_w^s \dot{\psi}^2 \\ \delta_b = K_w^b \dot{\psi}^2 \end{cases} \quad (5.7)$$

式中:K_w^s、K_w^b 为增益系数,是速度的函数。

(2)横倾校正。横倾校正原理的实质是坐标变换,在操舵控制系统装置中,由于检测方式不同,潜艇控制参数和运动参数的信号来源也有所不同。相关情况如下:

①在地球坐标系中检测的参数:如深度 ζ 及其垂向速度 $\dot{\zeta}$、航向 ψ 及其变化率 $\dot{\psi}$ 等。

②在艇体轴坐标系中检测的参数:如舵角(δ_r、δ_b、δ_s)等。

③还存在不能确定坐标系的参数,如导航系统提供的纵倾角 θ 和横倾角 φ 是地球坐标系参数;而与潜艇联合操舵仪配套的倾角传感器,由于其壳体固联在艇体上,提供的是艇体坐标系下的纵倾角 θ 和横倾角 φ,相对计程仪提供的是相对艇体航速参数,而绝对计程仪提供的是地球坐标系参数等。

在艇体出现横倾时,两个坐标的参数并不一致,由于控制参数是"舵角",潜艇运动的响应也是艇体,而最终目标为惯性坐标中的深度和航向。"横倾校正"就是要将两者联系起来,将依据地球坐标系参数运算的操舵控制信号转换成"艇体坐标系"的舵角指令。

因此,横倾校正装置的结构取决于信号来源,没有固定的形式,这里介绍一种常用的简化形式,如图 5.67 所示,该校正装置是将原方向舵和艏、艉舵控制信号进行"横倾校正"后用于操舵。

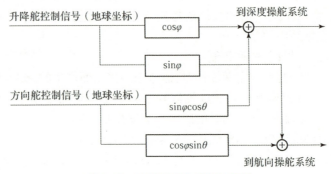

图 5.67 典型横倾校正结构框图

在工程实践中,由于侧洗流补偿操舵,在自动操舵控制时会导致艏、艉升降舵的操舵频率和幅值增加,对于定深要求不高或航向修正量不大、横倾较小时,一般不作校正;当航向和深度修正量大、横倾较大时,则需要进行横倾和侧洗流校正。

通过以上分析可看出,由于舵角控制的是相对艇体轴坐标中的参数,而不是固定坐标系中的参数,用操舵控制潜艇航向变化时,出现横倾角,产生侧洗流效应,影响垂直面内的运动;同时,由于横倾角的出现,使操升降舵产生航向效应、操方向舵时产生的纵倾和深度效应。因此,当潜艇大范围内空间机动时,方向舵和升降舵需要协调工作,并适时进行均衡控制。此外,随着潜艇战术发展需求,核潜艇单次巡航训练可达到数月,从潜艇离码头到返航靠岸,操纵控制装备一刻也不能停止工作,艇员工作强度较大,迫切需要提升操纵控制装备的自动化水平,实现全自动控制,减轻艇员工作强度。

为更好地发挥潜艇的技战术性能,研究和设计集操舵与均衡功能于一体的操纵控制设备很有必要,潜艇联合操舵仪正是在这种背景下应运而生的。

2. 潜艇联合操舵仪需求分析

联合操舵仪是在分离式航向和深度自动操舵仪基础上发展和提高的,集中/联合操舵的目的之一是提高潜艇空间机动能力和控制品质;其二是提高自动化程度,减少值更人员。因此,设计联合操舵仪与分离式自动操舵仪不同,增加了许多新需求。

1)方向舵和升降舵协调控制

由于要求控制潜艇同时改变航向和深度的空间机动,潜艇水动力发生了较大变化,由于横倾效应,方向舵和升降舵产生的控制力和力矩造成的交叉影响,两者必须协调工作,以消除或减少侧洗流效应和横倾效应。

2)实现单人操纵

深度和航向联合控制后,将由原方向舵手和升降舵手两人操纵简化为单人操纵。从工程实践和潜艇航行安全性等方面考虑,目前还需设计人工用随动或电动(液动)同时操纵三个舵的必要性。

3)联合操舵装置

联合操舵装置能使单人可以同时操纵方向舵和艏、艉升降舵。

在"随动"操舵时,能单人同时发送方向舵、艏舵、艉舵三个舵角指令。常用的形式有:①"二自由度操舵轮 + 单自由度旋钮",二自由度操舵轮左右转动时给定方向舵信号,前后转动时给定艏(或艉)升降舵信号,单自由度旋钮发送另一升降舵指令;②"二自由度操纵杆",其中一个操纵杆(一般在左手边)前后推动时给定艏升舵角指令,左右推动时给定方向舵指令,另一个操纵杆(一般在右手边)前后推动时给定艉升舵角指令,左右推动时也能给定方向舵指令(应预先做出规定)。

除此以外,作为应急操舵方式,还有操艏、艉升降舵的"手操机构"和操方向舵的"脚踏机构"。

4) 综合显示

要想同时控制航向和深度,操作者至少要观察航向、纵倾、深度、方向舵角、艏舵角和艉舵角等多个参数,同时还要操纵方向舵、艏舵和艉舵三个舵,如果只是机械性地合并在一个战位进行操纵,势必增加操作者的脑力和体力劳动强度,不可能长时间保持良好的操纵质量。

因此,要实现单人操纵,必须对上述参数进行综合处理,或对未来潜艇变化趋势进行预报,或显示操舵"指引信息",以适应操纵人员的判断能力和反应速度,简化对操作者的要求。

5) 提高控制品质

联合操舵的目的之一是提高控制品质,特别是大机动时的控制品质,因此在控制规律上应采取特殊的措施,由于联合操舵一般使用高性能计算机控制,有条件应用先进成熟的控制算法。

6) 保障操舵控制系统的安全性

(1) 自动报警。由于人员减少,在出现下列情况时应及时报警。

①偏差报警:如航向偏差、深度偏差、纵倾偏差之一超过规定值时。

②危险状态报警:当深度、纵倾之一接近最大规定值,或潜艇运动可能出现危险状态时,应能报警或保护。

③操作错误报警:当操作明显错误并可能使潜艇出现危险状态时,应能报警或屏蔽错误指令。

④主要部件故障报警:因为设备复杂,为了降低艇上维修要求,主要部件出现故障时应报警并定位,以便操作人员及时转换通道或更换备件。

(2) 提高可靠性。为了实现复杂的控制规律,就要采用复杂的微机控制和电子线路,艇上不可能配备大量的专业维修人员,对艇上维修不可能要求太高,因此,提高系统和部件的可靠性成为联合舵能否得到应用的关键。

一般均采用双通道或"非相似冗余"多通道设计、能进行故障自动隔离、能不间断工作的状态下进行切换等,或设计成多通道"容错"控制系统,保证在故障情况下还能"容错"进行工作,或者降低自动化等级进行操舵,如"自动"操舵降为"随动"或"电动"操舵。

7) 降低使用要求

联合操舵不能增加操舵人员的负担,而是要减轻操舵人员的劳动强度,因此,联合自动操舵仪不是分离式自动操舵仪的简单组合。

8) 降低艇上维修要求

航向和深度自动操舵仪合并后,设备复杂性增加,在海上难以维修,因此在出现故障时,除报警外还应能进行故障定位,并显示维修指南,指导操作员方便地进行备件或模块更换,维修过程中最好还要不间断地进行操舵。

9) 友好的"人–机"界面

潜艇操舵目前还不可能实现无人操纵,联合自动操舵仪自动化程度提高,但也要由人来管理,因此在使用联合操舵仪时,对系统初始状态的设置、操作指令的输入、参数显示的画面及面板布置、座位安排、应急处理方式等都要"以人为本",与分离式自动操舵仪有较大差别。

总之,潜艇联合操舵仪较之分离式自动操舵仪需要有更高的科技含量和工艺制造水平,联合操舵的设计原则是:提高操纵品质、减轻劳动强度、减少值更人员,保证航行和作战的安全,而不是分离式自动操舵仪的简单叠加,以免增加操纵人员的负担。

3. 潜艇联合操舵仪的主要功能

潜艇联合操舵仪用于对潜艇的航向、深度、纵倾、浮力和纵倾均衡进行电动遥控和自动控制,通过遥控系统对主推进电机进行遥控或发送和回收车令,还可对侧推或辅助推进系统进行"启动/停止"和"推进方向"的遥控,平时可单人控制,战时可增加一个辅助战位。其主要功能如下:

1) 人工或自动控制航向

通过对方向舵的遥控和自控,人工或自动操纵潜艇在水上(或水下)定向航行或航向机动。

2) 人工或自动控制深度

通过对围壳舵、艉升降舵的遥控和自控,人工或自动操纵潜艇在水下定深航行或深度机动。

3) 自动控制纵倾角机动

能按指令自动控制纵倾角进行深度机动,或自动限制深度自动机动时的纵倾角。

4) 人工或自动补充均衡潜艇

在等速直线定深航行状态下,通过对纵倾平衡和浮力调整系统的人工或自动控制,随时对潜艇进行补充均衡。

5)保证武器发射

武器发射时,航速低舵效差,干扰复杂,武器重量及瞬时补重有误差,需要操舵、均衡控制规律及时变化,而且要协调工作。

6)主机遥控或发送车令

通过主机遥控系统对主推进电机进行遥控或发送和指示实际车令,并由数字式仪表指示推进器转速和实际航速。

7)图形化集中显示

用图形化集中显示潜艇的姿态角、运动参数、均衡以及与操艇操纵有关装置的状态,提高操纵人员的反应速度,降低劳动强度。

8)故障和危险状态报警

当本设备有关部件发生故障,或因错误操作造成潜艇出现危险状态时,能发出声、光报警,并指示故障部位,降低维修要求。

4. 操纵方式及被控装置

操舵控制方式一般设置自动和人工两个层级。在自动层级时,可以下达潜艇运动参数指令;在人工层级时,一般设置至少两种操纵方式,即随动方式(可以下达舵机位置控制指令)和简易(电动)/液动工作方式(采用此方式具有更高的可靠性,但只可下达舵机运动方向指令)。

均衡工作方式一般设置自动和人工两个层级。在自动层级时,可以自动实现潜艇均衡控制,无须人工干预;在人工层级时,一般设置至少两种操纵方式,即随动工作方式(可以下达移水指令)和电动工作方式(可以下达均衡泵、阀等均衡执行机构的控制指令)。

设置的操纵方式及被控装置如表5.3所示。

表5.3 操纵方式及被控装置

项目	操纵部位	操舵分系统		均衡分系统		主推进系统	辅推进系统
		航向	潜深	浮力	纵倾		
操纵方式	主操纵台 主战位	(1)自动; (2)随动; (3)电动; (4)液动; (5)应急	(1)自动; (2)随动; (3)电动; (4)液动; (5)应急	(1)自动; (2)监视; (3)随动; (4)电动; (5)手动	(1)自动; (2)监视; (3)随动; (4)电动; (5)手动	遥控发送车令	遥控发送车令
	副战位	(1)自动; (2)随动					

续表

项目	操纵部位	操舵分系统		均衡分系统		主推进系统	辅推进系统
		航向	潜深	浮力	纵倾		
操纵方式	副操纵台	(1)自动；(2)随动					
被控装置		方向舵舵机	升降舵舵机	浮力调整系统	纵倾平衡系统	主推进系统	辅助推进系统

5. 潜艇联合操舵仪的组成

该设备按控制原理分为操舵分系统、均衡分系统、推进分系统，主要由主操纵台、副操纵台、深度传感器、倾角传感器、反馈机构、操舵伺服机构、泵、阀、流量计等数十台(套)设备组成，如表 5.4 所示，各功能部件连接如图 5.68 所示。

表 5.4 典型潜艇联合操舵仪的组成及安装

序号	仪器名称	功能	安装要求
1	主操纵台	主操作部位	落地背向艇首
2	副操纵台	舰桥操纵	台式
3	反馈机构	检测舵角	经齿轮齿条与舵机相连
4	深度传感器	检测深度	壁挂在重心附近
5	倾角传感器	检测纵、横倾	壁挂在重心附近
6	电液比例阀	电控制舵机	舵机舱
7	电液球阀 1	移水控制	驾驶舱下部
8	电液球阀 2	注水控制	驾驶舱下部
9	电液球阀 3	排水控制	驾驶舱下部
10	流量调节阀	流量控制	驾驶舱下部
11	升降舵手操机构	手动操纵	主操纵台
12	方向舵脚踏机构	脚踏操纵	主操纵台下
13	液动换向阀	液动控制	舵机舱

续表

序号	仪器名称	功能	安装要求
14	双向流量计1	检测流量	法兰盘
15	双向流量计2	检测流量	法兰盘
16	差压变送器	检测水位	法兰盘

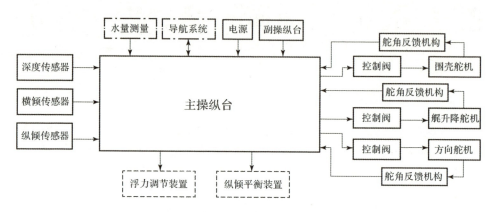

图 5.68　潜艇联合控制操舵仪各功能部件连接

6. 系统工作原理

潜艇联合控制操舵仪主要承担了潜艇操纵控制系统中操舵和均衡分系统职能，两个分系统的基本工作原理已在上节中作了介绍，下面主要结合工程实例进行说明。

1) 操舵分系统工作原理

（1）液压操舵工作原理。将航向（或深度）操纵方式选择开关置"液动"位置后，断开了电操信号，通过脚踏机构（或手操机构）传动装置控制手操换向阀的开关和方向，使高压油推动主油路中"液动换向阀"的阀芯，高压油控制舵机油缸的活塞杆换向，正（或反）向转动舵叶。

平均转舵速度不低于2°/s，转舵角度：方向舵±35°，艏舵±25°，艉水平舵±30°。

（2）随动操舵工作过程。

①方向舵工作原理。如图 5.69 所示，操纵部位转换开关置"副操"位置，副操纵台 B1 工作，断开 B2 或 B3 的输出，接入 B1 输出。当操纵方式开关置"随动"位置时，通过副操纵台上的操舵手轮转动旋转变压器转子，B1 输出与指令

舵角成比例的电信号,经信号调理及综合放大后,驱动执行机构(电液比例阀),控制高压油流向,推动舵机油缸中活塞杆移动,经机械传动装置转动舵叶;同时,与舵轴机械相连的反馈机构 B_4 输出与实际舵角成比例的电信号,经信号调理后,在综合级与指令舵角电压进行比较,两者相等后,舵叶停在指令舵角位置。

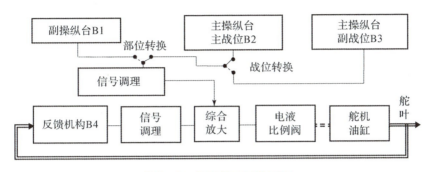

图 5.69 随动操舵原理框图

操纵部位开关置"主操"位置时,断开 B1 输出,接入 B2 或 B3 输出,当操纵方式开关置"随动"位置时,若主操纵台上的战位开关置"主战位",断开了 B3 输出,接入 B2 输出,通过主战位前的操舵轮转动旋转变压器 B2 转子,B2 输出与指令舵角成比例的电信号,其他与副操纵台随动操舵工作过程相同;若主操纵台上的战位开关置"副战位"时,断开了 B2 输出,接入 B3 输出,通过副战位前的操舵轮转动旋转变压器 B3 转子,B3 输出与指令舵角成比例的电信号,其他与副操纵台随动操舵工作过程相同。

舵角指示可分别在主、副操纵台上观察,也可以在屏幕显示器上观察。

平均转舵速度不低于 4.5°/s,给定舵角与复示舵角误差不大于 1°。

②围壳舵和艉升降舵工作过程。围壳舵和艉升降舵随动操舵工作过程与方向舵完全相同,只是不存在主操纵台和副操纵台的转换事项;此外,副战位仅设置航向控制功能。

围壳舵的指令舵角可通过主战位前的"舵轮"或"操纵杆"给定;而艉升降舵的指令是通过艉舵"随动"操纵旋钮或"操纵杆"给定的。

舵角指示在主操纵台上用模拟、数字和屏幕等多种形式显示。

(3)自动操舵工作过程。自动操舵的核心在于潜艇航向、深度和纵倾控制器的设计。关于控制器的设计方法可参考本书第 2 章潜艇操纵控制理论和方法中的相关内容。其主要步骤为:①提出潜艇水平面和垂直面线性运动方程;②导出航向控制器表达式和深度、纵倾控制器表达式;③设计状态观测器来估计上式中所需的状态变量;④进行控制算法设计(如基于独立通道分析和设计的潜艇垂直面运动多变量解耦控制算法等);⑤开展仿真验证,调整相关参数,使控制器的设计符合要求。

①航向稳定与机动。潜艇仅做水平面机动时,其航向自动控制原理与工作过程参见图 5.55 及其说明,航向控制算法参见第 2 章之"潜艇自动操舵控制理论"。航向稳定精度应满足 GJB 2859A—2017《舰船自动操舵仪通用规范要求》。

②深度稳定与机动。潜艇仅做垂直面机动时,其深度和纵倾自动控制原理与工作过程参见图 5.58 及其说明,深度与纵倾控制算法参见第 2 章之"潜艇自动操舵控制理论"。深度和纵倾稳定精度应满足 GJB 2859A—2017《舰船自动操舵仪通用规范要求》。

③空间机动。潜艇空间机动控制主要包括航向、深度和纵倾等潜艇运动参数的控制,控制算法框图如图 5.70 所示。

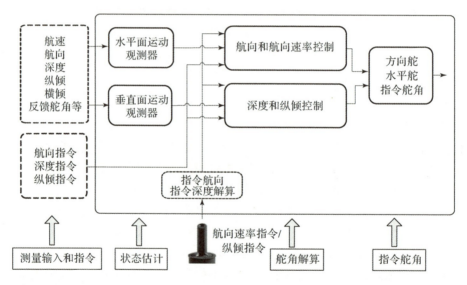

图 5.70　潜艇空间机动控制算法框图

空间机动控制算法主要包括状态估计、舵角指令解算两部分。其中,状态估计采用状态观测器,基于输入的测量信号和舵角反馈信号来估计控制器需要的状态变量;舵角解算环节采用增量式二次型最优控制器,根据观测器和微分器输出的状态变量和被控量偏差解算控制航向、航向速率、深度、纵倾需要的方向舵、艏舵、艉升降舵舵角指令,实现潜艇稳定控制需要的舵角。

正常工况,自动模式下,当操纵杆位于零位时,通过键盘输入指令深度、指令航向后由控制计算机完成整个机动过程;当使用操纵杆进行机动时,左右摇摆操纵杆输出指令航向速率、前后推拉操纵杆输出指令纵倾,而后由控制计算机解算控制航向速率和纵倾需要的舵角,同时指令航向、指令深度随着操纵杆进行变化,当显示画面中更新的指令值接近期望值时操纵杆向零位方向小幅回杆,当深度和航向指令值达到期望值时,操纵杆归零,最后,由控制计算机完成控制过程。

有关状态观测器和航向、深度及纵倾控制算法的设计见本书第 2 章之"潜艇自动操舵控制理论"。自动进行空间机动控制时,在该控制规律的基础上按下述要求进行校正。

当航向和深度修正量不大、横倾较小时,控制规律与航向和深度分别进行机动时一致。

当航向和深度修正量大、横倾较大时,由于内横倾,造成侧洗流效应,使潜艇产生艇重、艉重,需加以补偿,即在围壳舵和艉舵指令中各增加一补偿舵角 δ_b、δ_s,其计算公式为式(5.3)或式(5.7)。

同时,由于横倾造成艇体坐标与地球坐标不一致,需按图 5.67 所示对方向舵和升降舵指令进行校正,以消除升降舵角对航向的干扰和方向舵角对深度的干扰。

2) 均衡分系统工作过程

(1) 电动均衡和液动均衡工作过程。

① 排水。当下潜深度小于某一数值时,通海管路所承受的海水背压较低,可采用扬程较小但排量较大的均衡泵,参考图 5.60,先启动均衡泵 P_X,再向 F3(选定 1#调整水舱排水)或 F4 阀(选定 2#调整水舱排水)供电,开启 F3 或 F4,在均衡泵的作用下向舷外排水,通过流量计观察一次排水量;当下潜深度大于某一数值时,应采用扬程较大但排量较小的舱底泵 P_L,先向 F3 或 F4 阀供电,开启 F3 或 F4 阀,再启动泵 P_L,向舷外排水,通过流量计观察一次排水量。

液动排水时,启动泵 P_X 或 P_L,直接用液操打开 F3 或 F4 阀向舷外排水。

② 注水。先向 F3(选定 1#调整水舱注水)或 F4 阀(选定 2#调整水舱注水)供电,开启 F3 或 F4 阀,再向 F7 阀供电,开启 F7 阀,舷外海水通过流量调节阀 F_T,自动注入 1#或 2#调整水舱,通过流量计观察一次注水量。流量调节阀的作用是保证下潜深度过大时,自流注水速度不超过容许值。

液动注水时,通海阀打开后,直接用液操打开 F3(或 F4) 和 F7 阀,向 1#或 2#调整水舱注水。

以上只是简要说明浮力调整水舱排(注)水工作过程原理,在实艇上,排(注)水系统更复杂,有些浮力调整系统的排(注)水通海管路也是分开的。

③ 向艏移水。初始时,艏左水舱和艉右水舱加中压气、艏右水舱和艉左水

舱通舱室(简称"前左后右"),向 F1 阀供电,开启 F1 阀,艉右水舱中的水补压向艏右水舱。如果初始时,艏右水舱和艉左水舱加中压气、艏左水舱和艉右水舱通舱室(简称"前右后左"),向 F2 阀供电,开启 F2 阀,艉左水舱中的水补压向艏左水舱。

液动移水时,直接用液操开启 F1(或 F2)阀。

④向艉移水。初始时,艏左水舱和艉右水舱加中压气、艏右水舱和艉左水舱通舱室(简称"前左后右"),向 F2 阀供电,开启 F2 阀,艏左水舱中的水补压向艉左水舱。如果初始时,艏右水舱和艉左水舱加中压气、艏左水舱和艉右水舱通舱室(简称"前右后左"),向 F1 阀供电,开启 F1 阀,艏右水舱中的水补压向艉右水舱。

液动移水时,直接用液操开启开 F1(或 F2)阀。

(2)随动均衡工作过程。通过键盘给定向艏(或向艉)移水量和排(或注)水量,通过计算机自动按"电动方式"启动移水系统和排(注)水系统,当移水量和排(注)水量到达给定值时,自动关阀均衡系统,停止移水和排(注)水。

(3)自动均衡工作过程。自动均衡时,潜艇一般在水下做等速、直线、定深航行,均衡分系统按下列步骤进行。

①自动计算。在潜艇做等速直线定深航行时,为了补偿潜艇出现的剩余浮力,需要偏转艏或艉升降舵角,或调整纵倾角,以保持深度,在规定时间内(1~3min),检测此时的纵倾、艏舵角、艉舵角、航速的平均值,可按第 2 章之"潜艇水下均衡控制理论"提供的计算公式计算不均衡量和对应的排(注)、移水量。

②自动排(注)水和移水。计算完毕后,以下与随动均衡一样,按计算机输出的排(注)水量和移水量自动启动排(注)水和纵倾平衡系统,定向、定量排(注)水和移水。

③休止。排(注)水或移水停止后,需待潜艇的惯性影响消失,才能正确判断均衡情况,系统应等待一段时间后再运行,所以排(注)或移水完毕后,应休止一段时间(10~20s)。

④循环。休止后,重新进入"计算"过程,当计算值仍大于规定值时,再次定向、定量移水,直到计算值小于规定值为止。如此循环进行,一般可在三个循环周期内满足要求。

(4)监视均衡工作过程。监视均衡是介于自动均衡和随动均衡两种操纵方式之间的一种操纵方式,选择这种操纵方式时,均衡系统按自动均衡方式进行计算,并向艇上指挥员提供当前的不均衡量(包括浮力差和力矩差)作为供参考,是否排(注)水由操作人员"人工干预",需要排(注)水或移水时,按计算值以随动方式排(注)水和移水。

工程上,为了减少启动次数,更次航行时,一般采用这种方式工作。

3)推进分系统工作过程

在主操纵台上设置主推进遥控和侧推(或辅推)控制功能,主推进遥控可以通过主机控制室对主机转速进行遥控,或发送和回收车令;侧推(或辅推)控制可以对侧推(或辅推)装置进行启动和转向遥控。

4)协调工作过程

各分系统之间可以进行人工或自动协调工作,如出现剩余浮力时,通过计算后,在小舵角范围内由操舵系统补偿;大舵角影响航速或增大噪声时,均衡系统参与工作;在接近逆速时,适当控制主机转速。这种协调可以由人工判断,也可以自动判断和协调。

7. 人机交互设计

1)指示与显示

信息指示可采用仪表、数码管、虚拟仪表等形式,指示和显示采用自发光形式,且光线柔和。各操纵部位信息显示内容与设置的操纵功能相协调,具体如下。

(1)航向操纵部位显示指令航向、实际航向、航速、方向舵或方向舵等效舵角、横倾等信息。

(2)深度操纵部位提供指令深度和纵倾、实际深度和纵倾、深度变化速率、横倾、方向舵或方向舵等效舵角、升降舵或升降舵等效舵角、航速等信息。

(3)均衡操纵部位提供均衡系统中泵、阀状态,均衡水舱水量信息、均衡移水或注排水量信息、纵倾及浮力不均衡量信息。

(4)信息显示优先采用文字对信息的符号进行显示。若采用符号方式进行显示,设置方式为:方向舵左舵为"－"、右舵为"＋",艏舵(围壳舵)下潜舵为"－"、上浮舵为"＋",艉舵上浮舵为"－"、下潜舵为"＋",浮力均衡排水为"－",注水为"＋",纵倾均衡向艏移水为"－"、向艉移水为"＋"。

2)指令输入

操舵指令输入可采用舵轮、操纵杆、操纵手柄、按键、旋钮等形式。在设计时采用以下原则。

(1)需连续指令输入的信号,如人工操纵时的舵面(等效舵角)位置指令、自动操纵时的纵倾指令等,优先选择操纵杆、舵轮、旋钮等具有连续输入能力的装置。

(2)需精确输入的指令,如指令航向或深度等,优先选择按键、键盘等输入形式。

3）典型显示界面设计

（1）操舵显示界面。主操纵台上除采用模拟和数字显示外，还采用集中显示屏幕，即用图形和数学在一个屏幕上集中显示潜艇控制和运动参数，并通过选择按键选择"自检""操舵""均衡"不同画面，图 5.71 所示为操舵显示界面示意图。

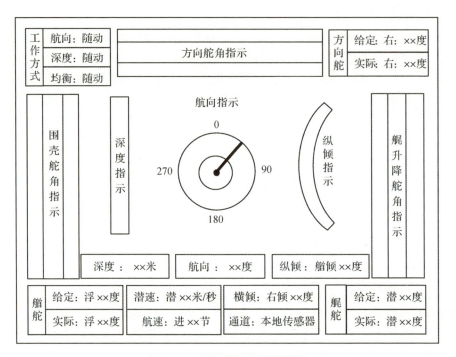

图 5.71　操舵显示界面示意图

图 5.71 中：上部中间为方向舵角指示；中部为虚拟的航向刻度盘指示；航向刻度盘两边是柱形深度指示和弧形纵倾角指示；中左为双柱形艏舵给定舵角和实际舵角指示；中右为双柱形艉舵给定舵角和实际舵角指示；显示器的上、下部为数字式控制和运动参数指示。

（2）均衡显示界面。均衡显示界面示意图如图 5.72 所示。

图 5.72 中：上半部为纵倾平衡系统显示，两边为艏左、艏右和艉左、艉右平衡水舱中的水量；中间为每次移水量；F1、F2 为电液球阀双色状态显示。

下半部为浮力调整系统显示，两边为 1#左、1#右和 2#左、2#右平衡水舱中的水量；中间为每次排、注水量；F3～F9 为电液球阀双色状态；F10 为通海阀状态显示；F_T 为流量调节阀状态显示。

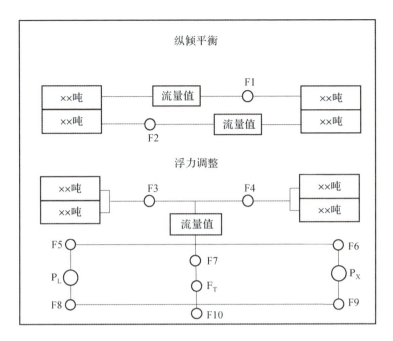

图 5.72　均衡显示界面示意图

8. 潜艇联合控制操舵仪的特点

1) 具有航向和深度协调控制能力

在高航速或大角度机动的情况下,潜艇艇体产生横倾,体轴坐标与地球坐标不一致,而且由于艇体的不对称,出现了侧洗流效应,故操纵方向舵时,出现了升降舵的升、沉效应,而操纵升降舵时,出现了水平舵的回转效应。潜艇联合控制操舵仪通过"横倾校正"和"侧洗流校正",使艏、艉水平舵和方向舵协调工作,消除了方向舵和水平舵互相干涉的现象。

2) 实现操舵与均衡联合控制

在潜艇航行过程中,通过对浮力调整系统和纵倾平衡系统的自动控制,提高了深度控制品质。

(1) 能自动消除剩余浮力和力矩。当航速、载荷、海水密度等变化时,自动启动均衡系统,通过自动排(注)水和艏、艉向移水,消除剩余浮力和力矩的影响,使潜艇自动保持良好的均衡状态,提高深度控制精度,改善动态品质。

(2) 可提高航速。当剩余浮力和力矩为零时,压舵角为零,阻力减小,可提高航速。

(3) 可提高潜艇机动的对称性。不存在固定压舵角,潜艇升、沉操纵性基本对称。

(4) 降低航行噪声。减小补偿舵角,可降低螺旋桨空泡噪声和艇体水动力噪声。

(5) 满足武器发射时的要求。当潜艇水下武器发射时,由于武器重量和瞬时补重误差的影响,产生深度漂移,此时航速低,舵效差,操舵补偿作用小,需要均衡系统参与深度和纵倾的控制。

3) 推进系统与操舵和均衡的协调控制

由第 2 章分析可知,舵效基本上与航速的平方成正比,对潜艇来说,航速的变化与操艇品质的关系比水面舰船更为密切,推进系统与操舵系统协调控制时,必须考虑下列影响。

(1) 航速参与均衡和操舵计算。由于舵效与航速的平方成正比,需要航速才能正确计算不均衡量和控制参数。

(2) 航速改变控制规律。为了降低噪声和保证舵轴强度,高速时艏舵要收回,或围壳舵停用;超低速时的艉舵有逆速效应,所以随着航速变化必须改变艏舵、艉舵控制规律和相应的参数。

(3) 适应特种工况下的自动控制。为了保证要求的机动过程时间和回转速度,需要相应改变航速;在超低速航行发射武器时,为维持最低的舵效,也应调整主机转速,保证航速不跌落到艉舵"逆速点"以下。

(4) 应急操纵。在出现卡舵时要减速,以减小卡舵角影响;在舱室进水时要增加航速,保持上浮能力,所以航速变化也是保证潜艇安全操纵和生命力的手段之一。

操舵、均衡、航速(简称"车、舵、水")是潜艇水下航行时操纵控制的三个主要手段,它们互相关联、互为补充,将这些操作集中在一个部位,并进行协调控制和综合显示是潜艇操纵控制技术由单机分离式操控向综合协调操控发展的必然趋势,也是适应现代潜艇海战需要的有效手段。

尽管潜艇联合控制操舵仪与航向/深度自动操舵仪相比具有显著的优势,但潜艇性能和战术的发展不断对操纵控制系统提出新的要求,而潜艇操纵控制技术的进步又推动潜艇和潜艇战术的进一步提高,是一个互相促进的良性关系。随着潜艇新战术需求牵引,驱动操纵控制技术持续创新。

5.4.7 潜艇航行控制系统

随着潜艇多样化战术任务需求的牵引,对潜艇操纵控制系统提出了更高的要求,传统的以航向、深度为目标的平面操控方式难以满足潜艇高效的作业需求。潜艇操纵控制由自动化向智能化方向发展是提升潜艇操控效能、充分发挥潜艇战术性能的有效途径。应用潜艇三维航路自动规划、三维航迹跟踪控制和自动避碰等技术,实现潜艇按预定空间轨迹运动,使潜艇操纵控制具备更高层级的自动化水平,以提升潜艇作战效能。

本节将介绍潜艇航行控制系统的主要功能、原理及组成等内容。

1. 主要功能

潜艇航行控制系统是一个协助驾驶员完成从起航到返回各项任务的系统,可管理、监视和操纵控制潜艇,实现全航程的自动或人工操纵潜艇航行,它集导航、制导、控制及显示于一体,将潜艇操控自动化水平推向新的阶段。潜艇航行控制系统的功能主要体现在以下几个方面。

(1)具备水下探测信息融合感知功能,结合艇体运动测量信息为实现自动避碰控制功能提供准确的态势信息。

(2)具备电子海图构建与显示功能,支持态势标绘、态势监控、查询分析等功能,为外部感知信息、航路轨迹及避碰提供可视化。

(3)具备三维航迹规划功能,包括人工手动规划和机器自动规划。

(4)具备三维航迹跟踪控制功能,实现在已知海域复杂海洋环境下的水平面、垂直面的航迹跟踪能力。

(5)具备自动避碰功能。

(6)具备正常巡航工况全航速安全控制能力。

(7)具备低微速精准控制能力。

(8)具备常规操控能力,包括航向、深度与纵倾控制,均衡、悬停控制功能等。实现的方式有自动、随动和应急控制等。

2. 系统组成

潜艇航行控制系统是在潜艇操纵控制系统的所有功能和组成设备基础上,增加三维航路、三维航迹跟踪控制和自动避碰等功能,并将操纵控制台升级为航行控制台,具备智能化交互方式。在系统组成上主要表现为增加对外接口,具体如下:

(1)与导航设备接口,接收导航设备发送的潜艇横倾、纵倾、航速、航向、经纬度、海水密度等信息;

(2)与声纳设备接口,接收声纳设备探测到的目标大小、距离、方位、速度等信息;

(3)与雷达设备接口,接收雷达设备探测到的目标大小、距离、方位、速度等信息;

(4) 与光电桅杆接口，接收光电桅杆探测到的目标大小、距离、方位等信息；

(5) 与 AIS 接口，接收 AIS 发送的船舶编号、船型信息、目标船舶运动状态等信息。

3. 操纵部位

潜艇航行控制系统具备操舵、均衡、潜浮和航行管理等与航行操纵相关的所有功能。随着潜艇操控设备自动化、智能化水平的提高，潜艇操纵将由"人主机辅"向"机主人辅"方式演变，从而有效降低操纵强度。

正常航行时可实现单人航行操纵，其职责为航行管理、潜艇操纵、安全监视。主要任务为给设备下达航行指令，可自动或以人工方式控制潜艇按航行指令运动，并监视潜艇是否按预定路径航行、是否按指令状态运动、航路危险状态、设备运行状态等，并对潜艇航行安全状态进行判别，并在必要时进行人工干预，对应急情况进行人工处置。

在应急工况或作业部署时，可由两人进行航行操纵。其中一人进行潜艇运动状态操纵控制/应急操纵，另一人进行航行状态管理、航行安全监视，并在必要时确定避碰等处置方式。

因此，航行控制台一般设置左、右两个操纵部位。左侧为主操纵部位，以潜艇操纵控制为主，同时也可进行航行管理、航行安全状态监视等操作，单人操纵时在此部位进行操纵；右侧为航行管理部位，可进行航路规划等航行管理、潜艇航行安全管理，完成海图标绘显示、三维航路规划以及自动避碰。

4. 系统工作模式

为实现人机协同的简洁性，航行管理及操纵控制工作模式既可分解为水平面和垂直面两个独立的维度，单独对水平面和垂直面进行航行管理和操纵控制，也可综合为三维空间航迹跟踪模式。

1) 水平面工作模式

(1) 方向舵随动：可人工下达方向舵舵角指令，航行控制台将按下达的舵角指令控制方向舵达到指令舵角。

(2) 航向自动：可人工下达航向指令或转艏速率指令，航行控制台将根据航向指令或转艏速率指令计算出指令舵角/指令舵速，通过控制方向舵实现对潜艇航向/转艏速率的控制。

(3) 航迹跟踪：可人工下达航行线路指令，航行控制台将根据下达的航行线路指令，解算出航向及深度指令，并根据解算的航向指令，按航向自动的方式控制潜艇按给定的航行线路航行。

2)垂直面工作模式

(1)升降舵随动:可人工下达围壳/艏舵、艉升降舵等舵角指令,航行控制台将按下达的舵角指令控制围壳/艏舵、艉升降舵达到指令舵角。

(2)深度自动:可人工下达深度指令或纵倾指令,航行控制台将根据深度指令或纵倾指令计算出围壳/艏舵、艉升降舵舵速,通过控制围壳/艏舵、艉升降舵实现对潜艇深度、纵倾的控制(通过对纵倾的控制实现对深度速率的控制)。

(3)航迹跟踪:可人工下达航行线路指令,航行控制台将根据下达的航行线路指令,解算出航向、深度及纵倾指令,并根据解算的深度和纵倾指令,按深度自动的方式控制潜艇按给定的航行线路航行。

3)三维空间航迹跟踪模式

上述两种工作模式中,当水平面和垂直面均工作在航迹跟踪模式时,航迹跟踪模式即为三维空间航迹跟踪模式。

5. 工作原理

1)系统工作原理

系统工作原理如图 5.73 所示,主要包括航行决策和航行控制两个环节。

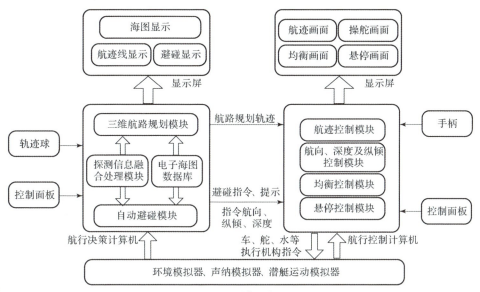

图 5.73　系统工作原理

在航行决策环节中,操纵人员通过人机交互界面选择目标航路点,采用机器自动规划或者人工手动标绘两种方式生成三维航路轨迹,并将其发送给航迹跟踪控制模块；同时操纵人员也可以开启自动避碰功能，系统根据周围障碍情况自动生成避碰提示，指令航向、指令深度及指令纵倾，并将其发送给操纵控制模块。

在航行控制环节，操纵人员一方面可以基于航行决策规划出来的三维航路轨迹，开启航迹跟踪控制模块，实现航迹跟踪控制；另一方面，在自动避碰功能开启的条件下，根据上述避碰功能模块输出的指令航向、指令深度及纵倾信息，采用自动或者随动操舵方式，实现潜艇航向、深度及纵倾闭环控制，进而实现避碰功能；此外，还可以实现常规的航向控制、深度控制、纵倾控制、均衡及悬停控制等功能。在开启自动避碰功能条件下，自动避碰模块输出的指令航向、指令深度及纵倾相较于航迹跟踪控制模块输出的指令，优先级更高，即系统优先响应自动避碰模块输出的指令。

航行决策计算机上部署探测信息融合处理、电子海图、三维航路规划以及自动避碰等功能模块。三维航路规划模块基于电子海图数据库和外部探测信息，采用自动或手动方式实现三维航路轨迹规划，并将规划输出的路径点信息通过以太网发送到操纵控制计算机。自动避碰模块基于探测障碍物信息实现避碰方案生成、避碰指令输出，并将避碰指令通过以太网发送到操纵控制计算机。

航行控制计算机上设置航迹跟踪控制、航向控制、深度与纵倾控制、均衡控制以及悬停控制等功能模块。航迹跟踪控制模块的参考输入为三维航路规划模块输出的航路轨迹点坐标，采用三维航迹制导算法输出指令航向、指令纵倾以及指令深度信息，进而再通过航向控制、纵倾控制、深度控制输出舵指令信息，舵指令信息通过以太网发送给潜艇运动模拟器。航向控制、纵倾控制、深度控制、均衡控制以及悬停控制具备自动控制和随动控制功能。

航路规划及航迹跟踪控制是潜艇航行控制的核心，在航行开始前，用户可根据此次航行任务，通过键盘、触控屏或语音等方式，将航行目标输入计算机，计算机根据航行目标进行路径全局规划，用户确认后作为后续控制的输入。

潜艇出航后，将工作模式置于航迹跟踪控制模式下，此时决策控制计算机将根据规划的航路信息，运行航迹制导算法，实时解算指令航向、指令深度、指令纵倾等信息，并将控制指令发送给航向和深度自动控制任务模块，航向和深度自动控制任务模块接收到上述指令后自动控制方案对潜艇进行航向、深度和纵倾的控制，使其按照预定航路进行航行。

同时，避碰危险度评估模块实时接收雷达、声纳、光电桅杆等探测设备发送的潜艇周边目标信息，并综合本艇运动状态及位置，对碰撞危险度进行实时在线评估,当评估认为存在与周边动态或静态目标存在碰撞危险时,立刻切换控制策略,深度、航向控制从航迹制导控制切换为避碰控制。

避碰控制则根据当前航行工况(水面航行/水下航行/近水面航行)及会遇局面选择适当的避碰算法,进行避碰解算,并将解算得到的指令航向、指令深度、指令纵倾发送给自动控制模块进行执行。待完成避碰任务后,恢复到正常航行状态,由航迹制导模块继续接管进行航迹跟踪控制,直到完成航行任务。

2) 三维航路规划工作原理

三维航路规划工作原理如图 5.74 所示。三维航路规划基于潜艇运动模拟器输出的方位信息(起始点)、海图数据库、环境模拟器输出的海洋环境信息以及航行规则约束进行航路规划,基于三维电子海图实现可视化,同时支持人工手动规划和机器自动规划两种工作模式。

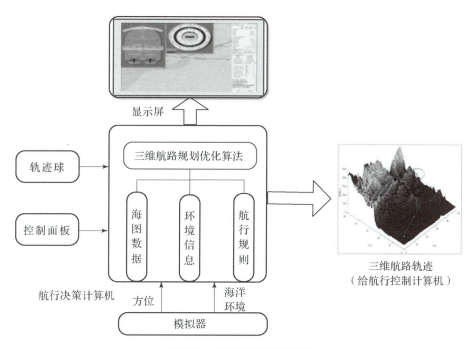

图 5.74 三维航路规划原理

在人工手动模式下,操纵人员对照显示屏进行电子海图标绘,操纵轨迹球手动绘制由当前起始位置到目标位置之间的航路轨迹,绘制完成并经确认后,航路轨迹坐标点装载到航行决策计算机的数据库。

在机器自动模式下,操纵人员通过操纵轨迹球点击确定目标点位置,或者通过控制面板输入目标点坐标,由航行决策计算机依据电子海图、海洋环境信息、障碍物信息以及航行规则,通过运行多目标三维航路规划优化算法,自动规划出航行路径,规划完成并经确认后,航路轨迹坐标点装载到航行决策计算机的数据库。

存储于航行决策计算机中航路轨迹数据可供航行控制计算机访问和调取,用于航迹跟踪控制。

3) 自动避碰工作原理

自动避碰工作原理如图 5.75 所示。航行决策计算机接收潜艇运动模拟器发送的潜艇方位、姿态、速率等态势信息,接收雷达、光电桅杆或声纳目标信息,进行数据融合处理,进而获得碍航物的速度、距离和方位信息。航行决策计算机基于上述信息及避碰规则进行自动避碰算法解算,输出避碰提示、避碰方案建议、指令航向、指令纵倾以及指令深度信息,这些信息一方面通过显示屏进行实时显示,通过三维电子海图实现自动避碰态势的可视化,另一方面发送给控制计算机进行控制。

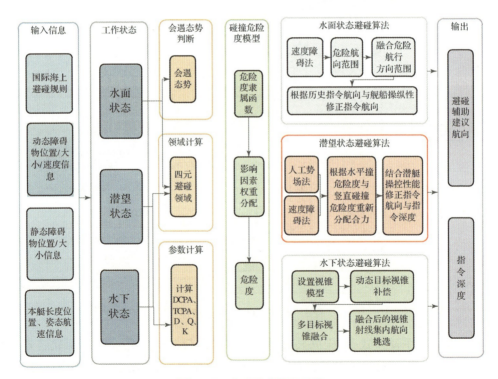

图 5.75　自动避碰运行原理

水面航行时避碰流程见图5.76,避碰潜艇利用自身搭载的光电桅杆和雷达等感知传感器获取目标船的相对运动信息,根据获取的相对运动信息计算本艇与各目标的碰撞危险度——最近会遇距离(DCPA)、最短会遇时间(TCPA)、两船间距离(D)、目标船相对方位(Q)和船速比(K)等参数,对碰撞危险度进行评估。若两舰艇间存在碰撞危险,则进一步判断会遇局面和避让责任,若本艇为让路船,本艇按照《国际海上避碰规则》的要求完成避让,若本艇为直航船,则本艇保速保向,继续实时观察与其他舰艇的碰撞危险。

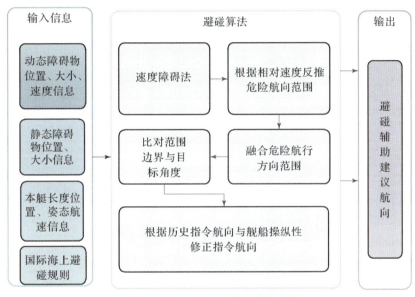

图5.76 水面航行避碰决策流程图

潜望深度航行时,深度一般在8~15m,此时水面舰船难以发现潜艇,在潜望深度上避让水面舰船等动态目标时,不满足"互见"条件,需主动避让所有水面舰船,在避碰的实施上可以从水平面上机动做出规避,也可采取小范围机动变深避让。采用人工势场法叠加速度障碍法的避碰算法,实现以水平面避让为主,通过人工势场法的三维斥力,辅助以深度方向避让。

水下航行时,采用三维视锥算法,该算法从简单的静态障碍物避碰逐步发展到多约束条件下的动态避碰,该算法为被动式避碰技术,实现了避碰系统的技术跨越。视锥法避碰流程如图5.77所示,其中危险度计算模型与潜望状态危险度计算方式相同。

4)航迹跟踪控制工作原理

航迹跟踪控制工作原理如图5.78所示。

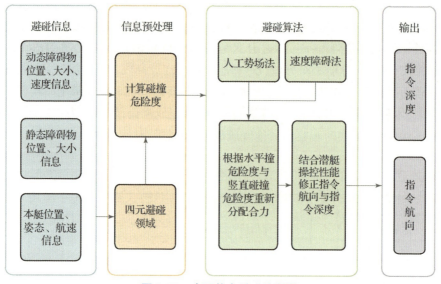

图 5.77 水下状态避碰流程图

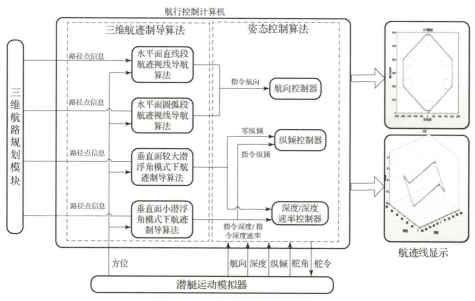

图 5.78 三维航迹跟踪控制原理

航行控制计算机接收航行决策计算机发送的三维航迹点数据信息,作为航迹跟踪控制的参考输入;航行控制计算机接收潜艇方位信息、航向信息、深度信息以及纵倾信息作为航迹跟踪控制的反馈。航迹跟踪控制算法包括三维航迹制导算法和姿态控制算法。三维航迹制导算法以三维航迹点数据作为给定输入,以潜艇方位作为反馈,通过算法解算输出航向控制指令、纵倾控制指令以及深度控制指令。姿态控制算法以上述航向指令、纵倾指令以及深度指令作为给定输入,以潜艇航向、纵倾、深度信息作为反馈,通过航向控制器、纵倾控制器和深度控制器解算,输出操舵指令。

5) 航向、深度、纵倾控制

航向、深度及纵倾控制包括自动控制模式和随动控制模式。自动工作模式下,操控人员通过控制面板输入给定航向、深度、纵倾指令,由机器自动完成控制算法解算,输出舵令信号;在随动工作模式下,操控人员通过操纵杆直接输出舵令。

航向、深度和纵倾控制在潜艇航行控制系统中使用情况如图 5.79 所示,它们可以作为三维航迹规划(航路跟踪控制功能中的闭环子回路),也可以作为自动避碰功能中子回路,同时也可以独立使用。用作子回路功能时,其主要用于自动控制模式;作为独立控制功能时,其既可以用作自动控制模式,也可以用作随动工作模式。

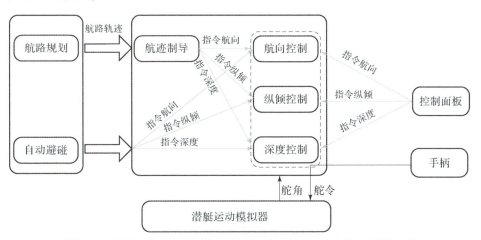

图 5.79　航向、深度和纵倾控制在潜艇航行控制系统中组合应用原理

6. 系统特点

潜艇航行控制系统既保留了传统操纵控制设备基于运动状态参数控制方式,如航向、深度、纵倾等,又借鉴了综合舰桥系统的设计思想,基于潜艇航路控制方式,集导航、制导、控制于一体,实现了潜艇操纵控制指令的前移。随着潜艇操纵控制系统自动化、智能化水平进一步提高,还可以与潜艇指挥控制系统协同,接收指控系统的任务指令,自动或人工制定航行路径,自主控制潜艇航向、航速、深度及姿态,满足潜艇巡航、作业等任务要求。

5.4.8 潜艇操纵控制系统测试与综合试验

潜艇操纵控制系统不仅构成十分复杂而且可靠性要求非常高,其研制过程是一个系统与部件、硬件与软件、设计与仿真、测试与验证不断迭代、升级的过程。在进行复杂系统设计时一般应遵循"V 模式"设计开发流程(图 5.80),即自顶向下的需求分解和设计分析,以及自底向上的设计验证和设计确认,以快速实现系统开发过程中的迭代优化。在研究工作的各阶段,对设计结果进行较为充分的测试与验证,可减少早期缺陷,加快系统研制的步伐。

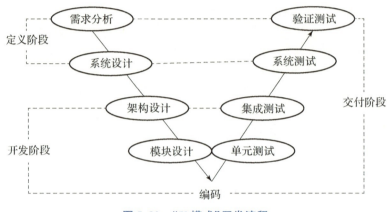

图 5.80 "V 模式"开发流程

1. 系统测试

潜艇操纵控制系统的测试内容非常丰富,这里主要介绍操纵控制技术演示验证、传感器组件和操纵执行装置的测试台架以及测试项目或方法等内容。

1) 潜艇操纵控制技术演示验证

现代战争是在高技术条件下由各种作战力量组成的系统整体对抗。潜艇是走向深远海洋完成作战使命的重要武器平台,将承担更多的战略、战术任务,如阵地伏击(对地悬停)、各种精确打击武器的发射、无人水下航行器(Unmanned Underwater Vehicle,UUV)平台的回收布放等任务,新的战术动作对潜艇的运动控制提出更高的要求。而潜艇又是非常复杂的非线性系统,对操纵运动控制技术要求高,操纵控制设备研制从需求分析、可行性论证、型号论证到设计开发、生产制造需要巨大的人力、物力和经费的支持,而结果还不一定能满足作战任务的需要。为了少走弯路,有必要在潜艇操纵控制系统方案论证阶段对采用不同操纵面、不同动力方式等新操纵控制技术的控制品质及任务效能进行演示验证,以分析、评估和综合优化系统各级技术性能指标。

为适应潜艇运动的控制要求,各国竞相采用新技术来提升潜艇运动控制能力及控制精度,主要措施如下:

(1)采用不同操纵面结构形式。例如,传统的十字形舵面、分离式十字形舵面、分离式 X 形舵面、木字形内外舵面等结构。运用新型操纵面,不仅能提升潜艇的运动控制能力,还有助于提高设备故障时的生存能力。

(2)充分运用各种辅推装置,实现水下动力定位以及潜艇定向悬停。

(3)搭载多种任务模块(如 UUV 等)进行协同探测,拓展潜艇作战半径。

(4)运用可视化技术,为潜艇操纵人员提供三维空间航行环境。引入光电桅杆信号,直接观察艇外环境,引入雷达、声纳探测的冰层信息、海底地理环境信息、航行周边目标信息,并采取三维空间建模技术,提供具有沉浸感的水下航行操纵环境等。

潜艇操纵控制技术演示验证平台组成框图如图 5.81 所示,主要由潜艇运动仿真子系统、任务环境仿真子系统、控制品质和任务完成效能评估子系统、人机功效综合评估子系统等组成。

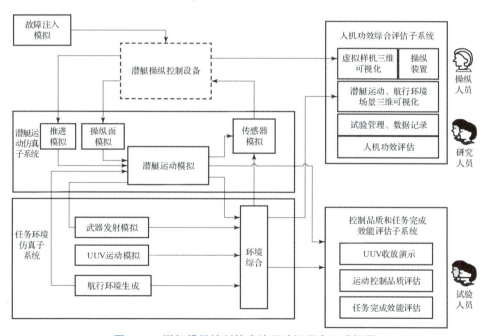

图 5.81　潜艇操纵控制技术演示验证平台组成框图

潜艇运动仿真子系统可实现对采用不同舵面形式、不同推进方式的潜艇进行运动仿真,结合潜艇操纵控制设备,可实现人在回路的闭环仿真试验,通过试验可实现对该闭环回路的性能及控制品质进行评估。既可为新型操艇控制设备的研制提供基础,也可为新型潜艇操艇系统总体技术方案提供先期评估,并可对在役的改进型设备提供改装价值依据。

任务环境仿真子系统为任务完成效能评估建立真实的任务环境,包括创建显示环境和建立实体模型。在任务仿真环境中可模拟武器发射、UUV 对接、目标跟踪等作战任务;并通过有人参与或无人参与等方式实现作战任务的操纵仿真;通过仿真综合控制台,可设置、监控、记录与重放仿真过程。

控制品质和任务完成效能评估子系统用于对在不同作战任务环境下定性评估不同任务、不同配置、不同性能指标要求下的任务完成效能,通过改变操纵控制系统的配置及主要战术技术指标,经过无人或有人参与的任务仿真,用仿真结果评估和确定系统配置与主要战术技术指标的有效性和合理性。

人机工程设计是潜艇操纵控制设备设计中的重要环节,其优劣直接影响设备的经济性、可靠性、维护性及安全性,直接关系到驾驶员的可操纵性、操作效率、安全性及舒适性。随着军事需求的发展,赋予潜艇的使命任务更加广泛,任务剖面越来越复杂,对操纵人员的操纵强度也随之提高,因此相对降低操纵人员工作负荷,提高工作效率,改善工作环境显得尤为重要。潜艇操纵控制系统人机工程研究可分为界面人机工程、环境人机工程和系统人机工程三方面。人机工程的研究以人为本,以高效、安全、舒适为目标,从人机界面、环境对人的影响、任务分工等方面进行研究和综合评估,优化人机功效,提高操纵控制的安全性、可靠性、维护性和舒适性。潜艇航行操纵人机功效综合评估系统可为潜艇操纵控制装置设计、人员配置及分工、综合人机功效设计验证提供依据,并为建立潜艇操纵人机功效评估准则、评估体系和人机工程设计标准奠定基础。

2)传感器组件测试

潜艇操纵控制系统含有各种传感器组件(相关内容参考第 3 章),下面以深度传感器为例,介绍传感器组件的测试平台与检测方式。

深度传感器是潜艇操艇系统重要部件之一,用于检测潜艇实际深度和深度速率,对操舵控制系统的控制精度和潜艇的航行安全都具有重要意义。

图 5.82 所示为深度传感器检测平台组成框图,主要由人机接口、深度检测工控机及施压系统等几部分组成,用于在深度传感器生产加工装配完毕后,检测其功能及精度指标。

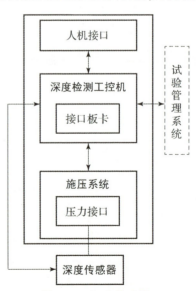

图 5.82 深度传感器检测平台组成框图

检测平台各组成部分的功能与作用如下：

(1) 人机接口：检测操作界面，具有人机对话、图文信息显示等功能。

(2) 深度检测工控机：为检测平台的核心，具有系统管理、数据采集、数据分析与处理、向施压系统发送控制指令、实现回路的闭环控制等功能。

(3) 施压系统：模拟海水背压，接收深度检测工控机的控制指令，完成施压过程等。

检测方式如下：将深度传感器安装于深度传感器检测平台后，启动人工/自动检测方式，检测平台将在设定深度范围内人工/自动间隔加压，记录测量数据，并可根据指标要求进行数据分析，完成深度传感器性能的自动测试功能；并具有加压保持功能，记录测量数据并打印动态曲线，验证深度传感器工作的可靠性；同时，将各种信息通过以太网发送至试验管理系统进行记录、分析与管理。

3) 操纵执行装置测试

潜艇操纵控制系统配有各种操纵执行装置(相关内容参考第 4 章)，下面以液压元件为例，介绍操纵执行装置的测试台架与检测项目。

随着潜艇自动化程度的日益提高，液压系统具有输出力大、频率快和易于调节控制等优点，液压系统及元件在潜艇上的应用范围也越来越广，不仅在潜艇操纵控制系统，而且在武备系统、保障系统和动力系统等方面也都大量采用了液压控制。据不完全统计，仅在一艘潜艇上就装备了各种液压件数百件，分布在潜艇的各个舱室，成为完成潜艇各种功能必不可少的器件。对于大型水面潜艇，其操舵控制、减摇控制和一些辅机，也无一例外地采用液压控制，为提高潜艇的作战性能起到了重要作用。

图 5.83 所示为液压元件性能测试台架组成框图，其主要由液压泵站、阀控系统、测试安装平台、试验操作台、油温控制系统和电气测控系统等几部分组成，用于电液开关类元件和电液比例类元件的动静态技术性能检测和相关试验研究。

(1) 液压泵站：为被测装置提供测试需求的油液压力和流量，主要元件包括油箱、过滤器、电机、液压泵、蓄能器、溢流阀和安全阀。

(2) 阀控系统：对应被试装置各测试项目，切换相应的液压试验回路，主要包括各种规格的比例节流加载阀、液压马达、背压阀、手动截止阀、液压管路、管接头等元件。

(3) 测试安装平台：为被试装置提供试验测试安装平台，包括静态试验安装平台、动态试验安装平台。

(4) 试验操作台：进行试验操作，提供阀控系统、测试安装平台、各显示仪

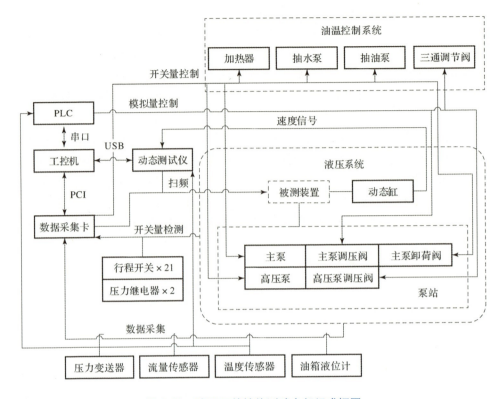

图 5.83　液压元件性能测试台架组成框图

表、电气操作系统的安装空间,主要包括试验平台台架、显示仪表、电气控制操作按钮和计算机操作平台。

(5)油温控制系统:保证该测试台架的油液温度满足测试标准的要求,主要元件包括水冷却器、离心泵、三通比例流量调节水阀。

(6)电气测控系统:提供测试台架所需的电源功率,控制各电气元件,实现自动化控制及测试,主要元件包括工业控制计算机、PLC、多功能数据采集卡、动态信号分析仪、各传感器、电机软起动器等。

电液开关类元件测试项目主要有滑阀机能、停留试验、内泄漏量、稳态流量控制特性、可靠性考核、换向频率测定等。

电液比例类元件测试项目主要有:耐压测试;泄漏量测试;在恒定阀压降情况下,输出流量–输入信号特性测试;节流调节特性;输出流量–负载压差特性;输出流量–阀压降特性;压力增益–输入信号特性;压力零漂;控制信号阶跃响应测试;频率响应测试等。

2. 系统综合试验

潜艇操纵控制系统综合试验(也称系统联调试验),是系统研制工作的主要环节之一。它在系统的研制周期内占有十分重要的地位。

潜艇操纵控制系统的联调试验,是在系统硬件和软件产品经过设计、加工、调试之后进行的。其目的在于对系统设计方案、系统内各设备的设计、加工、装调正确性的实物检验和物理考核;实现系统硬件特征参量的调整和技术状态的确定,软件技术状态、控制策略和算法、部件接口的优化与完善;系统功能与性能的测试与调整。此外,系统联调试验也是系统和设备装艇前的最后一次技术状态确认。

潜艇操纵控制系统的联调试验,是在实验室常温条件下进行的。尽管在试验中对系统的全部设备进行较长时间的考核,但是并不能代替各设备的环境试验、寿命试验、电磁兼容性试验与可靠性增长/鉴定试验。

系统陆上联调试验一般分为开环试验和闭环试验两个阶段。

系统陆上联调开环试验是在实验室条件下,通过适配与调试,在电气上和机械上连接控制系统的全部设备,使其硬件与软件正常工作,正确地建立符合系统设计要求的技术状态。

系统陆上联调闭环试验则是在完成开环试验验证后,根据系统需求与技术要求,对系统闭环功能与性能进行全面的考核。

对潜艇操纵控制系统的试验验证,必须在相应的试验环境和试验条件的支持下实现。为了完成联调试验,一般应配备以下试验设备。

(1)潜艇运动数字仿真设备:通过对潜艇运动方程的解算,模拟潜艇的运动。

(2)舵机模拟及加载系统:模拟潜艇的围壳舵、艉舵和方向舵的液压或电动舵机系统,在硬件的余度配置上与实艇一致。为更真实地表征舵的特性,建立舵机的惯性负载和有航速情况下水动力负载特性模拟装置。

(3)均衡悬停模拟系统:包括纵倾平衡模拟子系统、浮力调整模拟子系统、悬停模拟子系统、海水背压子系统,主要用来模拟实艇的均衡及悬停水气路系统。

(4)潜浮模拟系统:为潜艇安全操纵界限(包络线)、承载力图谱辅助、抗沉信息支援等功能验证提供模拟环境,模拟舱室进水及检测等相关信息、吹除以及相关潜浮工况模拟信息。

(5)潜艇运动模拟设备:用于模拟潜艇的真实运动,为深度传感器、倾角传感器等提供物理信号,主要包括转台、深度模拟器等设备。

（6）接口模拟设备：用于模拟与潜艇操纵控制系统设备有接口关系、但不属于操纵控制系统的设备。

（7）系统专用试验装置：用于实现对系统的状态监控、故障设置、注入激励、检测响应以及软件开发与调试等功能的试验设备。

（8）数据采集与处理系统：用于在试验过程中，实现对系统、试验设备的试验数据实时采集与处理的数据管理设备。

（9）试验用能源系统：提供操纵控制系统工作所需的电源、液压源、气源，所需的电源应在余度配置、功率及供电品质上与实艇一致，液压源和气源尽可能与实艇一致。

（10）其他常规通用试验设备及仪表等。

图 5.84 所示为潜艇操纵控制系统陆上联调试验环境组成框图，其主要由舵机模拟系统、均衡模拟系统、潜浮模拟系统、潜艇运动仿真系统以及测试与保障系统等试验设施组成。

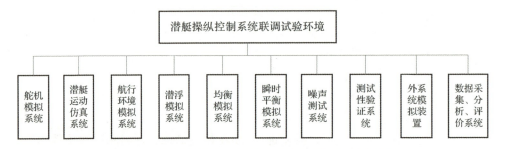

图 5.84　潜艇操纵控制系统陆上联调试验环境组成框图

1）系统陆上联调开环试验验证

系统开环试验验证是根据设计阶段系统约定的各设备的机械、硬件、软件接口，在试验设备的支持下，将经过设计、加工调试和性能检验之后的设备和相应的软件正确地连接为完整的、符合设计技术状态的开环信号链路的过程。

此阶段的目的在于正确地组成符合系统设计要求的潜艇操纵控制系统，经过必要的调试和更改，建立系统的技术状态。为潜艇操纵控制闭环试验验证做好准备。对新设计系统而言，也是系统及设备装艇前发现问题，并寻求解决途径的重要手段。

系统开环试验验证应遵循从核心到外围、从局部到系统的循序渐进原则，按信号链或分系统逐一完成。

系统联调开环试验所包含的技术工作项目如下：

（1）技术状态确认及单机恢复。一般情况下，参与联调试验设备均应是真实的产品。如此才能检查和认定设备的接口关系和性能特征的正确性,以及同其前后级产品的接口兼容性。因此,开展试验前,各产品应完成相关的功能性能检验,提供产品设计或生产厂家的试验测试报告及交付文件。

单机恢复是指各设备/部件进入联调试验场地后,根据安装要求,开展设备的安装工作,并在完成安装工作后各设备/部件研制单位对各自负责的设备/部件进行独立上电,对各单机进行功能恢复的过程。单机恢复完成后,开展相关的测试,初步验证其是否工作正常。

(2)物理接口对接。系统内各设备/部件之间若存在机械连接,开展物理接口对接试验。通过物理安装,确认设备/部件物理尺寸是否正确,是否存在无法安装、物理上存在干涉、维修拆卸空间不足等问题。

(3)设备信号对接。各设备完成物理接口对接、单机性能恢复试验后,为系统的综合提供了条件。为了安全、有效地进行系统级的物理综合,可以根据系统的设计特点将其划分为若干分系统,并以分系统为单元进行各设备之间的连接,也可以按信号通路,以信号通路的起止端所包含的硬件为功能单元实施信号的对接。当然,由于系统布局的约束,分系统和信号通路是交错存在的,对此种情况则需综合考虑。总之,在对接之初,应当对对接过程进行综合规划,理清脉络,分明先后。否则,不仅出现差误不易查找,也不利于设备的安全。

实践中,应当遵循的综合准则为:供电依存关系,先上级、后下级;控制逻辑顺序,先上层、后下层;部件的重要程度,先核心、后外围;信号通路的建立,先上游、后下游。

此外,还应遵循多设备、复杂系统试验(特别是首次通电)的规则。例如,检查接口与线路的正确性、通电前检查线路的接通、短路、断路状况、测量负载阻抗、正确接地等。如此,方能确保产品和人身安全。

(4)系统控制及显示功能检查。系统控制及显示功能的检查与确认,是指在潜艇操纵控制系统开环技术状态已经建立的条件下,对系统工作方式的设置、通道转换及其控制逻辑与显示等"人–机"接口功能的检查。

系统控制及显示功能内容包括:始于人工控制动作(开关的扳动与按钮的按压),经过系统实现相关的控制与转换响应(检查工作状态的投入与断开,或相关离散量的真假值变化),止于系统的显示(系统内变量的变换及人员的感知)。

检查项目主要包括那些不向外界申报的系统内部的工作状态与逻辑变换。对于这些变化,应在外界条件设置之后,检查系统内的相关变量的变化是否满足设计要求。

另外,有关控制和显示部件的布局、控制部件的安排、显示方式等虽然已在设计之初征询过潜在使用者的意见,为提升产品交付后的满意度,在联调试验过程中也应邀请相关人员在现场进行实地操作与观察,并进一步征求其意见。

(5) 开环性能测试。各分系统或全部信号通路工作的完成,为系统级测试提供了条件。此时,系统的全部硬件与软件产品均已连接正确,并具备了正常的硬件与软件运行条件,建立了全系统的开环机制。因而,可以进行一系列的系统功能与性能检查及调整工作。

开环性能测试的主要内容有随动操舵性能测试、自动操舵方向检查、自动操舵灵敏度测试、电动均衡移水功能检查、随动均衡移水精度检查、均衡公式正确性检查、悬停移水功能检查、悬停移水精度检查、悬停水舱压力控制精度检查、潜浮控制功能检查等。

2) 系统陆上联调闭环试验

系统联调闭环试验是在系统完成开环试验后,对系统的控制性能进行试验验证的过程。开展闭环试验的目的是通过陆上搭建的潜艇闭环试验环境(图 5.85),经过试验与调试,摸清系统闭环的性能,发现闭环控制中存在的问题,并对系统与设备进行完善和优化,为系统和设备交付提供测试数据和结论。

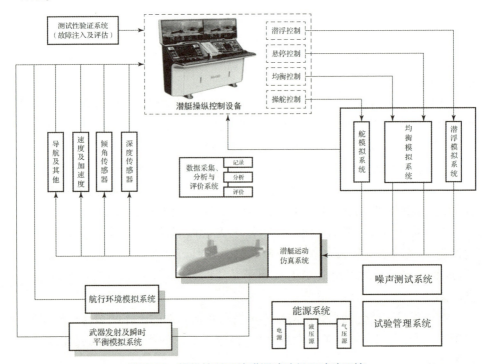

图 5.85　操纵控制系统联调试验闭环试验环境

系统陆上联调闭环试验主要内容有以下几个方面。

（1）控制性能测试。系统陆上联调闭环试验最主要的作用是摸清系统的闭环控制性能。其主要开展的试验项目如下：

①水面航行闭环控制性能测试。

②近水面航行闭环控制性能测试。

③近水面深度闭环控制性能测试。

④水下航行时的航向闭环控制性能测试。

⑤水下航行时的深度闭环控制性能测试。

⑥水下航行时的纵倾闭环控制性能测试。

⑦定深回转闭环控制性能测试。

⑧空间机动航向、深度闭环控制性能测试。

⑨自动均衡性能测试。

⑩自动悬停性能测试等。

（2）边界测试。边界测试的目的是摸清控制系统的边界，为后续开展实艇试验和使用提供数据支撑。边界测试的内容如下：

①控制器对潜艇运动模型中主要参数变化范围的适应性。

②各传感器组件误差、精度、实时性对控制性能的影响。

③ 各操纵执行装置特性变化对控制性能的影响。

④各种操纵/控制极值情况下系统的稳定性等。

（3）系统余度管理性能检查。系统余度管理性能检查主要是对各分系统及全系统余度管理策略的校核，其主要包括故障检测、故障隔离的瞬态响应及余度管理效果与对系统的影响等。

①故障试验。在实验室可以实现的"人工设置故障"条件下，检验系统的工作能力与响应特性的偏离。故障试验与余度管理性能检查的不同之处在于：故障试验是人为制造的故障，如电源故障、液压源故障、某个或数个余度部件的功能全部丧失等情况下，检查这些状态出现后对潜艇操纵控制性能和功能的影响。这一类故障，是系统余度管理已经对其"无能为力"的那些极端故障。

②试验过程中对可能出现的问题及处理。系统首次联调对于新研制的潜艇操纵控制系统的验证具有重要意义。在首次联调试验过程中因为是物理产品的连接和首次系统级供电供油供气实现全系统运行，所以在试验实施过程中，将会出现一系列"始料未及"的技术性或工程性问题，需要研制和试验人员处理。而且，试验的目的之一也是希望尽量多地暴露问题，通过解决问题，减少甚至消除实艇使用后再次出现的问题。

尽管在此前系统、分系统级的设计和部件生产、装调过程中，经过反复的论证和协调,各设备也在自身的专用测试设备上进行过测试,但终究是各自独立进行的。因此,在联调试验过程中出现原因各异的问题,几乎成为必然。正因如此,人们常把系统联调试验验证看作对新研制系统的总检阅和再设计过程。

以下是在试验中可能遇到问题的原因以及处理方法。

a. 产品功能或性能不符合系统设计要求。发生此种问题的原因是多方面的,完全违背系统对产品提出的设计规范的情况也不多见,不过,局部的、个别的功能或性能与原设计规范相悖的情况时有发生。产生的原因可能是:技术要求不完整、不准确、不严格;产品设计者对需求的理解出现偏差;设计过程中技术协调不及时或者指标过严等。具体表现为:方案缺陷(无法与负载兼容,性能不稳定,余度管理算法与实际系统表现不符等);功能缺项(功能不完整);特性失当(特性不正确,信号传递品质不符合要求等);需求变更后更改不到位(在系统调试过程中,根据实际系统所做的更改引发的派生方案更改)等。

b. 接口关系错误。设备与设备之间的机械接口和电气接口的错误,是首次开展试验时常见的问题之一,因此出现相应的更改设计也时有发生。接口出现不兼容的错误,除对接口控制文件的编制不正确,或对接口的理解有错误等显而易见的原因之外,还包括设计考虑不周、经验不足而造成的实际线路与方案设计相脱节等人为错误。接口错误的表现包括接口定义错误(接口定义错误、含糊、要求不确切)、极性颠倒(信号高、低端反接,正负端反相)和真假值错误(电平定义与逻辑电路相反)等。

c. 性能指标超差。产品或信号处理性能不符合设计要求,包括指标未实现,精度不满足要求,性能不稳定或无法与实际负载条件相兼容,因而性能失常指标无法达到。

d. 线路错误。出现线路形式错误,或线路参数错误。

e. 软件错误。设备与设备之间进行通信时,可能出现通信波特率不一致、通信数据帧格式不一致等问题,导致进行接口对接时,接收不到数据或数据错误。另外,也可能出现数据符号定义不同、数据类型不一致等问题。

f. 可靠性不足。发现硬件与软件存在的问题后,应根据问题的现象、性质及其影响程度,追根溯源,通过"改正－试验"迭代的方法加以解决并改正错误(这是最直观最简单的);对于方案缺陷或指标超差等问题,则应找出其技术上(设计技巧)或工程上(器件选择、工艺缺陷)的产生缘由,并通过实际调试或更改,找出改进和优化的技术与工程途径,在方案改动后再次进行综合试验,如此反复,最终在实际系统运行的真实环境条件下解决问题。

总之,陆上联调试验是在系统实际工作条件下暴露系统设计与工程缺陷,寻求改进与优化的途径,并经过调试与试验,对系统进行优化与完善的重要环节。

参考文献

[1] 船用自动操舵仪:GB/T 5743—2010[S].北京:中国标准出版社,2010.

[2] 船舶艏向控制系统:GB/T 35713—2017[S].北京:中国标准出版社,2017.

[3] 船舶与海上技术 船桥布置及相关设备 要求和指南:GB/T 35746—2017[S].北京:中国标准出版社,2017.

[4] 海上导航和无线电通信设备及系统 航迹控制系统 操作和性能要求、测试方法和要求的测试结果:GB/T 37417—2019[S].北京:中国标准出版社,2019.

[5] 舰船液压舵机通用规范:GJB 2855A—2018[S].北京:国家军用标准出版发行部,2018.

[6] 舰船自动操舵仪通用规范:GJB 2859A—2017[S].北京:国家军用标准出版发行部,2017.

[7] 海洋船舶液压舵机:CB/T 972—1994[S].北京:中国标准出版社,1994.

[8] 操舵装置控制系统的机械、液压和电气独立性:IACS UI SC94(Rev.2)[S]. IACS Int 2016.

[9] 贾欣乐,扬盐生.船舶运动数学模型:机理建模与辨识建模[M].大连:大连海事大学出版社,1999.

[10] 张显库,贾欣乐.船舶运动控制[M].北京:国防工业出版社,2006.

[11] 陆志材.船舶操纵[M].大连:大连海事大学出版社,2000.

[12] 吴耀祖.舰船原理[M].武汉:海军工程大学,2004.

[13] 施生达.潜艇原理[M].武汉:海军工程大学,1990.

[14] 中国海事服务中心编写组.航海学[M].北京:人民交通出版社;大连:大连海事大学出版社,2008.

[15] 章宏甲,黄谊.液压传动[M].北京:机械工业出版社,2006.

[16] 万德钧.船舶导航仪器设计手册[M].北京:国防工业出版社,1991.

[17] 葛启广,方学,王轲.舰船操纵手册[M].国防工业出版社,1983.

[18] 美国海军舰船技术手册:第562章 水面舰船操舵系统[M].中国船舶信息中心,2002.

[19] 潘国良.潜艇悬停及其发展综述[C]//中国造船工程学会2006年船舶通信导航学术会议论文集,2006:216-221.

[20] 潜艇联合控制操舵仪使用说明书[Z]. 九江:天津航海仪器研究所九江分部,2001.

[21] FOSSEN T I. Guidance and Control of Ocean Vehicles[M]. New York:John Wiley &Sons,1994.

[22] FOSSEN T I. Handbook of Marine Craft Hydrodynamics and Motion Control [M]. Chichester:John Wiley & Sons Ltd,2011.

[23] FOSSEN T I,Strand J P. Nonlinear Passive Weather Optimal Positioning Control (WOPC) System for Ships and Rigs:Experimental Results[J]. Automatica,2001,37(5):701-715.

[24] LINDEGAARD K P. Acceleration Feedback in Dynamic Positioning[D]. Trondheim:Norwegian University of Science and Technology,2003.

[25] NGUYEN T D,Sorensen A J,Quek S T. Design of Hybrid Controller for Dynamic Positioning From Calm to Extreme Sea Conditions[J]. Automatic,2007,43(5):768-785.

[26] OLE G H. A New Concept for Fuel Tight DP Control[C]. Dynamic Positioning Conference,2001.

第 6 章　船舶智能航行控制技术

近年来,随着人们对现代船舶航行性能、高机动性和多任务适应性要求的不断提高,采用传统控制理论设计先进的船舶操纵控制系统已经变得越来越困难。为了获得更好的船舶操纵控制品质,许多先进的控制方法应用于船舶操纵控制系统的设计中,出现了综合控制技术、智能控制技术、自主控制技术等先进的操纵控制技术。从技术形成的产品方向上看,船舶操纵控制系统将由自动系统向智能系统发展、最终成为自主系统,同时也是一个系统作用逐渐增强、人员参与逐渐减少的过程。新一代智能航行船舶技术的研发应用,有望重塑船员与船舶系统的关系,船舶航行决策与控制将逐步实现岸基为主、船端为辅的新模式,将有利于降低船舶操纵控制人员的操作负荷并改善工作环境。此外,随着大数据、物联网和人工智能技术的发展,以及愈加复杂的外部环境,美国、欧洲及东南亚等国家均加大了智能船舶研发的投入和推广应用。其中,智能航行控制技术作为智能船舶的典型功能之一,综合了信息感知与融合、态势认知与学习、智能决策与控制等先进技术,是当前智能船舶领域研究的热点。

本章首先介绍智能航行的基本内涵与功能属性;其次通过以智能航行为主要技术特征的"船舶自动靠离泊系统"工程设计实例,进一步说明船舶智能航行控制技术的内涵、主要研究内容、技术途径和测试与验证;最后对船舶智能航行控制技术作了展望。

6.1　智能航行

6.1.1　概述

作为智能船舶最显著的功能,智能航行的发展一直备受关注。2006 年,国际海事组织提出了"电子航海"(e-Navigation)概念,这是智能航行概念的雏形,其利用船舶内、外部通信网络,实现船岸信息的采集、集成和显示,实现船与船、船与岸、岸与岸之间的信息交互,以提升船舶的经济性、安全性和环保性。此后,日韩、欧洲和我国相继开展智能航行研发,并取得了积极进展。

  智能航行是指利用感知和信息融合技术等感知船舶航行所需的状态信息,并通过计算机、智能控制等技术进行分析和处理,为船舶的航行提供辅助决策建议。以信息感知、航路规划和智能控制为主要技术特征构建的船舶航行控制系统称为智能航行系统,该系统主要由环境感知系统、路径规划与决策系统和控制系统组成。其中,环境感知系统可以通过整合自身定位、运动内源性和声、光、电等外源性的输入信息,快速准确实现对场景感知、目标识别与特征提取,并通过视觉增强,形成表征自身和目标空间的态势图;路径规划与决策系统利用人工智能算法实现从感知和导航信息输入运动决策的输出,通过一系列动作指令控制船舶的运动行为,实现面向任务目标做出的路径规划和动作决策;控制系统根据外界环境、船舶操纵性以及任务场景,自适应控制船舶的运动行为。船舶智能航行及其关键技术的发展为智能船舶在水上交通中的应用奠定了基础。

  作为造船大国和航运大国,我国正积极推动智能航行技术发展。2018年,工业和信息化部、交通运输部、国防科工局联合发布《智能船舶发展行动计划(2019—2021年)》,提出要突破智能航行核心技术,完成相关重点智能设备系统研制。2019年,交通运输部等7部门联合发布《智能航运发展指导意见》,首次系统性针对智能船舶、智能港口、智能监管、智能航行保障和智能航运服务等领域提出了一系列发展目标、主要任务和保障措施。2020年,工业和信息化部、国家标准委、交通运输部以及相关院校和科研机构编制了《智能船舶标准体系建设指南》,形成了支撑船舶智能航行的基本标准框架。

6.1.2 智能航行的内涵与等级划分

1. 智能航行内涵

  参照中国船级社有关《智能船舶规范》的定义以及在工程实践中的应用,智能航行又可进一步理解为利用先进感知技术和传感信息融合技术等获取和感知船舶航行所需的状态信息,并通过计算机技术、控制技术进行分析和处理,为船舶的航行提供视觉增强、防撞预警、航速和航路优化、操控信息指引等辅助决策;在此基础上,使船舶能够在开阔水域、狭窄水道、进出港口、靠离码头等不同航行场景和较复杂环境条件下实现船舶智能航行。由此可知,智能航行的一个显著特征为航路与航速的设计和优化,而航路航速设计和优化又是根据船舶自身的技术条件和性能、特定的航行任务、吃水情况、货物特点和船期计划,并考虑风、浪、流、涌等因素,在保证船舶、人员和货物安全的条件下,设计和优化航路、航速,实现航次优化目标,并在整个航行期间不断优化。

2. 智能等级划分

智能航行作为船舶智能化实现的关键技术之一,其利用大数据处理、多传感器信息融合、态势感知、规划与决策以及智能航行控制等技术,实现船舶的远程遥控、自动驾控、辅助决策、自主航行等不同的自主等级。国内外对智能等级的划分情况如下。

1) 国外等级划分情况

2016 年,劳氏船级社(Lloyd's Register of Shipping, LR)将船舶的自主水平分为 AL0~AL6 共 7 个等级,这是全球著名机构首次对船舶自主水平进行等级划分,也是自主水平分级领域中的标志性文件。

2017 年,法国船级社发布《自主航运指南》,对用于提高自主船舶运输自主能力的设计或系统操作提出了相应的建议,并提出了 0~4 共 5 个等级的自主水平划分标准。

2018 年,IMO 首次针对自主船舶的自主等级进行了定义,将其划分为具有自动化过程和决策支持的船舶、有海员在船的远程控制船舶、无海员在船的远程控制船舶和完全自主船舶 4 个等级。IMO 提出的划分标准是业界针对自主船舶开展相关研究的主要依据和准则,影响最为广泛。

2019 年,韩国船级社发布《自主船舶指南》,并于 2020 年进行了修订,旨在通过风险评估确保自主船舶或自主操作所需的系统和功能的安全性和可靠性。其根据船舶数据获取、决策和执行功能对自主水平进行划分,分为 AL1~AL5 共 5 个等级。

2020 年 1 月,日本船级社发布《船舶自动化/自主操作指南》1.0 版本,指南中未直接对船舶的自主水平进行等级划分,而是从系统的设计开发、安装和操作的角度对自动化操作系统和远程操作系统进行分类。

2020 年 6 月,俄罗斯船级社发布《海上自主和远程控制水面船舶入级规范》,并于 2022 年 1 月修订,该规范明确了自主船舶设计和建造过程中的技术监管要求,同时,对自主船舶进行了分类,以表示在开阔水域和受限空间(受限水域、停泊区和港内)中移动式控制船舶的能力,并引入自主等级符号。

2021 年 9 月,挪威船级社(Det Norske Veritas, DNV)发布《自主与远程控制船舶入级指南》的最新修订版,旨在为在自主船舶和/或远程控制船舶中实施新技术提供指导,从而确保其能够达到与常规船舶相当或更高的安全水平。DNV

将自主水平分为5个等级,主要从自动化角度进行定义。

2021年7月和2022年2月,美国船级社(American Bureau of Shipping, ABS)相继发布了《自主和远程控制功能指南》和《自主船舶白皮书》,为自主船舶制定了一个基于目标的设计和运营框架,以支持安全创新和自主化技术的应用。ABS基于数据处理、决策和执行过程中的人机交互水平将自主水平划分为4个等级,并认为自主船舶的发展要经历智能、半自主甚至全自主,即认为自主是智能的高级形式。

2021年12月,印度船级社(Indian Register of Shipping, IRClass)发布《远程控制船舶和自主水面船舶指南》,旨在为远程控制船舶和自主水面船舶的安全操作提供指导并提出相应的要求。其将自主等级分为具有自动化过程和决策支持的船舶、有海员在船的远程控制船舶、无海员在船的远程控制船舶和完全自主船舶。

2) 国内等级划分情况

按照《智能船舶规范》(2020年)的规定,船舶智能航行控制分为5个技术等级,分别为R1、R2、A1、A2和A3,具体对应要求如下:

(1) R1型远程控制。有船员在船,此时船舶主要功能由远程控制站控制操作,船上船员对船舶状态进行监视,在应急情况或必要时接管船舶的操作,根据设计确定的船舶运行场景,对非远程控制的系统和设备进行操作。

(2) R2型远程控制。无船员在船,船舶由远程控制。

(3) A1型自主控制。船舶从锚地到锚地能实现自主操作,并由远程控制站监视,必要时远程控制站可对船舶实施控制。在进出港、狭窄水道、靠离泊等复杂操作场景下,通过船员或引水登船,由船上人员完成航行操作。

(4) A2型自主控制。船舶从锚地到锚地能实现自主操作,并由远程控制站监视,必要时远程控制站可对船舶实施控制。船舶在进出港、狭窄水道、靠离泊等复杂场景下的操作通过远程控制站远程控制实现。

(5) A3型自主控制。船舶从泊位到泊位的自主航行(包括开阔水域、进出港、狭窄水道、靠泊、离泊等所有航行操作场景),并由远程控制站监视,必要时远程控制站可对船舶实施控制。

6.1.3 智能航行主要功能

目前,国内外在船舶智能航行控制技术领域的相关研究工作正处于加速发展阶段。无论是辅助航行、远程遥控航行还是智能/自主航行阶段的船舶,尽管对信息化和智能化程度要求在不断提升,但构成航行控制技术的功能要素是显而易见的,主要是感知、决策与控制,其相互关系可用图6.1表示。

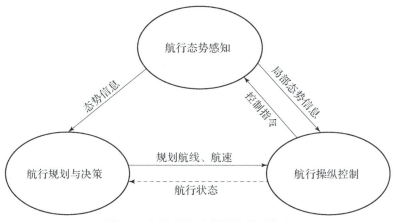

图 6.1　智能航行功能间的相互关系

1. 航行态势感知

（1）综合运用多种技术手段测定船舶位置、速度、航向、姿态等运动状态并获取时频基准信息，对信息进行综合处理，提供统一的船舶运动状态信息。

（2）实时测量和监测风速、风向、流速、流向、浪高、浪向等气象水文要素，结合船舶运动姿态信息，对信息进行综合处理，提供船舶运动态势预测信息。

（3）通过雷达、光电、视觉、AIS 等多种技术手段，对船舶周边及航路范围内的静、动态目标进行监视与报警。

2. 航行规划与决策

（1）能够自主生成航海计划和机动方案，辅助航海人员和指挥员进行安全性评估、比较预案优劣。

（2）能够根据本船航行态势和航行安全需求（以及战斗任务需求），对航线偏移、航道危险、危险目标进行报警，分析碰撞、搁浅的危险程度，自主生成规避方案，辅助指挥员对方案效果进行评估。

（3）在泊位、锚位和补给阵位获批的情况下，能够自主生成离靠泊、补给、抛锚等作业计划航线，对危险趋势进行预测和报警，辅助指挥员进行作业指挥。

3. 航行操纵控制

（1）根据舰位信息及计划航线计算当前航迹偏差，按不同控制模式自主生成航向修正量并进行自动操舵，控制船舶改变航向和航速，实现航迹稳定跟踪。

(2) 依据航海作业、巡航训练等任务要求,结合气象水文要素和本舰运行状态,自主生成本舰航向、航速控制指令,辅助指挥员进行新任务场景作业指挥。

6.2 智能航行控制技术研究内容

6.2.1 概述

船舶智能航行控制技术是当前业内研究热点且处于快速发展期,随着研究与应用的深入,其技术内涵也将不断丰富和完善。为进一步描述"船舶智能航行控制技术"的内涵及其主要研究内容,本节将利用笔者所在科研团队自主研发的工程实例(船舶自动靠离泊系统)对智能航行控制技术应用框架和主要研究内容进行解析。

船舶自动靠离泊系统是集感知、决策与控制于一体的综合性功能系统。应用态势感知、智能分析与决策、自适应控制等技术,通过融合导航、气象水文、雷达、视觉等感知信息,实现航行态势场景重建,预测船舶运动及海洋环境的状态与变化趋势,结合航向航速位置协同控制策略,进行动态规划和决策支持,通过智能深度学习向推进器和舵机输出最优控制指令,实现环境感知、泊位识别、运动规划、自适应控制等功能的自动靠离泊智能化应用。

6.2.2 智能航行控制技术架构

1. 船舶靠离泊操纵时面临的技术难题与解决措施

随着船舶大型化、快速化、自动化的发展,以及船员数量减少或经验的不足,船舶靠离泊操纵成为最困难、最复杂的操纵之一。据统计,70%的事故与驾驶人员在港内的不良船艺有关。船舶在离靠码头任务场景(图6.2)下,由于受风、浪、流等海洋环境因素影响,安全航行操纵控制难度较大,需要导航、信号、操舵、机电、帆缆、航海指挥、航行值更以及大副等专业各司其职、密切配合完成指挥与操纵。如果没有丰富的操纵经验、顺畅的口令上传下达、强烈的责任心,极易造成态势误判、漏判,形成紧迫局面。而且在离靠码头时,还需要缆绳和若干条拖船配合,通过对讲机指挥作业,耗费大量的人力物力,在一般气象条件下全过程平均耗时30~40min,在陌生码头、大雾天气、恶劣海况条件下则耗时更长,无法满足作战状态下快速备航、敏捷机动的要求。

为解决船舶在靠离泊操纵方面的技术难题,针对我国主流船舶欠驱动双桨

图 6.2　船舶离靠泊作业示意图

双舵船型特点,聚焦船舶进出港任务需求,开展欠驱动双桨双舵船舶自动靠离泊系统研制,在典型水域(海况小于等于 3 级),船舶依靠自身的智能感知、运动测量、决策控制等系统实现船舶自动靠离泊,从而更好地保证船舶航行安全和提高效率,大幅减少操纵失误造成的事故、降低船舶操纵难度、节省操纵人员的精力、减少对操纵指挥员经验的依赖。

2. 智能航行控制技术架构

根据现有船舶导航、综合船桥系统、船舶操纵控制设备等操控类装备发展现状,为保障船舶自动靠离泊系统具有容错性、扩展性和可靠性。该系统采用分布式集成框架,建立以载体运动状态测量、海洋环境态势感知、航行决策控制三个功能分系统为基本型的架构,将船舶的导航信息、态势信息、控制信息进行高度综合,为船舶自动靠离泊提供完整、可靠、准确的信息,实现定位导航、态势感知、规划决策、操纵控制等系统功能集成。

船舶自动靠离泊系统内部由环境感知信息处理、载体运动信息处理、航行决策控制等组成的智能航行控制单元,外接传感器(环境感知传感器、载体运动传感器)、动力系统(主机转速等信号)和操纵系统(螺旋桨和舵)等构成。

由此,本节梳理并构建出一种典型的船舶智能航行系统结构,如图 6.3 所示。

图 6.3 中,智能航行控制单元包含的信息感知与处理技术、航路规划与决策技术和航行控制技术即为智能航行控制技术架构,其展开关系如表 6.1 所示。

船舶操纵控制技术

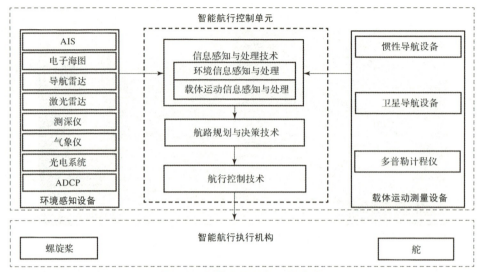

图 6.3　船舶智能航行系统结构

表 6.1　智能航行控制技术构架

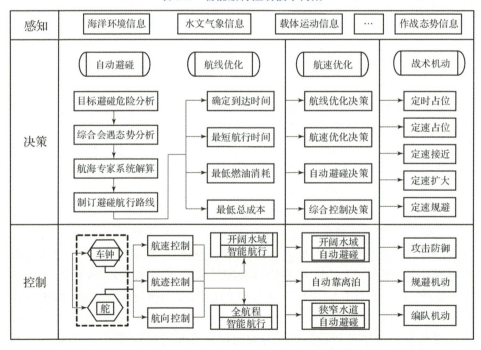

表 6.1 中，感知是开展智能航行控制技术研究的基础，主要包括通航环境信息和船舶自身运动状态信息感知传感器，以及态势感知数据融合等技术；决策是中枢，主要包括航线规划、自动避碰、航线与航速综合优化等技术；控制是

336

行动,根据决策指令,通过执行系统实现船舶的智能航行以及战术机动等航海保障任务。

6.2.3 智能航行控制技术研究的主要内容

1. 环境信息感知

环境信息感知通过综合处理电子海图/激光雷达/导航雷达/AIS 输出的海图、航线、目标信息,实现靠泊作业环境二维重构;靠泊作业环境二维、三维重构信息进行融合处理,获得船舶同泊位相对空间位置关系。通过虚实混合一致性呈现技术逼真高效构建虚拟三维船舶,将多源感知数据实时用于虚拟船舶的几何、行为特性,真实地反映实船态势及其周围的航行环境、碍航物等信息。环境信息感知实现流程如图 6.4 所示。

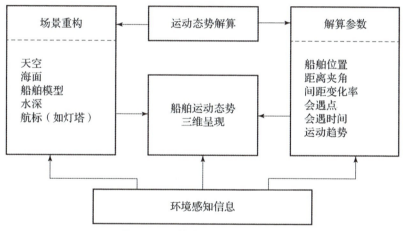

图 6.4 环境信息感知实现流程

码头泊位信息是靠离泊系统环境感知功能的核心内容,由于不同传感器的作用范围和探测机制不同,随着船舶和码头泊位距离的变化,需要综合使用多种传感器实现码头泊位信息的全要素检测,进而为靠离泊航行决策提供目标信息输入。因此,码头泊位信息全要素检测技术是环境感知环节中的关键技术。

2. 运动参数测量

运动参数测量获取惯性导航设备、差分北斗设备、计程仪等设备输出的船体运动状态信息,结合船体轮廓,计算船体运动状态。运动参数测量实现流程如图 6.5 所示。

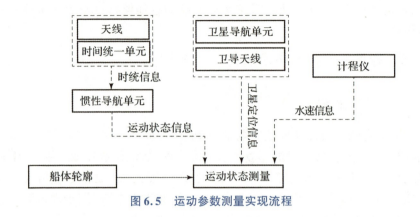

图 6.5　运动参数测量实现流程

3. 航路规划与航行决策

依据当前船舶状态、场景重构模型,对靠泊的航迹、航向、航速进行规划,得到初始指令航路;实时测量当前船舶的状态,通过运动预测模块进行航路预计,结合初始指令航路实时对规划航路进行优化。航路规划实现流程如图 6.6 所示。

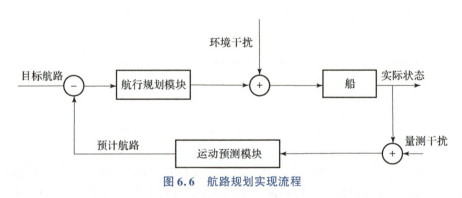

图 6.6　航路规划实现流程

船舶靠离泊航行决策主要包含靠离泊路径和航速规划两部分内容。其中,靠离泊路径规划需要综合考虑船舶初始运动状态、港区大小、泊位角度、船舶操纵性以及靠泊结束航速和艏向角约束等因素,本质上属于多目标约束优化问题。此外,由于船舶主机存在怠速区,航速不能连续控制,需要合理规划抵泊方向、靠泊航速,以使靠泊余速低于某一设定值。

4. 航行控制

航路规划模块输出指令状态(航迹、航向、航速指令),执行控制器根据控制算法输出指令车转速与指令舵角;测量船舶的实际状态,与指令状态一起送入执行控制器,不断更新指令车转速与指令舵角。控制执行模块实现流程如图 6.7 所示。

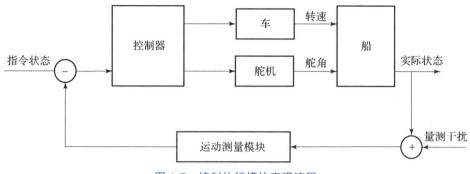

图 6.7　控制执行模块实现流程

船舶低速靠离泊时易受岸壁效应、浅水效应以及风、流干扰的影响,操控难度较大,且受限于主机怠速区的存在,传统控制器产生的连续指令无法对船舶的靠离泊过程进行精确控制。因此,需要设计车舵联合控制策略,通过离散主机指令与连续舵角指令结合实现自动靠离泊精确控制。

以上仅以船舶自动靠离泊系统设计为例,简要叙述了船舶智能航行控制技术的主要研究内容。在工程实践中,如何开展智能航行控制技术的研究与设计工作,将在以下的章节中,结合船舶自动靠离泊系统实现过程,具体说明智能航行船舶有关感知、决策与控制技术的实现方法。

6.3　智能航行船舶感知技术

6.3.1　概述

航行态势感知是船舶智能航行的基础。如果将船舶比作人,船舶智能航行比作人的行走,那么航行态势感知就相对于综合利用人的眼睛、耳朵和鼻子等感官对周围环境进行感知。航行态势感知包括态势感知传感器、态势感知数据融合等技术。船舶只有实现了对航行状态的全部感知,在此基础上的处理、分析、决策与控制才能进一步开展起来。由于不同感知设备作用距离不同,在船舶航行的不同阶段,需要采用不同的传感器实现航行态势感知信息的获取。又由于航行态势感知数据通常涉及多个数据源,为了充分发挥多源数据价值,确保态势信息的正确性和全局性,需要对多源态势感知数据进行融合处理。

智能航行船舶的感知系统是基于不同感知能力的多种传感器信息融合的综合感知系统。常规船舶会配备电子海图与信息显示系统(ECDIS)、CONNING、导航雷达、船舶自动识别系统(AIS)、全球定位系统(GPS)、计程仪、测深仪、风速风向仪和电罗经等设备。此外,为了增加船舶的定位精度,还配置了DGPS/实时动态(Real Time Kinematic,RTK);为了满足更加全面地了解船舶姿态信息,配置了船舶运动参考单元(MRU),为了满足对周边环境的监控,配置了红外/可见光摄像机;为了弥补雷达的盲区配置了激光雷达和毫米波雷达感知近距离的目标信息;等等。

靠离泊作为船舶智能航行的典型场景,涉及由粗到细、从远到近的态势感知过程,需要综合利用多源传感器数据实现对泊位位置、大小、朝向等要素的精准识别,本节将以船舶靠离泊感知技术为例,说明智能航行船舶感知技术方案与感知数据处理方法。

6.3.2 感知技术方案

靠离泊需要感知模块提供靠泊码头的方位、朝向信息,考虑传感器性能限制,如激光雷达精度高,但作用距离短(0.3~180m),导航雷达作用距离长,但精度难以满足高精度靠离泊要求,因此,考虑使用由粗到细的靠离泊辅助感知技术,远距离结合图像、导航雷达、电子海图,得到较为粗糙的码头多要素信息,近距离结合图像、激光雷达,得到精确的码头多要素信息,辅助高精度控制模块进行靠泊,算法框图如图6.8所示。

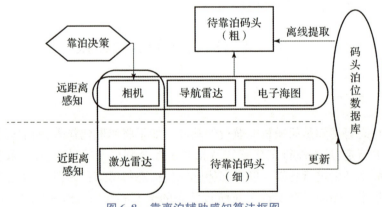

图6.8 靠离泊辅助感知算法框图

靠泊阶段开始时,若决策模块给出的靠泊码头已在数据库中存储,则从码头泊位数据库离线提取码头数据,否则利用相机、导航雷达、电子海图融合提取粗略的码头泊位信息,在近距离感知阶段利用激光雷达得到精确的码头信息,更新数据库。

码头高精度感知主要分为相机-激光雷达内外参标定、透视变换、泊位线提取三个步骤。相机-激光雷达内外参标定用于图像去畸变以及对齐传感器之间的空间信息,融合相机与激光雷达的数据;透视变换用于将相机图像变换成俯视图,便于提取泊位线;泊位线提取阶段目的是拟合泊位线方程,用于靠泊控制。

泊位线提取整体流程如图 6.9 所示。

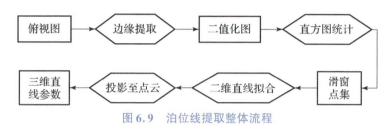

图 6.9　泊位线提取整体流程

6.3.3　感知信息处理方法

依据船舶靠离泊工作场景建立的感知技术方案,采用相机、导航雷达、电子海图等工具感知码头泊位信息的过程与处理方法如下。

1. 相机-激光雷达内外参标定

针对传统相机-激光雷达联合标定算法,仅使用单张标定板图像进行联合标定,会出现外参过拟合的问题,选择采用多张不同角度、不同位置的标定板图像,估计相机、激光雷达坐标系中的标定板平面法线和标定板边缘,进行外参估计,该方法可以有效减小外参过拟合的程度,如图 6.10 所示。

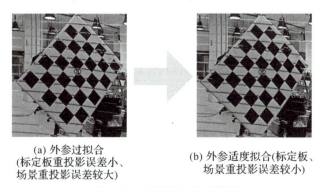

(a) 外参过拟合
(标定板重投影误差小、场景重投影误差较大)

(b) 外参适度拟合(标定板、场景重投影误差较小)

图 6.10　外参过拟合示意图

设相机坐标系中标定板平面为 π^C，法矢量为 $\boldsymbol{N}_C = [n_C^0, n_C^1, n_C^2]^T$，标定板边缘线段为

$$\boldsymbol{L}^C = [\boldsymbol{d}^C, p^C] \tag{6.1}$$

式中：$\boldsymbol{d}^C$ 为线段方向矢量；p^C 为线段上的角点坐标。

同理，设激光雷达坐标系中标定板法矢量为 $\boldsymbol{N}_L = [n_L^0, n_L^1, n_L^2]^T$，标定板平面 π^L 可表示为激光雷达扫描点的集合：

$$\pi^L \in \{P_m^L\}, m = 1, 2, \cdots, N \tag{6.2}$$

标定板边缘线段为

$$L^L = [\boldsymbol{d}^L, p^L]$$
$$L^L \in \{Q_k^L\}, k = 1, 2, \cdots, K \tag{6.3}$$

式中：$\{Q_k^L\}$ 为线段上的激光雷达扫描点。

则由 $L^L \Leftrightarrow L^C$ 之间的坐标系转换可得到相机 - 激光雷达外参 R_C^L、t_C^L 的约束关系为

$$\begin{cases} R_C^L \cdot \boldsymbol{d}^C = \boldsymbol{d}^L \\ [\boldsymbol{I} - \boldsymbol{d}^C (\boldsymbol{d}^C)^T](R_L^C Q_k^L - P^C + t_L^C) = 0_{3 \times 1} \end{cases} \tag{6.4}$$

式中：P^C 为标定板边缘线段上的点在相机坐标系下的表示。

同理，由标定板法矢量 $\boldsymbol{N}_L \Leftrightarrow \boldsymbol{N}_C$ 之间的坐标系转换关系可得约束为

$$\begin{cases} R_L^C \cdot \boldsymbol{N}_L = \boldsymbol{N}_C \\ \boldsymbol{N}_C (R_L^C P_m^L + t_L^C) + \boldsymbol{d}^C = 0 \end{cases} \tag{6.5}$$

结合以上两个约束关系，可利用最优化算法求解相机 - 激光雷达外参 R_C^L、t_C^L。

1）标定板法矢量线性相关误差

为了防止使用过量的标定板图像数据进行优化导致外参过拟合，需要分析标定板法矢量朝向之间的线性相关性。定义标定板法矢量矩阵 $\boldsymbol{N}_{3 \times 3}$ 的条件数 $\kappa(N)$ 的最大值作为相关性衡量标准：

$$\begin{cases} \kappa(N) = \|\boldsymbol{N}^{-1}\boldsymbol{N}\| \\ \kappa_{LC} = \max\{\kappa(\boldsymbol{N}_L), \kappa(\boldsymbol{N}_C)\} \end{cases} \tag{6.6}$$

参数 $\kappa(N)$ 越大，表示矩阵 N 越不稳定，矩阵 N 中三个法矢量组成的六面体的体积越小，求解所用的三个标定板法矢量之间的线性相关性越大，式（6.5）求解误差越大，如图 6.11 所示。

2）激光雷达测量误差

采用随机采样一致性算法（RANdom SAmple Consensus，RANSAC）提取标定板在激光雷达坐标系中的线段边缘，基于边缘直线相交，采用交点作为标定板背面固定板的 4 个角点，如图 6.12 所示。

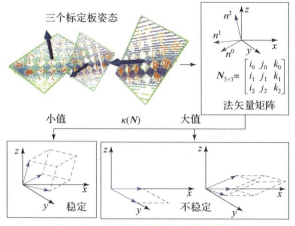

图 6.11　法矢量线性相关性示意图

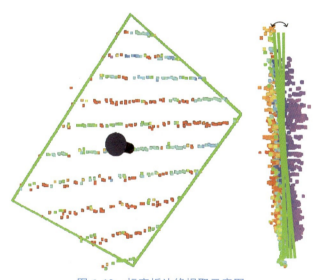

图 6.12　标定板边缘提取示意图

由于激光雷达本身存在测量误差,且从图 6.12 可以看出,RANSAC 算法估计的标定板平面可能相对于真实平面有一定倾斜,导致估计参数存在误差,因此需要引进测量误差 e_{dim}:

$$
\begin{aligned}
e_{\text{dim}} &= \sum_{i=0}^{3} |l_{\text{L},i} - l_{\text{M},i}| \\
e_{\text{be}} &= \frac{1}{3}\sum_{j=0}^{2} e_{\text{dim},j}
\end{aligned}
\quad (6.7)
$$

式中:$l_{\text{L},i}$ 为激光雷达测量的标定板的边长;$l_{\text{M},i}$ 为标定板的真实边长。

在每次估计外参时,可得到三个标定板姿态对应误差 $e_{\dim,i}(i=0,1,2)$,然后取均值得到 e_{be} 作为该次估计的激光雷达测量误差。

3) 质量可变性指标

结合误差衡量指标(标定板法矢量线性相关误差和激光雷达测量误差),可定义质量可变性(VOQ)指标作为相机 – 激光雷达参数估计的指标:

$$VOQ = \kappa_{LC} + e_{be} \tag{6.8}$$

VOQ 指标较小时,代表标定的外参泛化能力更强,标定结果的变动性更小;相反,VOQ 指标较大时,代表此时标定的外参可能对标定板平面过拟合,标定结果具有更高的标准差。

为了得到具有较小 VOQ 的标定结果,需要尽可能多地采集在不同位姿下的标定板图像和点云。设采集数据帧集合为 F,则每次标定算法从 F 中选取三帧数据进行标定,集合 F 遍历完毕或者没有 VOQ 满足条件的数据帧时,停止标定,在标定结果中选取 VOQ 最小的标定结果为最终结果。

2. 透视变换

透视变换也称为射影变换,它的矩阵形式为

$$T_P = \begin{bmatrix} A & t \\ a^T & 1 \end{bmatrix} \tag{6.9}$$

式中:矩阵左上角 A 为可逆矩阵,右上角为平移 t,左下角为缩放 a^T。透视变换可以将相机图像由原始相机视角转换为俯视的"虚拟相机"视角,即俯视图,便于提取泊位线。设俯视图中特征点 p_b 坐标为 $(u_b, v_b)^T$,特征点都处于同一平面,在原始图像中坐标为 $p_c = (u, v)^T$,由于码头俯视图像中特征点都处于同一平面,则平面满足方程:

$$n^T P + d = 0 \Rightarrow -\frac{n^T P}{d} = 1, \quad P \in R^3 \tag{6.10}$$

将 P 投影至俯视图像素平面,得

$$\begin{aligned} p_b &= K(RP + t) \\ &= K\left(RP + t\left(-\frac{n^T P}{d}\right)\right) \\ &= K\left(R - \frac{tn^T}{d}\right)P \\ &= K\left(R - \frac{tn^T}{d}\right)K^{-1}p_c \\ &= H_c^b p_c \end{aligned} \tag{6.11}$$

式中:H_c^b 即为透视变换矩阵,有 8 个自由度,通过 4 对 $(u_b, v_b)^T$ 与 $(u, v)^T$ 对应

点，即可构造出 8 个方程，求解透视变换矩阵 $\boldsymbol{H}_c^b$。

3. 泊位线提取

首先，对透视变换之后的俯视图利用边缘提取算法，如 Sobel、Hough、LSD 算法，进行泊位线段粗略提取，得到二值化图像，白色点表示线段，黑色点表示背景，如图 6.13 所示。

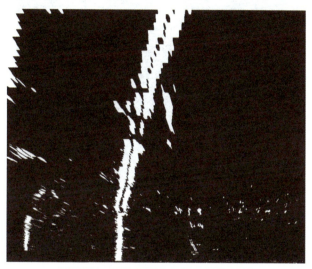

图 6.13　边缘提取之后的二值化图像

其次，统计二值化图像直方图，对图像按列统计白色点数量，如图 6.14 所示，纵坐标表示白色点数，横坐标表示图像像素所在列数。

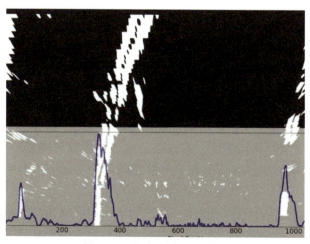

图 6.14　白色点直方图统计

根据直方图找到直线最可能存在的区域 A，即纵坐标最大的列数 c，使用滑动窗口法寻找区域 A 中的白色点集：将列数 c 作为初始起点，定义固定大小的矩形区域，作为滑动窗口，对矩形中白点的横坐标取均值得到 $\bar{c}$，将均值 $\bar{c}$ 以及矩形的上边缘作为下一个滑动窗口所在位置，重复以上过程，直至搜索完毕，得到白色点集 p_A，如图 6.15 所示。

图 6.15　滑动窗口法示意图

最后，对点集 p_A 进行直线拟合得到二维直线方程，投影至点云即可提取三维泊位线方程，得到泊位信息。

6.4　智能航行船舶决策技术

6.4.1　概述

智能航行船舶决策技术主要包括航路与航速设计优化，其中，航路优化又分为气象航线优化与避碰优化规划技术。对于大型货运船舶而言，其气象航线与航速的设计优化可以同时进行，船舶以推荐航速行驶在优化后的气象航线上，能够避免恶劣天气与极端海况对船舶航行造成的航行风险和经济损失，与此同时，主机工作在一个能耗水平较低的条件下，降低了船舶燃油的消耗，保障了航运活动的安全性和经济性。避碰路径规划是保障智能船舶航行安全的重要手段之一，其能够实现航行过程中对静态障碍物与动态障碍物的避碰，并优化其避碰路线。

船舶靠离泊操纵中涉及摆好船位、控制余速和靠拢角度等环节，由于船舶惯性大，需要结合船舶运动特性，采取合适的航行路径和航速决策，才能保证靠离泊过程的安全进行。

6.4.2 路径规划

在实际的靠泊过程中,船长会根据到码头的方位与距离向码头直线行驶,在临近码头时以弧线的方式切入泊位,以保证船舶最终停泊艏向角与泊位方位角一致。因此,本节根据实际靠泊过程将船舶靠泊分解为三个阶段:转弯调艏阶段、直线靠近阶段与弧线靠泊阶段,三个阶段对应的路径分别为圆弧、直线和圆弧。

Dubins 规划算法是机器人领域用于局部路径规划的一种方法,Dubins 路径由满足机器人运动约束的圆弧与直线构成,满足靠泊三个阶段的要求。因此,本节采用圆弧 – 直线 – 圆弧(CLC)型 Dubins 路径对靠泊路径进行规划,算法原理如下。

1. 在当前船位与泊位之间生成初始圆和结束圆

在开启靠泊任务时,船当前位置与艏向(x_s, y_s, ψ_s)、泊位位置与朝向(x_b, y_b, ψ_b)是已知的,由此可求得初始圆与结束圆的圆心为

$$\begin{cases} O_s = \left(x_s + R_s \cos\left(\psi_s \pm \dfrac{\pi}{2} \right), y_s + R_s \sin\left(\psi_s \pm \dfrac{\pi}{2} \right) \right) \\ O_b = \left(x_b + R_b \cos\left(\psi_b \pm \dfrac{\pi}{2} \right), y_b + R_b \sin\left(\psi_b \pm \dfrac{\pi}{2} \right) \right) \end{cases} \quad (6.12)$$

式中:R_s、R_b 为转弯调艏阶段与弧线靠泊阶段的转向半径;O_s 与 O_b 为转向圆的圆心,可以看出,初始圆与结束圆有 4 种组合方式(图6.16);计算 4 种组合方式中两圆心的距离,选择最小距离的初始圆和结束圆作为 Dubins 曲线的圆弧。那么,两个圆心的最小距离为

$$D_{\min} = \sqrt{(O_s(x) - O_b(x))^2 + (O_s(y) - O_b(y))^2} \quad (6.13)$$

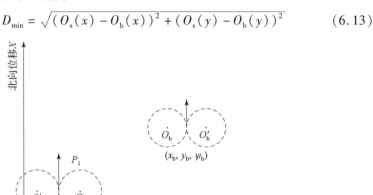

图 6.16 船位与泊位的初始转向圆和结束转向圆

2. 生成两个圆的切线

两个外离圆之间的公切线有 4 条,分别为两条外公切线和两条内公切线,但可以按方向连接两个外离有向圆的公切线仅有 1 条,且若两有向圆的转向相同,连接两圆的公切线是一条外公切线;若两有向圆的转向相反,连接两圆的公切线是一条内公切线。

图 6.17 所示为两圆异向 Dubins 曲线,以 O_b 为圆心、以 $R_s + R_b$ 为半径画一个圆。过点 O_s 作大圆的切线,切点为 P_3,连接 O_b 与 P_3,则 $\Delta O_s O_b P_3$ 为直角三角形,根据几何关系可求出切点 P_1、P_2 的坐标值,从而求得两圆的公切线。

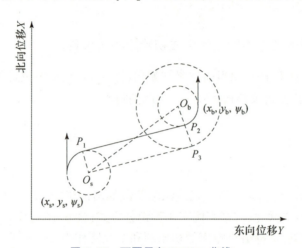

图 6.17 两圆异向 Dubins 曲线

图 6.18 所示为两圆同向 Dubins 曲线,以 O_b 为圆心,以 $R_b - R_s$ 为半径画一个圆。过点 O_s 作小圆的切线,切点为 P_3,连接 O_b 与 P_3,则 $\Delta O_s O_b P_3$ 为直角三角形,延长 $O_b P_3$ 交结束转向圆于 P_2 点,并通过 P_2 点作初始转向圆的切线,切点为 P_1,则根据几何关系可求出切点 P_1、P_2 的坐标值,从而求得两圆的公切线。

3. 确定靠泊路径

圆弧 $O_s P_1$、直线 $P_1 P_2$ 和圆弧 $P_2 O_b$ 对应着靠泊的转弯调舷、直线靠近与弧线靠泊三个阶段,将其顺序连接组成船舶的靠泊路径,其长度和对应着靠泊路径的长度。

为了更加简化靠泊路径,并缩短靠泊时间,本节将靠泊开始时的转弯调舷阶段优化为原地错车调舷,使船舶在小范围内利用错车的方式进行调舷,错车的具体操控方式后续车控制器中会提到,缩短了靠泊路径的长度;并且为了使

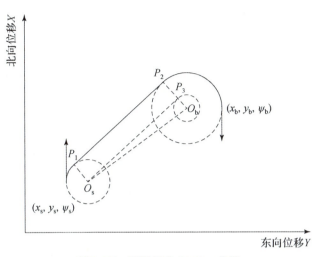

图 6.18 两圆同向 Dubins 曲线

船舶入泊位时保证船舶艏向与设定的入泊角度一致,在进入泊位前加入一段直线靠泊路径,最终规划的靠泊路径如图 6.19 所示。

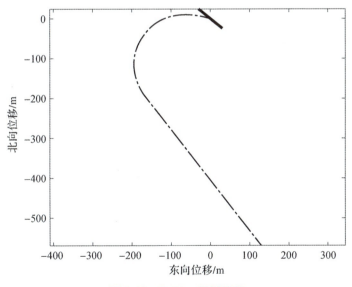

图 6.19 Dubins 规划结果

6.4.3 航速规划

船舶在实际靠泊过程中,船舶航速随着与泊位的距离减小而减小,并且为了保护船舶安全,船舶在抵达泊位时航速不能大于 1kn。对于靠泊过程中航速

的规划,可通过与船长进行交流,吸取船长靠泊时对航速控制的经验,总结出一种基于距离的靠泊航速规划方法,其表达式如下:

$$V_{ref} = \begin{cases} V_{max}, & d_1 > 200, d_2 > d_{lim} \\ 2.5, & 120 \leq d_1 \leq 200, d_2 > d_{lim} \\ 1.5, & 0 < d_1 < 120, d_2 > d_{lim} \\ 0.5 + (1.5 - 0.5) \times \dfrac{d_2}{d_{lim}}, & d_2 \leq d_{lim} \end{cases} \quad (6.14)$$

式中:V_{max} 为船舶双车怠速能达到的最大速度;d_1 为船舶到直线段终点的距离;d_2 为船舶到泊位的距离;d_{lim} 为船舶减速的临界距离,可通过实际靠泊试验进行调整。

6.4.4 航行决策

平靠在泊位的船舶一般采用艉离的方式。首先,船员解开艉缆,船长通过双车错车的方式进行甩尾,在保持艏部位置不变的情况下将船艉离开码头;其次,解开艏缆,船长通过双车倒车或单车倒车的方式操控船舶按照一定的路线进行倒退,在倒退到距离泊位一定距离后停止倒车,并采用正车的方式驶向规划的全局航线完成离泊操纵。船舶离泊示意图如图6.20所示。

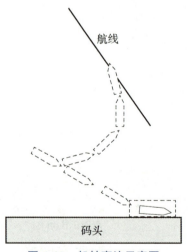

图6.20 船舶离泊示意图

由于在离泊的初始阶段需要人的介入来解开船舶的艉缆与艏缆,本节所设计的自动离泊控制算法应在船舶完全解缆后启动。根据船长离泊时的操纵方式,船舶在倒退时无须对舵进行控制,舵始终保持零舵角,此时船舶使用双车对船舶倒退的方向进行控制。因此,本方案拟对船长倒车离泊时对双主推的操纵方式进行分析与总结,从离泊路径规划与操纵控制的角度形成一套自动离泊操纵控制策略,以完成船舶的自动离泊操纵。

在离泊路径规划方面,采用航迹带规划的方法对离泊路径进行规划。综合考虑船舶离泊的安全性与保证离泊结束后能够顺利地切入航线,确定航迹带的长度、宽度和航迹带与泊位的夹角(长度不得短于船舶长度,宽度不得短于船舶宽度),以完成船舶离泊的路径规划,船舶离泊路径规划示意图如图 6.21 所示。

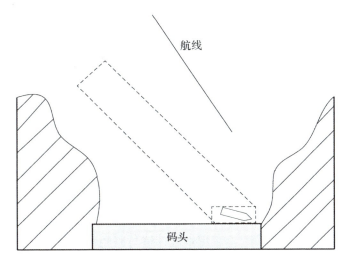

图 6.21 船舶离泊路径规划示意图

在离泊操纵控制方面,当船舶处于航迹带内且倒退的速度方向与航迹带方位向的夹角小于 5°时,采用双车倒车的方式;当船舶处于航迹带内但倒退的速度方向与航迹带方位向的夹角大于 5°时,采用单倒车的方式对船舶的倒车方向进行修正;当船舶的部分船身处于航迹带之外时,无论倒退的速度方向与航迹带方位向的夹角是否大于 5°,均采用有利于船舶回到航迹带内的单倒车方式使船舶快速回到航迹带内;当船舶倒离泊位一定距离后(具体的距离由决策系统给出),船舶停止倒车,完成自动离泊控制。

6.5 智能航行船舶控制技术

6.5.1 概述

船舶运动控制可分为三种情况:一是开阔水域航行自动导航问题,包括航向控制、航迹控制、航速控制等;二是拥挤水道航行或开阔水域时自动避碰问题,包括两船会遇、多船会遇、危险度评估、多目标决策等;三是进出港航行和自动靠离泊问题,涉及岸壁效应、浅水效应以及风、浪、流的影响,船舶操纵与控制更加困难。

由于易受外界干扰和不确定环境影响,精确的船舶运动控制一直是实现船舶智能航行的关键。按照期望航行轨迹是否为时间的函数,船舶航迹跟踪可分为路径跟踪和轨迹跟踪两种。路径跟踪是不需要考虑时间的几何位置跟踪,而轨迹跟踪则要求船舶实时跟踪时变的期望轨迹。大多数军用船舶只装备螺旋桨主推进器和舵装置,当需要依靠舵装置产生的转船力矩和螺旋桨的纵向推力,同时控制船舶水平面和航向角三自由度的运动时,船舶运动控制系统便属于欠驱动系统。

船舶靠离泊操纵是最困难、最复杂的操纵之一,船舶进港靠泊控制路径跟踪、镇定控制,具体包括减速控制、停车控制、倒车控制、平行靠泊控制、进港航迹保持控制、转向操纵控制、掉头操纵控制等方面,是船舶控制中最具代表性的控制场景之一,本节将以自动靠离泊精确控制为例,对智能航行船舶控制技术作介绍。

6.5.2 动态定位导航法

船长在实际靠泊过程中,会根据港区环境与船舶惯性对船舶下几个时刻的位置与操纵进行预判,即可确定船舶下几个时刻将要到达的位置。基于这个原理,本节拟采用动态定位导航法作为自动靠泊的制导算法。不同于视线导航法,动态定位导航法不是针对船当前的航迹偏差计算期望艏向角,而是以距离船舶当前位置的最近路径点为基准,向前寻找距离当前基准点一段距离的点为定位点,定位点相对于船舶当前位置点的方位角即为船舶的期望艏向角。该方法具体包括插值点选取、定位点选取和期望艏向角输出。

1. 插值点选取

在靠泊路径规划中,已计算靠泊路径的长度,一般来说,船舶在开启靠泊任务时与泊位的距离不会超过 1km,因此以不超过 1m 的精度为基准,将规划的靠泊路径以相同的间隔平均分为 1000 个插值点,作为船舶定位点的备选点集。

2. 定位点选取

在靠泊控制周期内,每个周期对靠泊路径的 1000 个插值点进行遍历,找出距离船舶当前位置最近的点作为基准点 (x_i, y_i),并以基准点前推 n 个点作为定

位点 (x_{i+n}, y_{i+n})，点数 n 计算公式为

$$n = \text{fix}\left(\frac{l_\Delta}{l_{\text{Dubins}}} \times 1000\right) \tag{6.15}$$

式中：fix 为取整函数；l_Δ 为前推距离；l_{Dubins} 为规划的靠泊路径长度。

3. 期望艏向角输出

在求出船舶的实时定位点后，下一步是由船舶当前位置 (x, y) 和定位点 (x_{i+n}, y_{i+n}) 求出船舶此时的期望艏向为

$$\psi_{\text{ref}} = \arctan\frac{y_{i+n} - y}{x_{i+n} - x} \tag{6.16}$$

计算的期望艏向作为艏向控制器的期望指令来对车舵进行控制。在船舶靠泊过程中，定位点会随着船舶位置而不断变化。因此，本方案称这种方法为动态定位导航法，其原理示意图如图 6.22 所示，图中红色点为船舶对应的基准点，黄色点为船舶的定位点，绿色的线为计算的期望艏向角对应的线。

图 6.22　动态定位导航法原理示意图

6.5.3　控制器设计

在船舶控制领域，船舶的模型参数和模型结构会随着外部的风、浪、流以及船体自身运动状态的影响而发生改变。针对这一问题，自适应控制运用现代控制理论在线辨识对象特征参数，实时改变其控制策略，使控制系统品质保持在最佳范围内，但其控制效果的好坏取决于辨识模型的精确度，这对于船舶非线

性复杂系统是非常困难的;而船舶在港口的低速靠泊控制中,还会受低速域、浅水域与岸壁效应的影响,其大大增加了模型的不确定性。因此,本节针对此问题基于无模型自适应控制原理对靠泊过程中的舵控制器进行设计,其原理如下。

1. 基于系统 I/O 数据的紧格式动态线性化

传统的动态线性化方法基本都是从数学角度进行分析的,采用任意的线性、非线性函数动态线性化方法。这些线性化方法有的对模型精度要求很高,有的会在不同程度上忽略非线性函数在线性化过程中对控制器设计或系统分析的影响。

对于一般的多输入多输出离散时间非线性系统可以描述如下:

$$q(k+1) = f(q(k), q(k-1), \cdots, q(k-n_q), u(k), u(k-1), \cdots, u(k-n_u)) \tag{6.17}$$

式中:$u(k) \in \mathbf{R}, q(k) \in \mathbf{R}$ 分别代表 k 时刻系统的输入和输出;u_q, n_u 是两个未知的正整数;$f(\cdots)$ 是未知的非线性函数。

假设1:除有限时间点外,$f(\cdots)$ 关于第 (n_q+2) 个变量的偏导数是连续的。

假设2:除有限时间点外,式(6.17)满足广义李普希兹(Lipschitz)条件,即对任意 $k_1 \neq k_2, k_2 \geq 0$ 和 $u(k_1) \neq u(k_2)$ 有:

$$|q(k_1+1) - q(k_2+1)| \leq b|u(k_1) - u(k_2)| \tag{6.18}$$

式中:$q(k_i+1) = f(q(k_i), \cdots q(k_i-n_q), u(k_i), \cdots, u(k_i-n_u))$,$i=1,2,b>0$ 是一个常数。

从实际角度出发,上述对控制对象的假设是合理的。假设1是对控制系统中一般非线性系统的常见约束。假设2从能量角度解释为系统有界输入对应有界输出。

定理6.1 对满足假设1与假设2的非线性系统,当 $|\Delta u(k)| \neq 0$ 时,一定存在一个伪偏导数(Pseudo Partial Derivative,PPD)的时变参数 $\phi_c(k) \in \mathbf{R}$,使得系统(6.17)可转化为紧格式动态线性化(Compact Form Dynamic Linearization,CFDL)数据模型,即

$$\Delta q(k+1) = \phi_c(k) \Delta u(k) \tag{6.19}$$

并且在所有的时刻 $k,\phi_c(k)$ 都是有界的。

由定理6.1可知,当式(6.17)满足假设1与假设2,并且对于所有时刻都有 $\Delta u(k) \neq 0$ 时,其 CFDL 数据模型可表示为

$$q(k+1) = q(k) + \phi_c(k) \Delta u(k) \tag{6.20}$$

式中:$\phi_c(k) \in \mathbf{R}$ 为系统 PPD。

2. 伪偏导数估计算法

考虑估计准则函数：

$$J(\phi_c(k)) = |q(k) - q(k-1) - \phi_c(k)\Delta u(k-1)|^2 \\ + \mu |\phi_c(k) - \hat{\phi}_c(k-1)|^2 \quad (6.21)$$

式中：$\mu > 0$ 是权重因子。极小化准则函数(6.21)，则有 PPD 的估计算法如下：

$$\hat{\phi}_c(k) = \hat{\phi}_c(k-1) \\ + \frac{\eta \Delta u(k-1)}{\mu + \Delta u(k-1)^2}(\Delta q(k) - \hat{\phi}_c(k-1)\Delta u(k-1)) \quad (6.22)$$

式中：$\eta \in (0,1]$ 是加入的步长因子，目的是使算法具有更强的灵活性和一般性，$\hat{\phi}_c(k)$ 为 PPD $\phi_c(k)$ 的估计值。

3. 无模型自适应控制器设计

考虑控制输入准则函数：

$$J(u(k)) = \|q^*(k+1) - q(k+1)\|^2 + \lambda \|u(k) - u(k-1)\|^2 \quad (6.23)$$

式中：$\lambda > 0$ 是权重因子，用来惩罚控制输入量的过大变化；$q^*(k+1)$ 为期望的输出信号。将式(6.17)带入准则函数(6.20)中，对 $u(k)$ 求导并令其等于零，得到控制器为

$$u(k) = u(k-1) + \frac{\rho \phi_c(k)}{\lambda + |\phi_c(k)|^2}(q^*(k+1) - q(k)) \quad (6.24)$$

式中：$\rho \in (0,1]$ 是步长因子，它的作用是使算法更具有一般性。

以上是一般形式的基于 CFDL 的无模型自适应控制(Model Free Adaptive Control, MFAC)方法，直接用于船舶运动控制存在误差收敛速度慢、控制误差大且不断波动的问题，因此引入 PD 控制可以得到改进的无模型自适应 PD 控制算法为

$$u(k) = u(k-1) + \frac{\rho \phi_c(k)}{\lambda + |\phi_c(k)|^2}(k_p(q^*(k+1) - q(k)) + \\ k_d(\Delta q^*(k+1) - \Delta q(k))) \quad (6.25)$$

式中：k_p, k_d 为控制器改进后引进的控制参数，即为 PD 控制器中的比例项与微分项。

目前，大部分船舶的艉部都装有左右两个车，其双车既能控制船舶航速，又能通过错车的方式来控制船舶航向，而在低速的靠泊过程中，错车控航向的方式经常使用。因此，本方案拟对船长靠泊时的操纵方式进行分析，设计一种基于船长经验的多模式切换控制策略，该策略包括 9 种操控模式，如表 6.2 所示。

表 6.2 双车操控模式

操控模式	操控指令/(r/min)
正车加速	左车 = 650, 右车 = 650
停车躺航	左车 = 0, 右车 = 0
倒车减速	左车 = -650, 右车 = -650
左转加速	左车 = 0, 右车 = 650
左转减速	左车 = -650, 右车 = 0
快速左转	左车 = -650, 右车 = 650
右转加速	左车 = 650, 右车 = 0
右转减速	左车 = 0, 右车 = -650
快速右转	左车 = 650, 右车 = -650

注:表中 650r/min 是船舶的怠速车令。

1) 原地调舻阶段

当船舶开启靠泊任务时,若船舶此时的艏向角与靠泊直线段的方位角相差很大,则进入原地调舻阶段。此阶段的艏向偏差由船舶此时的艏向角与靠泊直线段的方位角之差决定,操控模式只有快速左转与快速右转两种,操纵模式选择如下:

$$操控模式 = \begin{cases} 快速左转, & e_\psi > 10° \\ 快速右转, & e_\psi < -10° \\ 进入直线段, & -10° \leqslant e_\psi \leqslant 10° \end{cases} \quad (6.26)$$

2) 船舶处于靠泊直线段

此时船舶航向由舵来控制,双车只用来控制船舶航速,船舶的操控模式只用正车加速和停车躺航两种方式,操控模式的选择如下:

$$操控模式 = \begin{cases} 正车加速, & (V \leqslant a) \mid (b < V < a, \dot{V} > 0) \\ 停车躺航, & (V \geqslant b) \mid (b < V < a, \dot{V} \leqslant 0) \end{cases} \quad (6.27)$$

式中:V 为船舶航速;a 和 b 是两个速度临界,其值为 $a = V_{\text{ref}} + \Delta V, b = V_{\text{ref}} - \Delta V$,$\Delta V$ 为滞环因子,其值越大车令变化的频率越低,但过大的 ΔV 会使造成航速控制系统不稳定,因此在选取时要综合考虑车令切换次数与系统稳定性。

3) 船舶处于弧线靠泊阶段

此阶段船舶的双车除了要控制航速,还要与舵联合控制船舶航向,此时启用错车机制,则操控模式除倒车减速模式都会用到,这里引入两个临界艏向误差参数 $e_{\psi 1}$ 与 $e_{\psi 2}(e_{\psi 1} < e_{\psi 2})$,并根据艏向误差 e_ψ 分 5 种情况选择控制模式。

(1) $-e_{\psi 1} \leqslant e_\psi \leqslant e_{\psi 1}$:

$$操控模式 = \begin{cases} 正车加速，(V \leqslant a) \mid (b < V < a, \dot{V} > 0) \\ 停车躺航，(V \geqslant b) \mid (b < V < a, \dot{V} \leqslant 0) \end{cases} \quad (6.28)$$

式中各参数与式(6.27)定义相同。

(2) $e_{\psi 1} < e_\psi < e_{\psi 2}$:

$$操控模式 = \begin{cases} 左转加速，(V \leqslant a) \mid (b < V < a, \dot{V} > 0) \\ 左转减速，(V \geqslant b) \mid (b < V < a, \dot{V} \leqslant 0) \end{cases} \quad (6.29)$$

(3) $-e_{\psi 2} < e_\psi < -e_{\psi 1}$:

$$操控模式 = \begin{cases} 右转加速，(V \leqslant a) \mid (b < V < a, \dot{V} > 0) \\ 右转减速，(V \geqslant b) \mid (b < V < a, \dot{V} \leqslant 0) \end{cases} \quad (6.30)$$

(4) $e_\psi \leqslant -e_{\psi 2}$:

$$操控模式 = 快速右转 \quad (6.31)$$

(5) $e_\psi \geqslant e_{\psi 2}$:

$$操控模式 = 快速左转 \quad (6.32)$$

4）船舶靠泊结束

当船进入靠泊结束的判断条件时，为了使船舶航速快速降到0.5m/s以下，启用倒车减速的操纵模式，此时舵指令归零；当船舶航速降到0.5m/s以下后，车与舵全部归零，靠泊结束。

6.6 船舶智能航行控制技术应用实例

6.6.1 试验平台

试验平台选择某海事巡逻船(图6.23)，该船为欠驱动双桨双舵巡逻船，主尺度参数如表6.3所示。

图6.23 某海事巡逻船

表 6.3　某海事巡逻船主尺度参数

参数	数值	参数	数值
总长	47.4m	排水量	360t
水线长	44.52m	初稳性高	0.982m
型宽	8m	重心高度	3.245m
吃水	2.46m	方形系数	0.413

6.6.2　硬件系统

考虑系统集成应用和软硬件系统设备快速、低成本要求，对通用传感器和计算机采用行业内成熟设备，统一考虑操作系统、开发平台、接口协议等，尽量采用试验船上装载的传感器和操控设备。在此基础上，开展船舶智能航行系统样机集成设计和样机研制，自动靠离泊系统硬件系统如图 6.24 所示。

图 6.24　自动靠离泊系统硬件系统

结合码头与水域、船舶结构尺寸和实船运行条件,完成岸端设备、舱外设备和舱内设备的布置、安装以及施工。系统包含12个传感器、1个控制模块、4个单元、2个信息接口模块、3个不间断电源(Uninterruptible Power Supply,UPS),安装的主要设备如图6.25所示。

(a)光电系统　　　(b)ADCP　　　(c)差分北斗

图6.25　设备加装

6.6.3　软件系统

1. 环境感知信息处理单元软件

环境感知信息处理单元基于电子海图系统平台集成光电/雷达/海图信息、船舶运动信息等,辅助船员可视化监视与控制,支持离靠泊作业场景重构及航路规划,环境感知信息处理单元界面如图6.26所示。

图6.26　环境感知信息处理单元界面示意图

2. 载体运动信息处理单元软件

载体运动信息处理单元通过接收惯导、卫星导航、声学多普勒流速剖面仪

(Advanced Data Communication Protocol,ADCP)、气象仪等信息,对这些设备的状态进行分析检测、故障诊断和信息可信度检验,实现船舶导航信息的优化处理,通过地理环境信息、本船导航信息和目标态势信息进行综合态势显示,载体运动信息处理单元界面如图 6.27 所示。

图 6.27　载体运动信息处理单元界面示意图

3. 航行决策控制单元软件

航行决策控制单元软件能够实现航路生成、航线与航速优化、避碰、靠离泊建议等智能应用。自动靠离泊是航行决策控制单元中的一个功能,航行决策控制单元界面如图 6.28 所示。

图 6.28　航行决策控制单元界面示意图

根据船舶同目标泊位相对空间位置关系、船舶运动状态信息、离靠泊作业操纵控制模式,生成离靠泊路径规划信息;根据航行环境、计划航线信息、离靠泊作业执行方式,生成船舶航向、航速控制指令;将指令转为船舶执行机构可识别信息,实现船舶航向、速度、位置最优控制。实时输出、显示航行/离靠泊环境信息,显示告警信息;根据航行操控人员指令,选择离靠泊作业执行方式(自动控制模式/人工控制模式)。

4. 航行监控单元软件

航行监控单元由航行监视、数据记录、数据采集和作业模式切换模块组成,软件包括航行监视和数据记录功能,航行监视主要通过对环境感知、载体运动和航行工况等信息辅助驾驶员进行模式切换,航行监控单元界面如图 6.29 所示。

图 6.29 航行监控单元界面示意图

6.6.4 试验测试

1. 自动离泊

该系统在天津南港附近进行了自动离泊试验,总用时为 4min,离泊过程中环境情况为西北风,最大风速可达 8.3m/s,离泊情况如图 6.30 ~ 图 6.33 所示。

离泊过程中的航速与航向变化情况如图 6.34 所示。

图 6.30 开启自动离泊

图 6.31 自动离泊过程 1

第6章 船舶智能航行控制技术

图 6.32　自动离泊过程 2

图 6.33　结束自动离泊转入航道

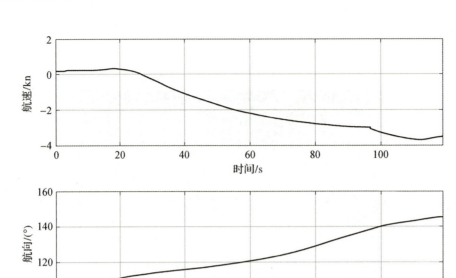

图 6.34　离泊过程中航速与航向变化情况

离泊过程中舵令与车令变化情况如图 6.35 所示。

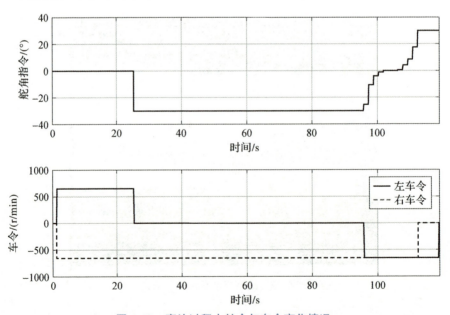

图 6.35　离泊过程中舵令与车令变化情况

从试验结果可以看出,船舶能够在较大风干扰下成功完成自动离泊任务,离泊总用时约为 112s,离泊结束时船舶距离泊位线约为 156m;在整个倒车离泊过程中,船舶使用了错车甩尾、单车倒车与双车倒车等操控模式,符合船长离泊时的操纵经验。

2. 自动靠泊

某船舶返回天津大沽口泊位时进行自动靠泊试验,试验时间为 16:48 至 16:52,总用时 4min 左右,靠泊泊位朝向为 311°,靠泊方式为左舷靠泊;靠泊过程中环境干扰为西北风,风速最大可达 4.6m/s,试验结果如图 6.36~图 6.40 所示。

图 6.36　靠泊调舱阶段

图 6.37　靠泊直线段

图 6.38 靠泊转弯段

图 6.39 靠泊减速段

第6章 船舶智能航行控制技术

图 6.40 靠泊结束

靠泊过程中的航速和航向变化情况如图 6.41 所示。

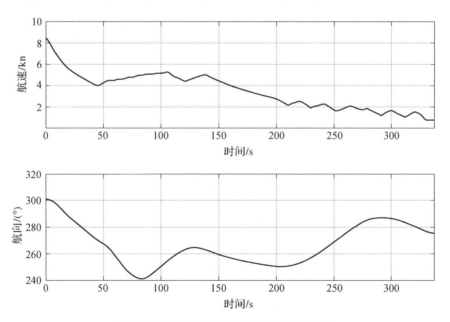

图 6.41 靠泊过程中航速和航向变化情况

靠泊过程中的车令和舵令变化情况如图 6.42 所示。

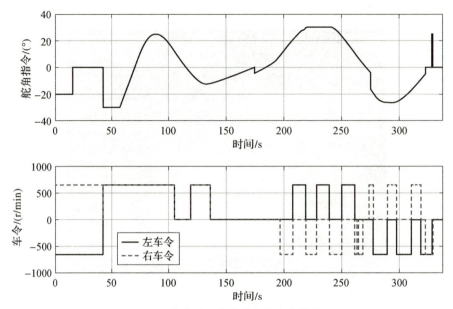

图 6.42 靠泊过程中车令和舵令变化情况

靠泊过程中艏岸距离变化情况如图 6.43 所示。

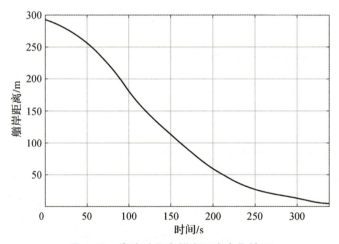

图 6.43 靠泊过程中艏岸距离变化情况

从试验结果可以看出,船舶能够成功地停泊在目标泊位上,靠泊结束时艏岸距离为 3.9m,靠拢角度为 29.1°,抵泊余速为 0.8kn,满足指标要求;在整个靠泊过程中,船舶使用了错车甩尾、单车正车、单车倒车与双车正车、停车躺航等多种操控模式,符合船长离泊时的操纵经验。

6.7 智能航行控制技术展望

6.7.1 智能航行系统架构

智能航行系统架构与平台的航行场景和任务使用紧密相关，为适应不同平台智能航行快速构建和功能拓展需求，加速新技术快速嵌入，减少系统二次开发和后继维护时间，智能航行系统需采用开放式体系架构设计，且遵循以下原则进行设计。

1. 使用松耦合

智能航行系统架构必须能够使智能航行系统由一组独立的松耦合服务组成，形成一个模块化系统。这些服务不限于平台控制、传感器、有效载荷和态势感知。

2. 允许成对更改

如果有两个服务需要变更外部接口，而其他使用该数据的服务无须修改接口，则其他服务不需要重新编译和重新交付软件。

3. 可持续性

智能航行系统结构必须支持模块化服务。在不影响其他服务的情况下，可替换其中一个服务。

4. 可升级

智能航行系统结构支持以最小改动将新功能集成到自主系统中。所有新旧服务必须集成为一个无缝的系统。新功能包括但不限于支持长期自主运行、多平台任务和有人/无人协同等。

5. 支持验证

所有的架构需求和已实现的接口均可验证。

6. 支持软件复用

智能航行系统架构必须定义软件服务，以便实现软件复用。程序可以通过复用或扩展原有软件服务来降低成本。

7. 支持数据质量

数据质量包括有效性、完整性、一致性和及时性。使用定义明确的接口控制文件将确保数据的完整性，并支持有效性测试。一致性和及时性是系统实现和集成的重点，但松耦合的、独立于传输的服务将允许开发者和系统集成商获得实现这些目标所需的灵活性。

8. 支持安全关键软件

安全软件是指如果发生响应失败（包括对激励的意外响应、在需要时未能响应、无序响应或其他类型的响应失败）的情况，可能导致安全问题或重大材料损失的一类软件。当软件更新不影响安全关键自主软件时，采用模块化和开放接口设计的独立模块将促进灵活性并减少测试负担。这种分离将减少测试和验证安全关键软件的大量工作和时间。

6.7.2 智能航行感知技术

船载感知设备和信息融合技术在近年来都获得了长足发展，但距离成为独立系统，并为智能航行提供可靠服务还有相当距离。要在智能船舶上实现基于航行态势感知的智能航行，在航行态势感知方面还需解决以下三个关键问题。

1. 感知信息的深度挖掘

就现有船载感知设备而言，其感知目标状态所获得的信息多是浅层次的，未深入对象的特征层和决策层。像素层次的融合能解决信息的准确性和精度问题，但在对信息分类、预测和决策等方面，能力有限。举例来说，通过AIS、雷达和光电设备都能经过信息处理获得感知目标的位置、运动方向和速度，但仅靠这些信息还无法分辨目标的种类、预测目标的复杂行为。这时必须进一步融合目标的其他特征，形成对目标的识别、估计目标的动力学模型，挖掘感知信息深层次中蕴含的目标信息。当然，船载信息处理设备的处理能力可能不足以应对多层次的信息处理工作，这时通过多种通信手段，获得岸基支持就显得尤为重要。

2. 强化综合感知能力

在智能船舶应用时，船载多种感知设备将作为一个整体参与整个智能航行的大回路中。因此，在实际应用中应更强调系统的综合感知能力，而非单一设备的感知能力。现有信息融合的成果多是基于2~3种感知信息所得，信息融合的广度还有相当的研究潜力。因此,不仅要充分发挥各感知设备自身的性能,还必须将各感知设备进行充分融合,形成综合感知能力。这种综合感知能力既体现在不同感知设备对同一感知目标的信息融合方面,又体现在不同感知设备在不同感知区域的互补方面。然而,如何从全局尺度对上述信息进行描述,也是态势感知所面临的现实问题之一。从航行安全和航行能效角度出发,所需要的信息显然是不一致的,而从航行角度来看,却需要综合考虑这两方面的影响。因此,航行态势的综合感知问题也必须考虑感知结果的综合描述。

3. 建立相应的评测体系

针对各种船载感知设备,中国船级社发布了《自动识别系统(AIS)检验指南》等一系列的船载感知产品检验指南,国家标准化管理委员会等单位也针对全球定位系统、自动气象站、惯性测量单元等设备的检测检定方法出台了相关检验检定标准。然而,这些检测检定标准均是针对船载孤立感知设备的,在这些感知设备协同工作时,对航行态势的综合感知能力的检验检测方法和规程仍属于空白领域。实际上,针对感知结果的评测方法,学术界已有一定程度的讨论,如目标分类准确度、定位精度和结果稳定性均有相关评测方法,建议将这些评测方法引入船舶航行态势感知领域。

6.7.3 智能航行决策与避碰技术

目前,学术界认为,水面船舶路径规划和避碰的解决方法仍有很大发展空间,未来智能航行决策研究应以下 6 个方面为研究重点。

1. 利用实际的海洋交通工具进行试验

目前已有的算法验证都是基于非实际的数据进行仿真,只能证明其在理论上的有效性,无法评估算法在实际环境数据下的效率。因此,在真实环境条件下,通过各种实际交通工具进行试验,其实用性有待验证。

2. 路径优化和运动规划,考虑控制器的协同

许多算法在仿真过程中都没有将船舶的动力学特点作为约束条件,生成的路径缺乏实用性,在进一步的研究中,要将路径优化方法与路径规划方法结合生成更加光滑和简洁的路线,同时考虑船舶的操纵性能,限制船舶的转向角、速度和加速度值等参数进行运动规划,与下层的控制器协同。

3. 开发基于国际海上避碰规则的路径规划系统

目前,许多加入国际海上避碰规则的算法都只考虑特定的几条规则,且都

在开阔水域单一会遇情形下。然而出现复杂的海况可能会同时出现交叉、追遇等多种情形,特别是在狭水道、繁忙水域,甚至涉及多船避碰规划时,很难界定应该采用哪条规则进行避碰。因此,完全将避碰规则整合到路径规划中仍是一个巨大的挑战。

4. 考虑复杂动态情况下的危险规避

现有的危险规避仿真中,障碍物、障碍船舶通常是静态或者半动态的,障碍船舶的运动仅限于直线,不会改变运动的方向。而实际航行中远比该情况复杂,障碍船舶的运动轨迹是未知的,速度和航向都可能会发生变化,将其视为直线仅仅是考虑最简单的情况。

5. 完善船舶碰撞危险度评估模型

现有的碰撞危险度模型采用 1~2 个主要因素来评估船舶发生碰撞的危险度,而实际上航行的潜在危险将受到很多抽象和定性因素的影响,如何通过模型来建立完整的环境模型仍然需要大量研究。

6. 完善对路径的评价体系

除了安全,路径的长度最小通常是路径规划的重要评价指标,许多算法都会以距离作为最终的优化目标。但路径的好坏受多方面因素的影响,如平滑度、经济型、能耗和时间等,因此路径评价体系还需完善。

6.7.4 智能航行控制与评估技术

随着船舶能力拓展和控制理论的发展与进步,船舶航行控制研究范畴已经由传统常速域的航向控制拓展到全速域的航向、航速、姿态以及任务的综合控制,对航行控制的快速性、准确性和适应性都提出了较高要求。未来围绕船舶自主控制,应着力解决以下三个问题。

1. 基于机理和数据双驱动的船舶精细化运动建模

运动建模是控制策略设计首先要解决的基础性问题。随着船舶智能航行场景的拓展,控制策略设计需要综合考虑浅水低速、拖曳等多种航行状态,倒车前航、错车前航等多种操纵模态,高航速船舶多阻力峰导致的非连续航行不稳定区等影响。目前,上述场景的船舶运动机制尚未明确,传统的数理模型不适用、数理模型结构无法科学确定。因此,需要针对特殊场景开展运动特性分析和模型构建工作,基于物理机理和仿真及试验数据建立精细化运动模型,从而为智能航行策略的设计和验证提供技术基础。

2. 面向任务和航行安全的多约束运动控制

船舶在进行任务作业和高航速航行时,其姿态的控制面临着多种约束。这些约束主要包括两个方面:一是控制输入受限;二是状态空间受限。在姿态的控制系统设计中,必须要对这些约束进行考虑,才能从稳定性和安全性的角度保证系统的正常工作。船舶智能航行控制需以海况和任务航行姿态自适应为基础,围绕相应的任务载荷最佳使用需求进行智能化姿态保持。

3. 基于总体性能的船舶自动控制能力评估

不同航行场景和任务对航行控制能力有不同需求,在控制策略设计时,需要基于船舶总体性能对控制能力进行综合评估。通过分析操纵面(含同类及混合异类)能力边界,构建操纵面的控制能力可达集。结合安全航行和遂行任务对船舶航行状态和操纵水平要求,建立控制策略性能指标层次分析方法,进而形成控制策略评估体系,为控制器结构和参数设计提供决策依据。

6.7.5 智能航行系统综合性能测试与验证技术

智能航行系统功能的完成需要感知、决策、控制三个环节的紧密配合,任何一个环节的失效都将导致系统功能的丧失。智能航行系统结构复杂,包含元器件、设备、嵌入式系统、软件算法等各个类别的组成单元,既包括舵、桨、推进器等传统船舶设备,也包括大量的智能硬件和嵌入式系统,以及诸如感知识别算法、避障算法、控制算法等核心智能软件,决定了系统可靠性测试验证的复杂性。智能航行系统测试验证技术需开展以下工作。

1. 构建智能航行系统可靠性测试验证标准体系

参照相关国家标准和国家军用标准体系,从总体层面制定系统可靠性相关指标,对于不同类别、不同应用场景的产品使用特定的可靠性参数。随后针对智能航行系统元器件、嵌入式硬件、软件算法的特点,分别提出试验目的、试验环境、试验内容和试验方法等方面的规定。

2. 攻关智能航行系统测试验证关键技术

研究虚拟测试及虚实融合测试技术,解决海事规则和复杂态势量化、环境-系统交互模型构建、测试平台开发等问题,实现测试验证工作的"提质增效"。另外,智能航行系统的失效往往是多元、多层次的软硬件耦合失效,具有高度动态性和时序性,当前基于传统可靠性模型(可靠性框图、故障树等)的可靠性评估难以有效准确建模和分析,需发展新的动态可靠性评估方法。

3. 开发智能航行系统可靠性测试场景数据库

有必要对船舶航行过程中的图像、视频、场景等进行采集,分类别建立场景数据库,研究高拟真度的场景构建技术,通过场景拼接、变换等方式,生成大规模测试用例,支撑软件算法的可靠性测试工作。

参考文献

[1] 智能船舶规范(2024)[S]. 北京:中国船级社,2024.

[2] 张宝晨,耿雄飞,李亚斌,等. 船舶智能航行技术研发进展[J]. 科技导报,2022,40,(14):51-56.

[3] 初建树,曹凯,刘玉涛. 智能船舶发展现状及问题研究[J]. 中国水运,2021(2):126-128.

[4] 李永杰,张瑞,魏慕恒,等. 船舶自主航行关键技术研究现状与展望[J]. 船舶工程,2021,16(1):32-44.

[5] 孙旭,郑凯,公丕永,等. 智能船舶航行态势感知技术现状[J]. 船舶工程,2022(4):20-31.

[6] 赵亮,王芳,白勇. 水面无人艇路径规划的现状与挑战[J]. 船舶工程,2022(4):1-7,48.

[7] 柳晨光. 船舶智能航行控制方法与应用[M]. 北京:科学出版社,2021.

[8] 高翔,张涛,等. 视觉SLAM十四讲:从理论到实践[M]. 北京:电子工业出版社,2017.

[9] MENG F B,DU Y Z,HAN J Q,et al. Robust Adaptive Control Algorithm for Automatic Berthing of Underactuated Unmanned Ship[C]//Proceedings of 2021 International Conference on Autonomous Unmanned Systems, ICAUS 2021. China:Changsha,2022:3279-3290.

[10] 郭永晋,王鸿东,张道坤. 智能航行系统可靠性测试验证关键问题研究[J]. 中国船检,2023(1):48-51.